21 世纪全国高职高专机电系列技能型规划教材

AutoCAD 2014 机械应用项目教程

主　编　陈善岭　徐连孝
副主编　王　冰　郑　睿
　　　　孙小东　邢友强
参　编　王丽丽　刘　洋
主　审　肖国涛

内容简介

本书是根据机械制造领域职业岗位群职业能力培养的需求，按照工学结合教学的要求，并结合编者多年的计算机绘图教学经验，遵循基于工作过程的“项目化”教学理念，以社会需要技能为编写导向，以实践能力的提高为编写目的而进行编写的。

全书共分 6 个项目，内容包括：AutoCAD 2014 软件应用基础，二维平面图形的绘制与编辑，文本输入、尺寸标注和块操作，机械零件图绘制，机械装配图绘制，机械轴测图绘制。每个项目均包含知识目标、能力目标、项目小结、技能训练；每个项目包含多个教学任务，每个教学任务均按照任务描述、知识准备、任务实施、实训项目 4 个模块进行编写。每个知识准备包含任务需要的相关知识；每个实训项目包含实训目的、实训内容。

本书的编写围绕真实的项目为载体展开，载体的设计全面涵盖应知、应会的内容。载体按照由简及繁、由易到难编排，巧妙将知识点、技能点贯穿，非常适合职业教育需求。

本书可作为高职、高专、电大、职大等机械类或近机械类专业的机械 AutoCAD 的通用教材，也可作为工程技术人员、企业管理人员的自学参考书。

图书在版编目(CIP)数据

AutoCAD 2014 机械应用项目教程/陈善岭，徐连孝主编. —北京：北京大学出版社，2016.1
(21 世纪全国高职高专机电系列技能型规划教材)
ISBN 978-7-301-22185-3

Ⅰ. ①A… Ⅱ. ①陈…②徐… Ⅲ. ①机械制图—AutoCAD 软件—高等职业教育—教材 Ⅳ. ①TH126

中国版本图书馆 CIP 数据核字(2015)第 219245 号

书　　名 AutoCAD 2014 机械应用项目教程
AutoCAD 2014 JIXIE YINGYONG XIANGMU JIAOCHENG
著作责任者 陈善岭　徐连孝　主编
策划编辑 刘晓东
责任编辑 李娉婷
标准书号 ISBN 978-7-301-22185-3
出版发行 北京大学出版社
地　　址 北京市海淀区成府路 205 号　100871
网　　址 http://www.pup.cn　新浪微博：@北京大学出版社
电子信箱 pup_6@163.com
电　　话 邮购部 62752015　发行部 62750672　编辑部 62750667
印 刷 者 北京大学印刷厂
经 销 者 新华书店
787 毫米×1092 毫米　16 开本　13.25 印张　302 千字
2016 年 1 月第 1 版　2016 年 1 月第 1 次印刷
定　　价 32.00 元

前　言

AutoCAD是由美国Autodesk公司开发的通用计算机辅助绘图与设计软件包，具有易于掌握、使用方便、体系结构开放等特点，深受广大工程技术人员的欢迎。AutoCAD自1982年问世以来，已经进行了近26次的升级，其功能逐渐强大，且日趋完善。如今，AutoCAD已广泛应用于机械、建筑、电子、航天、造船、石油化工、土木工程、冶金、农业、气象、纺织、轻工业等领域。在中国，AutoCAD已成为工程设计领域中应用最广泛的计算机辅助设计软件之一。本书结合机械制图及CAD绘图标准，主要介绍了使用AutoCAD 2014中文版进行机械绘图的流程、方法和技巧。

本书具有如下特点。

(1) 打破了按软件功能排序的常规，根据使用要求把相关的命令集合在一个具体的绘图任务中进行讲解。在命令的讲解过程中，不求大求全，重点介绍该命令的常用使用方法。通过任务实施，说明绘图的主要步骤，使读者能清晰地了解完成任务的整个过程，同时对每个步骤给出详细说明，方便初学者使用。

(2) 依据国家中、高级制图员（机械类）职业资格认证对计算机绘图操作技能的要求组织内容，体现“以计算机为工具，以制图为目的”的指导思想。

(3) 通过典型实例介绍应用AutoCAD软件进行工程制图的方法和操作技巧，强调实用性。

(4) 采用AutoCAD最新版中文软件，图样符合最新国家制图标准，保证了技术的先进性。

本书由山东信息职业技术学院陈善岭、徐连孝副教授担任主编；山东信息职业技术学院王冰、郑睿、孙小东及潍柴动力股份有限公司高级工程师邢友强担任副主编；山东信息职业技术学院王丽丽、刘洋参编。本书编写具体分工为：孙小东编写项目1、项目6任务6.1及任务6.2，王冰编写项目2任务2.1～任务2.5，王丽丽编写项目2任务2.6及任务2.7，刘洋编写项目2任务2.8，陈善岭编写项目3任务3.1及任务3.2，徐连孝编写项目3任务3.3、项目5及附录，郑睿编写项目4，邢友强编写项目6任务6.3。全书由徐连孝负责统稿和定稿。

编者在近3年的教学改革与教材的编写过程中，得到学院各级领导与同行的大力支持，特别是张伟主任对教材内容安排提出了宝贵的建议，并大力支持本课程进行教学改革；还得到有关企业领导和企业一线技术人员的大力支持，在此一并表示衷心的感谢！本书由山东信息职业技术学院肖国涛老师任主审，他提出了很多宝贵的修改意见，在此表示衷心感谢！

限于编者的学术水平，书中不足之处在所难免，恳请广大读者批评指正。

编　者

2015年6月

目　录

项目1

AutoCAD 2014 软件应用基础

知识目标

- 认识 AutoCAD 2014 安装、启动和关闭、工作空间、界面组成。
- 认识 AutoCAD 2014 的图形文件基本操作。
- 认识图形界限的功能作用。
- 认识图层管理器的功能作用。

能力目标

- 掌握使用 AutoCAD 2014 软件的用户界面。
- 掌握使用 AutoCAD 2014 新建图形文件、打开图形文件、保存图形文件、输出图形文件和关闭图形文件。
- 掌握图形界限的设置方法。
- 掌握图层的设置方法。

任务 1.1 熟悉 AutoCAD 2014 软件的用户界面

1.1.1 任务描述

安装、启动及退出 AutoCAD 2014 软件，熟悉 AutoCAD 2014 工作空间和工作界面。

1.1.2 知识准备

1. AutoCAD 2014 简介

AutoCAD 是由美国 Autodesk 公司开发的通用计算机辅助绘图与设计软件包，具有易于掌握、使用方便、体系结构开放等特点，深受广大工程技术人员的欢迎。AutoCAD 自 1982 年问世以来，已经进行了近 26 次的升级，其功能逐渐强大，且日趋完善。如今，AutoCAD 已广泛应用于机械、建筑、电子、航天、造船、石油化工、土木工程、冶金、农业、气象、纺织、轻工业等领域。在中国，AutoCAD 已成为工程设计领域中应用最为广泛的计算机辅助设计软件之一。AutoCAD 经历了如下版本历程。

1982 年 12 月，美国 Autodesk 公司首先推出 AutoCAD 的第一个版本，AutoCAD 1.0 版。

1983 年 4 月——AutoCAD 1.2 版。

1983 年 8 月——AutoCAD 1.3 版。

1983 年 10 月——AutoCAD 1.4 版。

1984 年 10 月——AutoCAD 2.0 版。

1985 年 5 月——AutoCAD 2.1 版。

1986 年 6 月——AutoCAD 2.5 版。

1987 年 4 月——AutoCAD 2.6 版。

2004 年——AutoCAD 2005 版。

2005 年——AutoCAD 2006 版。

2006 年——AutoCAD 2007 版。

2007 年——AutoCAD 2008 版。

2008 年——AutoCAD 2009 版。

2009 年——AutoCAD 2010 版。

2010 年——AutoCAD 2011 版。

2011 年——AutoCAD 2012 版。

2012 年——AutoCAD 2013 版。

2013 年——AutoCAD 2014 版。

AutoCAD 2014 提供了几个关键的新功能。

(1) 社会化设计。即时交流社会化合作设计，即可以在 AutoCAD 2014 里使用类似 QQ 的即时通信工具；图形及图形内的图元图块等，都可以通过网络交互的方式相互交换设计方案。

(2) 对 Windows 8 的全面支持，即全面支持触屏操作。目前对触屏的支持还存在着问题，特别是平移无法达到想要的效果。

(3) 实景地图支持，在现实场景中建模。可以直接在实景地图上放置设计的图形。

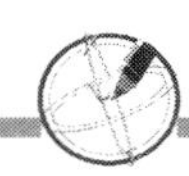

(4) 文件选项卡的支持。

AutoCAD 2014 官方简体中文版系统需求如下。

(1) 操作系统。Windows XP SP3 以上，Win7，Win8。

(2) 处理器。

Windows XP：Intel Pentium 4 或 AMD Athlon 双核 1.6 GHz。

Windows 7 和 Windows 8：Intel Pentium 4 或 AMD Athlon 双核 3.0 GHz。

(3) 浏览器。Internet Explorer7.0 或更高版本。

(4) 内存。2 GB RAM(建议使用 4 GB)。

(5) NET Framework。.NET Framework 4.0 版本以上。

2. AutoCAD 2014 的安装

官方网站可以下载 30 天试用版本，下载后得到安装包文件，双击安装包，进行解压，如图 1.1 及图 1.2 所示。

图 1.1　下载安装包文件

图 1.2　软件解压

自行解压目标文件夹解压后，默认弹出安装界面，单击“安装”按钮，输入序列号与密钥，如图 1.3 所示。

图 1.3　安装界面

安装成功后提示，如图 1.4 所示。

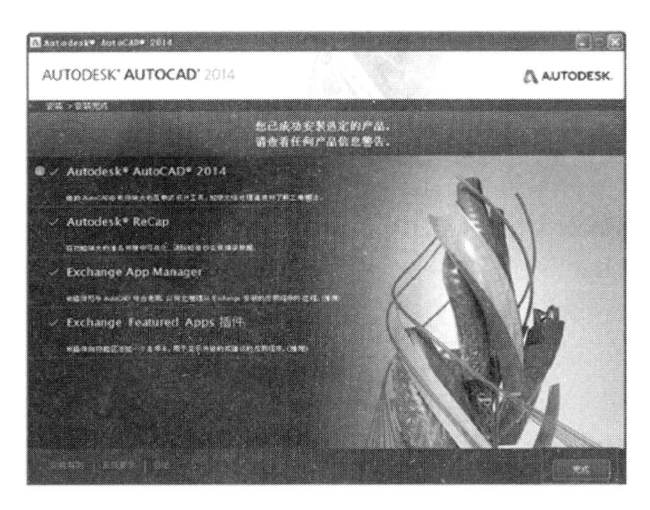

图 1.4　安装完成界面

3. AutoCAD 2014 的启动

图 1.5　桌面图标

安装 AutoCAD 2014 后，系统会自动在 Windows 桌面上生成对应的快捷方式。双击该快捷方式，即可启动 AutoCAD 2014。与启动其他应用程序一样，AutoCAD 2014 也可以通过 Windows 资源管理器、Windows 任务栏按钮等启动，如图 1.5 所示。

4. AutoCAD 2014 的关闭

当用户完成绘图工作后，不再需要使用 AutoCAD 2014 时，则可以退出该程序。用户可以通过以下 3 种方法退出 AutoCAD 2014。

1）按钮法

单击标题栏右侧的“关闭”按钮；也可以使用快捷键：按 Ctrl＋Q 组合键，或按 Alt＋F4 组合键。

2）程序菜单

单击“菜单浏览器”按钮，在弹出的程序菜单中单击“退出 AutoCAD 2014”按钮，执行操作后，即可退出 AutoCAD 2014 应用程序。若在工作界面中进行了部分操作，之前也未保存，在退出该软件时，将弹出信息提示框，单击“是”按钮，保存文件；单击“否”按钮，不保存文件；单击“取消”按钮，不退出 AutoCAD 2014 程序，如图 1.6 所示。

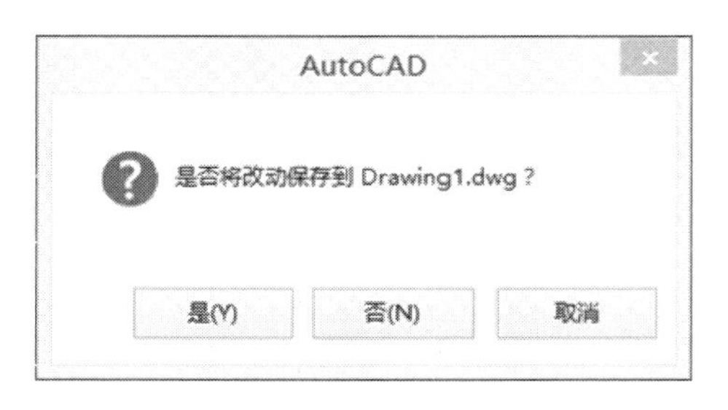

图 1.6　退出软件对话框

5. AutoCAD 2014 的工作界面

启动 AutoCAD 2014 后，在默认情况下，用户看到的是“草图与注释”工作空间，选

择不同的工作空间可以进行不同的操作。如图 1.7 所示为 AutoCAD 2014 的“草图与注释”工作界面。

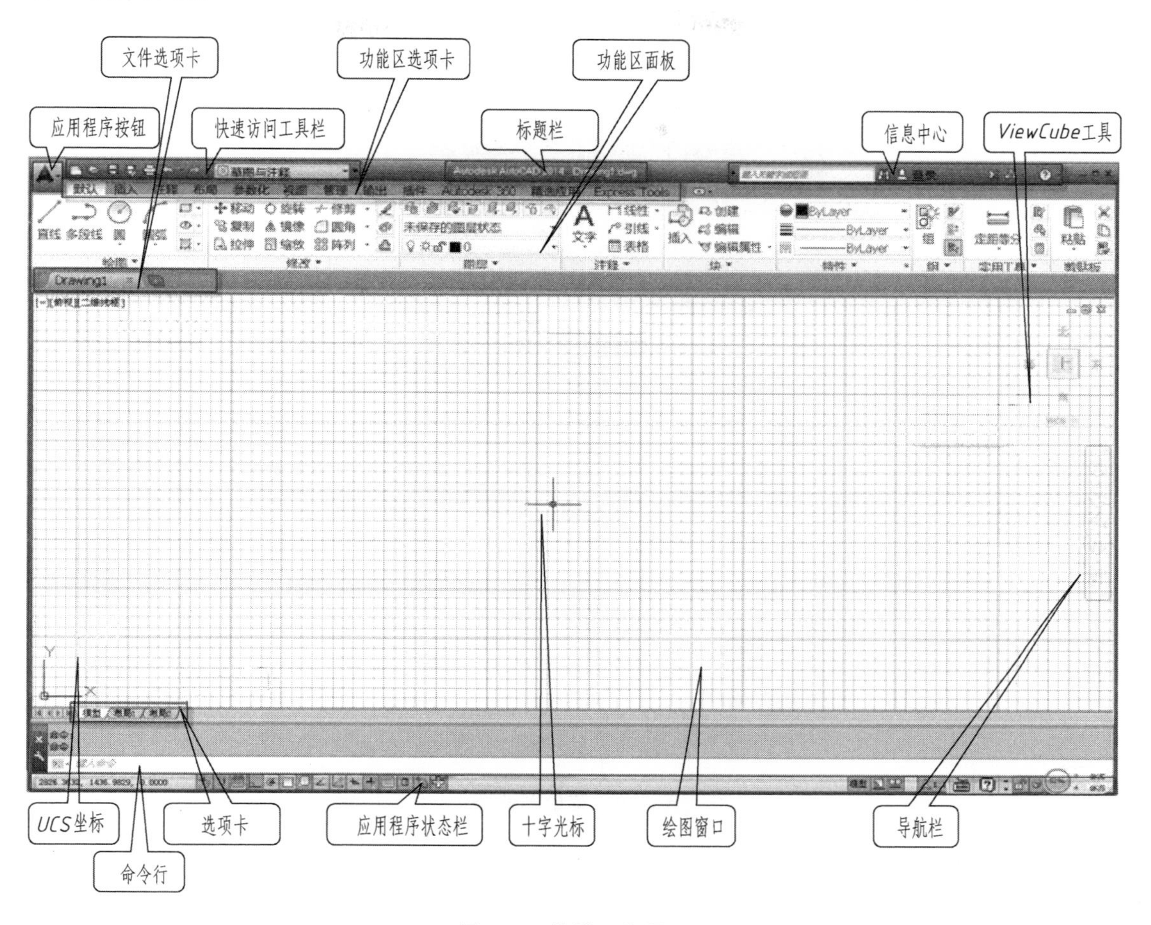

图 1.7　软件工作界面

1）标题栏

标题栏位于 AutoCAD 2014 软件窗口的最上方，显示了系统当前正在运行的程序名及文件名等信息。AutoCAD 2014 默认的图形文件名称为 DrawingN. dwg(N 表示数字)，第一次启动 AutoCAD 2014 时，在标题栏中，将显示在启动时创建并打开的图形文件的名称 Drawing1. dwg。

标题栏中的信息中心提供了多种信息来源。在文本框中输入需要帮助的问题，单击“搜索”按钮，即可获取相关的帮助；单击“登录”按钮，可以登录 Autodesk Online 以访问与桌面软件集成的服务；单击“交换”按钮，显示“交流”窗口，其中包含信息、帮助和下载内容，并可以访问 AutoCAD 社区；单击“帮助”按钮，可以访问帮助，查看相关信息；单击标题栏右侧的按钮组，可以最小化、最大化或关闭应用程序窗口，如图 1.8 所示。

Autodesk AutoCAD 2014　Drawing1.dwg　键入关键字或短语　登录

图 1.8　标题栏

2）菜单浏览器

“菜单浏览器”按钮位于软件窗口左上方，单击该按钮，系统将弹出程序菜单，如图 1.9所示，其中包含了 AutoCAD 的功能和命令。单击相应的命令，可以创建、打开、保存、另存为、输出、发布、打印和关闭 AutoCAD 文件等。此外，程序菜单还包括图形实用工具。

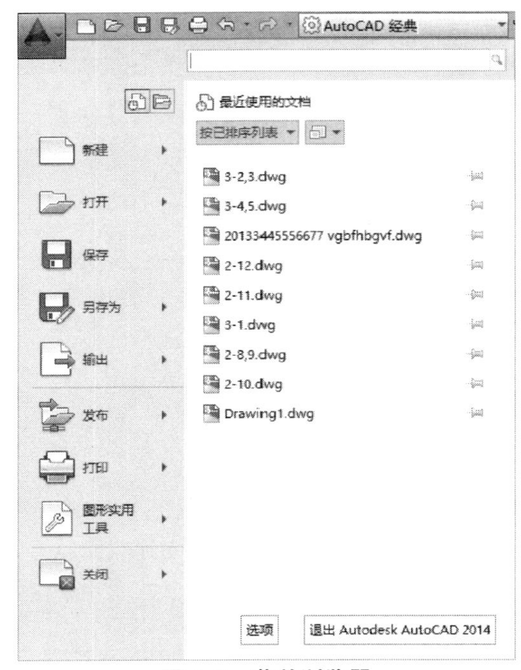

图 1.9　菜单浏览器

3）快速访问工具栏

AutoCAD 2014 的快速访问工具栏中包含了最常用的操作快捷按钮，方便用户使用。默认状态下，快速访问工具栏中包含 7 个快捷工具，分别为“新建”按钮、“打开”按钮、“保存”按钮、“另存为”按钮、“打印”按钮、“放弃”按钮和“重做”按钮，如图 1.10 所示。

图 1.10　快速访问工具栏

注意：为了兼容以前版本操作习惯，可以在快速访问工具栏右侧下拉菜单将“草图与注释”模式更改为“AutoCAD 经典”。

4）“功能区”选项板

“功能区”选项板是一个特殊的选项板，位于绘图区的上方，是菜单和工具栏的主要替代工具。默认状态下，在“草图与注释”工作界面中，“功能区”选项板包含了“常用”“插入”“注释”“布局”“参数化”“视图”“管理”“输出”“插件”和“联机”共 10 个选项卡，每个选项卡中包含若干个面板，每个面板中又包含许多命令按钮，如图 1.11 所示。

图 1.11　“功能区”选项板

5）绘图区

软件界面中间位置的空白区域称为绘图区，也称为绘图窗口，是用户进行绘制工作的区域，所有的绘图结果都反映在这个窗口中。如果图纸比例较大，需要查看未显示的部分时，可以单击绘图区右侧与下侧滚动条上的箭头，或者拖曳滚动条上的滑块来移动图纸。

在绘图区中，除了显示当前的绘图结果外，还显示了当前使用的坐标系类型、导航面板，以及坐标原点，X、Y、Z 轴方向等，如图 1.7 所示。其中，导航面板是一种用户界面元素，用户可以从中访问通用导航工具和特定产品的导航工具。

6）命令提示行与文本窗口

命令提示行位于绘图区的下方，用于显示提示信息和输入数据，如命令、绘图模式、坐标值和角度值等，如图 1.12 所示。

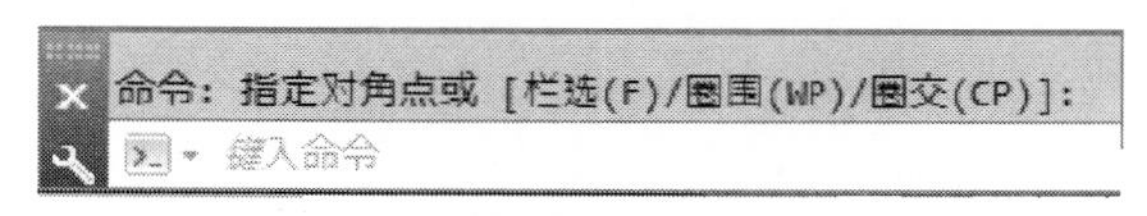

图 1.12 命令提示行

7）应用程序状态栏

应用程序状态栏位于 AutoCAD 2014 窗口的最下方，如图 1.13 所示，用于显示当前光标状态，如 X、Y 和 Z 坐标值，用户可以用图标或文字的形式查看图形工具按钮。通过捕捉工具、极轴工具、对象捕捉工具和对象追踪工具的快捷菜单，可以轻松地更改这些绘图工具的设置。

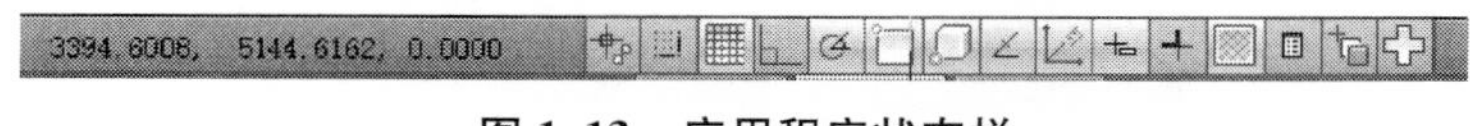

图 1.13 应用程序状态栏

1.1.3 任务实施

步骤 1：按照知识准备中介绍的方法安装 AutoCAD 2014。

步骤 2：启动 AutoCAD 2014，熟悉用户使用界面。

任务 1.2 新建 A4. dwg 图形文件

1.2.1 任务描述

使用 AutoCAD 2014 新建图形文件 A4. dwg，并保存于桌面。

1.2.2 知识准备

1. 创建图形文件

在启动 AutoCAD 2014 后，系统将自动新建一个名为 Drawing1. dwg 的图形文件，且该图形文件默认以 acadiso. dwt 为模板，用户还可以根据需要创建新的图形文件。

用户可通过以下五种方法新建图形文件。

① 菜单栏：单击菜单栏中的“文件”→“新建”命令。

② 按钮法：单击快速访问工具栏中的“新建”按钮。

③ 快捷键：按 Ctrl+N 组合键。

④ 程序菜单：单击“菜单浏览器”按钮，在弹出的程序菜单中单击“新建”→“图形”命令。

⑤ 命令行：输入 new 或 qnew 命令。

这里详细介绍菜单栏方法，具体操作如下。

(1) 单击软件界面左上角的“菜单浏览器”按钮，在弹出的程序菜单中单击“新建”→“图形”命令，如图 1.14 所示。

图 1.14　菜单浏览器

(2) 弹出“选择样板”对话框，在列表框中选择合适的样板，单击“打开”右侧的下拉按钮，在弹出的列表框中选择“无样板打开-公制”选项，如图 1.15 所示。

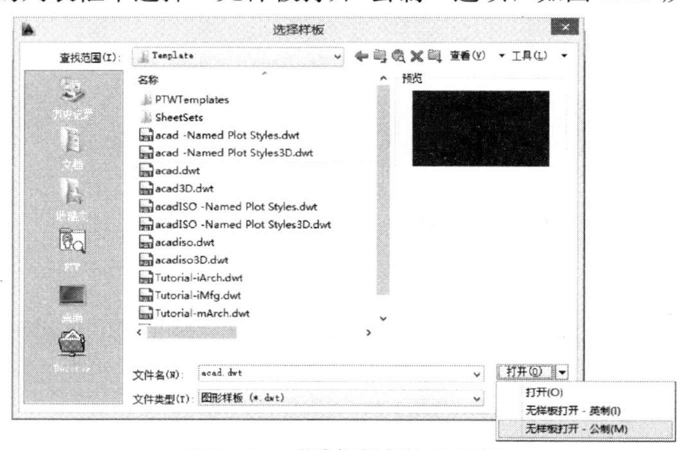

图 1.15　“选择样板”对话框

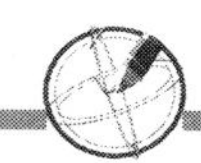

执行操作后，即可新建图形文件。

2. 保存图形文件

如果用户需要将图形文件保存至磁盘中的某一位置，可以使用“保存”命令，对图形文件进行保存操作。

用户可以通过以下五种方法执行保存图形文件。

① 菜单栏：单击菜单栏中的“文件”→“保存”命令。

② 按钮法：单击快速访问工具栏中的“保存”按钮。

③ 快捷键：按 Ctrl+S 组合键。

④ 程序菜单：单击“菜单浏览器”按钮，在弹出的程序菜单单击“保存”命令。

⑤ 命令行：输入 save 命令。

3. 打开图形文件

在使用 AutoCAD 2014 进行图形编辑时，常常需要对图形文件进行编辑或者重新设计，这时就需要打开相应的图形文件以进行相应操作。

用户可通过以下五种方法打开图形文件。

① 菜单栏：单击菜单栏中的“文件”→“打开”命令。

② 按钮法：单击快速访问工具栏中的“打开”按钮。

③ 快捷键：按 Ctrl+O 组合键。

④ 程序菜单：单击“菜单浏览器”按钮，在弹出的程序菜单中单击“打开”→“图形”命令。

⑤ 命令行：输入 open 命令。

这里详细介绍按钮法，具体操作如下。

(1) 单击快速访问工具栏中的“打开”按钮，如图 1.16 所示。

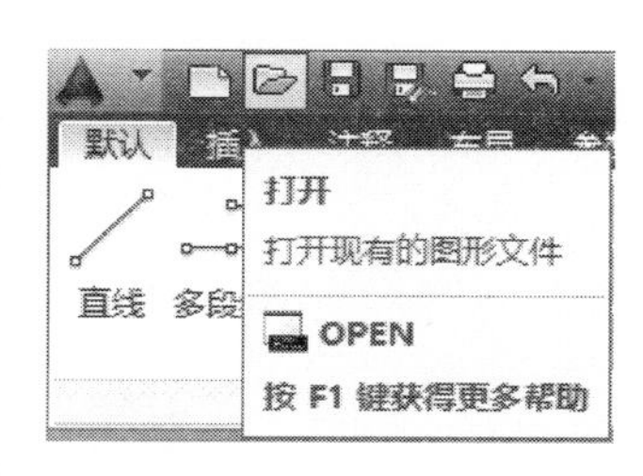

图 1.16　快速访问工具栏的“打开”按钮

(2) 弹出“选择文件”对话框，在其中选择要打开的图形文件，如图 1.17 所示。

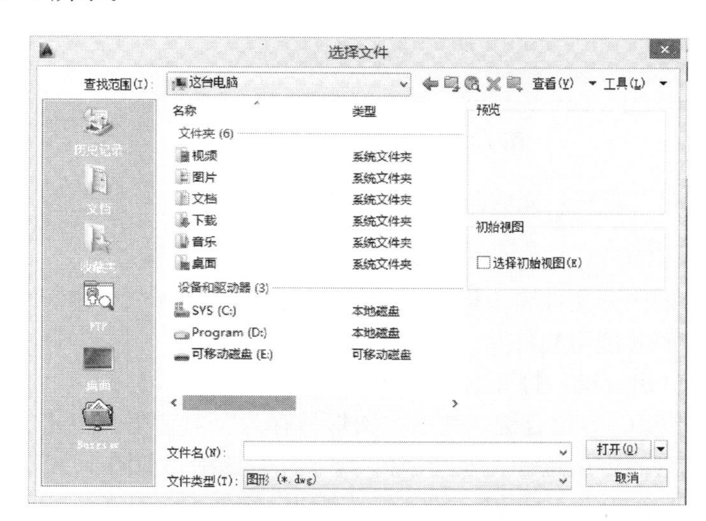

图 1.17　“选择文件”对话框

(3) 单击下方的“打开”按钮，即可打开图形文件。

4. 另存为图形文件

如果用户需要重新将图形文件保存至磁盘中的另一位置，可以使用“另存为”命令，对图形文件进行另存操作。

用户可以通过以下五种方法执行另存为图形文件。

① 菜单栏：单击菜单栏中的“文件”→“另存为”命令。

② 按钮法：单击快速访问工具栏中的“另存为”按钮。

③ 快捷键：按 Ctrl+Shift+S 组合键。

④ 程序菜单：单击“菜单浏览器”按钮，在弹出的程序菜单单击“另存为”→“图形”命令。

⑤ 命令行：输入 saveas 命令。

这里详细介绍快捷键方法，具体操作如下。

(1) 按 Ctrl+O 组合键，打开素材图形。

(2) 按 Ctrl+Shift+S 组合键，弹出“图形另存为”对话框，设置文件名和保存路径，如图 1.18 所示。

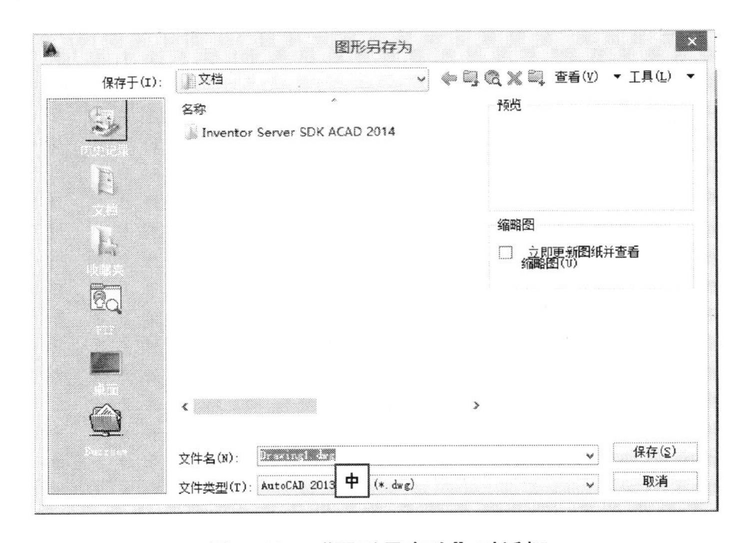

图 1.18 “图形另存为”对话框

(3) 单击“保存”按钮，完成图形文件的另存为操作。

5. 加密图形文件

如果用户绘制的图形文件属于机密文件，则可以对该图形文件进行加密保护，使用时只有输入正确的密码才能将其打开。具体操作步骤示范如下。

(1) 按 Ctrl+O 组合键，打开素材图形。

(2) 按 Ctrl+Shift+S 组合键，弹出“图形另存为”对话框，单击“工具”右侧的下拉按钮，在弹出的列表框中选择“安全选项 (S)...”选项，如图 1.19 所示。

(3) 弹出“安全选项”对话框，切换至“密码”选项卡，在“用于打开此图形的密码或短语”文本框中输入密码“1234”，并选中“加密图形特性”复选框。

图 1.19　“图形另存为”对话框

(4) 单击“确定”按钮，弹出“确认密码”对话框，再次输入密码“1234”。

(5) 单击“确定”按钮，返回到“图形另存为”对话框，设置保存路径和文件名，单击“保存”按钮，即可完成图形文件的加密。

6. 输入图形文件

用户可以将不同格式的文件输入 AutoCAD 的当前图形中，以满足绘图需要。

用户可通过以下三种方法输入图形文件。

① 菜单栏：单击菜单栏中的“文件”→“输入”命令。

② 按钮法：单击“插入”选项卡中的“输入”按钮。

③ 命令行：输入 lmp 命令。

这里主要菜单栏方法，具体操作如下。

(1) 按 Ctrl+N 组合键，新建一个图形文件，单击菜单栏中的“文件”→“输入”命令。按 Enter 键确认，弹出“输入文件”对话框，选择需要导入的文件类型及文件名，如图 1.20 所示。

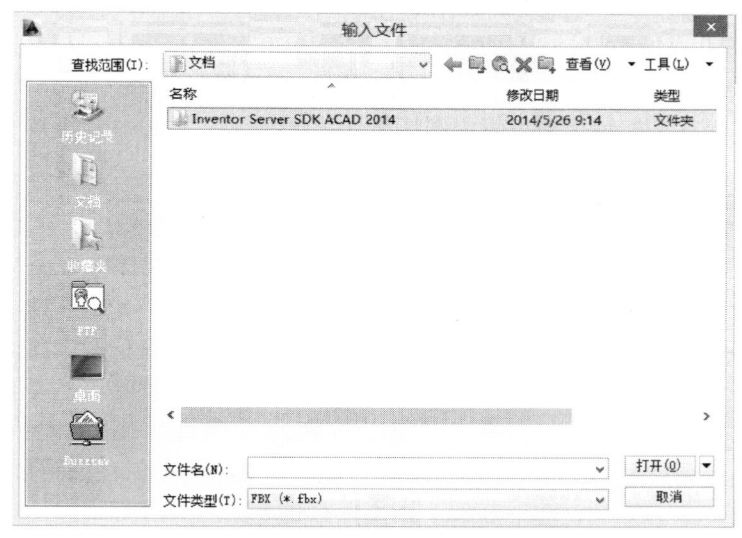

图 1.20　“输入文件”对话框

(2) 单击“打开”按钮，弹出“输入选项”对话框，单击“全部添加”按钮，单击“确定”按钮，即可输入图形文件。

7. 输出图形文件

用户可以将当前图形文件输出成其他格式的文件，输出的格式有 DWF、DWFX、三维 DWF 和 PDF 等。

用户可通过以下三种方法输出图形文件。

① 菜单栏：单击菜单栏中的“文件”→“输出”命令。

② 程序菜单：单击“菜单浏览器”按钮，在弹出的程序菜单中单击“输出”命令，在弹出的子菜单中选择相应的命令。

③ 命令行：输入 export 命令。

这里主要命令行方法，具体操作如下。

(1) 按 Ctrl+O 组合键，打开素材图形。

(2) 命令行中输入 exp（输出）命令，按 Enter 键确认，弹出“输出数据”对话框，设置文件名和保存路径，如图 1.21 所示。

图 1.21 “输出数据”对话框

(3) 单击“保存”按钮，即可输出图形文件。

8. 关闭图形文件

如果用户只是想关闭当前打开的文件，而不退出 AutoCAD 程序，可以通过相应的操作，关闭当前的图形文件。具体操作如下。

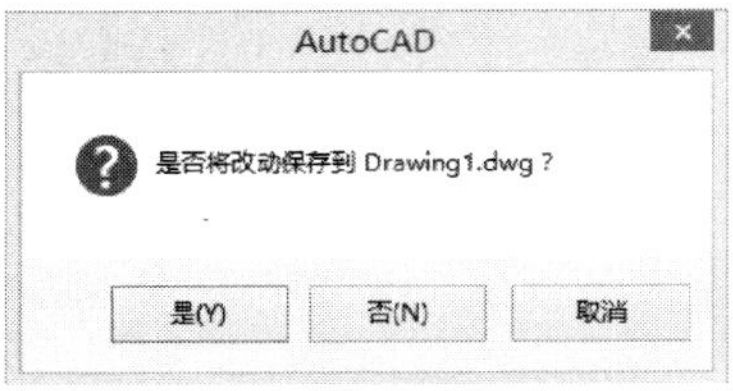

AutoCAD
是否将改动保存到 Drawing1.dwg？
是(Y) 否(N) 取消

图 1.22 保存信息提示框

单击绘图窗口右上角的“关闭”按钮鼠标，执行此操作后，如果当前图形文件没有被保存，将弹出信息提示框，如图 1.22 所示，提示用户是否保存图形文件，单击“是”按钮，系统将该图形保存并关闭；单击“否”按钮，系统将退出但不保存该图形；单击“取消”按钮，则不保存也不关闭当前图形。

1.2.3 任务实施

步骤1：单击软件界面左上角的“菜单浏览器”按钮，在弹出的程序菜单中单击“新建”→“图形”命令。

步骤2：弹出“选择样板”对话框，在列表框中选择合适的样板，单击“打开”右侧的下拉按钮，在弹出的列表框中选择“无样板打开-公制（M）”选项，文件名对话框输入“A4. dwg”。

步骤3：单击软件界面左上角的“菜单浏览器”按钮，在弹出的程序菜单(对话框)中单击“保存”命令，选择保存位置为桌面，单击“确定”按钮，如图1.23所示。

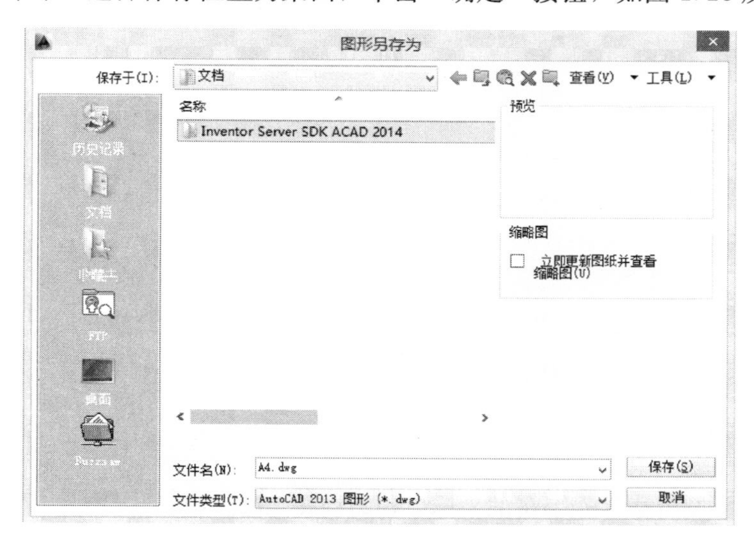

图1.23 “图形另存为”对话框

1.2.4 实训项目

1. 实训目的

熟练运用各种方法新建并保存文件。

2. 实训内容

创建一个新文件，文件名为“实训 . dwg”。

任务1.3 设置图形界限

1.3.1 任务描述

在任务1.2新建的图形文件A4. dwg中设置A4幅面的图形界限。

1.3.2 知识准备

图形界限就是AutoCAD的绘图区域，也称图限。为了将绘制的图形方便地打印输出，在绘图前应设置好图形界限。

AutoCAD 中默认的绘图边界为无限大，为了使绘图更便捷，可以在指定的图纸大小空间中进行图形的绘制。

图形界限相当于手工制图时选择的图纸大小，当启用绘图界限检查功能时，如果通过键盘输入或者使用鼠标在绘图区单击的方法拾取的坐标点超出绘图界限时，操作将无法进行。如果关闭了绘图界限检查功能，则绘制图形不受绘图范围的限制。

由于 AutoCAD 中图形界限检查只是针对输入点，所以在打开图形界限检查后，用户在创建图形对象时，仍有可能导致图形对象某部分绘制在图形界限之外。例如，绘制圆时，在图形界限内部指定圆心点后，如果半径很大，则有可能将部分圆弧绘制在图形界限之外。

1.3.3 任务实施

步骤 1：打开已经建立的文件 A4.dwg。

步骤 2：在命令行中输入 limits(图形界限)命令，按 Enter 键确认，如图 1.24 所示。执行“图形界限”命令后，命令行中的提示如下。

图 1.24 LIMITS（图形界限）命令

命令：LIMITS

指定左下角点或[开(ON)/关(OFF)] <0.0000，0.0000>：

步骤 3：输入图形边界左下角的坐标(0，0)后按 Enter 键。

步骤 4：输入图形边界右上角的坐标(420，297)后按 Enter 键。

步骤 5：单击菜单栏中的“视图”→“缩放”→“全部”命令，使整个图形界限显示在屏幕上。

步骤 6：保存文件。

1.3.4 实训项目

1. 实训目的

熟练新建文件并设置图形界限。

2. 实训内容

创建一个新文件，文件名为“实训 A3.dwg”，设置图形界限为 A3。

任务 1.4 创建含图层的文件

1.4.1 任务描述

在任务 1.2 保存的图形文件 A4.dwg 中进行图层设置。

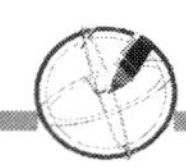

1.4.2 知识准备

1. 图层的概念

AutoCAD中绘制任何对象都是在图层上进行的。图层就好像一张张透明的图纸。整个图形就相当于若干张透明图纸上下叠加的效果。一般情况下，相同的图层上具有相同的线型、颜色、线宽等特性。

我们可以根据自己的需要建立、设置图层。比如在建筑设计中，可以将墙体、门窗、家具、灯具分别放置到不同的图层。AutoCAD允许我们建立多个图层，但是绘图工作只能在当前图层上进行。

AutoCAD 2014图层设置涉及图层状态和图层特性。图层状态包括图层是否打开、冻结、锁定、打印和在新视口中自动冻结。图层特性包括颜色、线型、线宽和打印样式。用户可以选择要保存的图层状态和图层特性。例如，可选择只保存图形中图层的“冻结/解冻”设置，忽略所有其他的设置。恢复图层状态时，除每个图层的冻结或解冻设置以外，其他设置仍保持当前设置。

2. 图层管理器

图层的创建和设置在“图层特性管理器”对话框中进行，打开此对话框有以下几种方法。

(1) 单击菜单栏上“格式”→“图层”命令。

(2) 单击“图层”工具栏上的“图形特性管理器”按钮，如图1.25所示。

图1.25 “图层特性管理器”按钮

(3) 在命令行内输入“图层特性”英文名称Layer/LA，按空格键确定，系统将弹出“图层特性管理器”对话框。在该对话框中，可以看到所有图层列表、图层的组织结构和各图层的属性和状态。对于图层的所有操作，例如新建、重命名、删除及图层特性的修改等，都可以在该对话框中完成，如图1.26所示。

图层特性管理器具有如下对话框选项。

(1) 状态：用来指示和设置当前图层。双击某个图层状态列图标可以快速设置该图层为当前层。

(2) 名称：用于设置图层名称。选中一个图层使其以蓝色高亮显示，单击“名称”特性列的表头，可以让图层按照图层名称进行升序或降序排列。

(3) 打开/关闭：用于控制图层是否在屏幕上显示。隐藏的图层将不被打印输出。

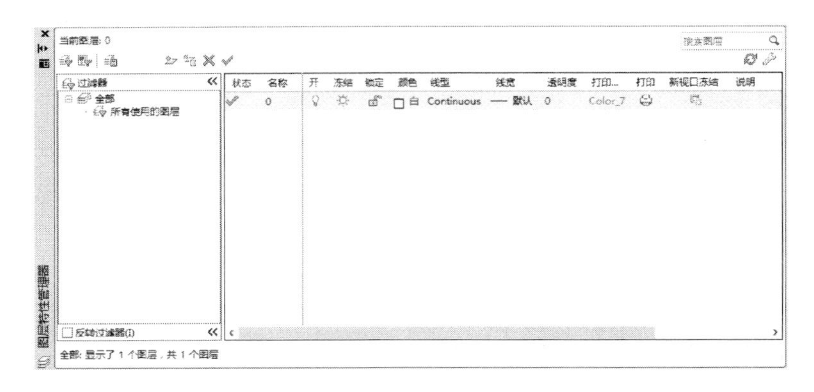

图 1.26 “图层特性管理器”对话框

(4) 冻结/解冻：用于将长期不需要显示的图层冻结或解冻。可以提高系统运行速度，减少图形刷新的时间。AutoCAD 不会在被冻结的图层上显示、打印或重生成对象。

(5) 锁定/解锁：如果某个图层上的对象只需要显示，不需要选择和编辑，那么可以锁定该图层。

(6) 颜色、线型、线宽：用于设置图层的颜色、线型及线宽属性。

(7) 打印样式：用于为每个图层选择不同的打印样式。如同每个图层都有颜色值一样，每个图层也都具有打印样式特性。AutoCAD 有颜色打印样式和图层打印样式两种，如果当前文档使用颜色打印样式，则该属性不可用。

(8) 打印开关：对于那些没有隐藏也没有冻结的可见图层，可以通过单击“打印”特性项来控制打印时该图层是否打印输出。

(9) 图层说明：用于为每个图层添加单独的解释、说明性文字。

3. 图层的新建、删除和重命名

1) 新建图层

在对话框上方单击“新建”按钮。单击四下新建四个图层，如图 1.27 所示。

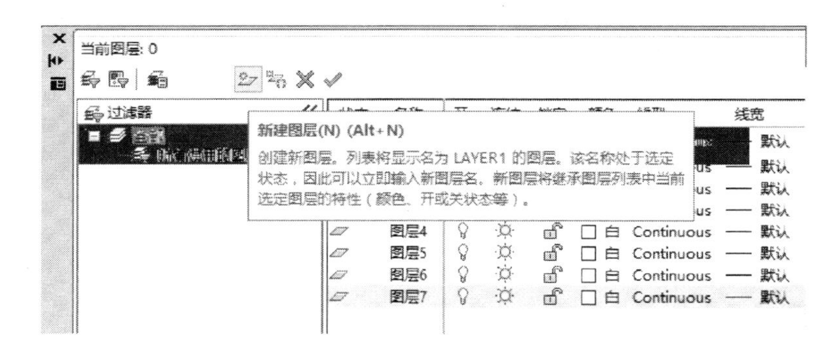

图 1.27 新建图层

2) 删除图层

在打开的图形特性管理器上选择上一步创建的“图层 4”，单击“删除”按钮，就可以删除选定的图层，如图 1.28 所示。

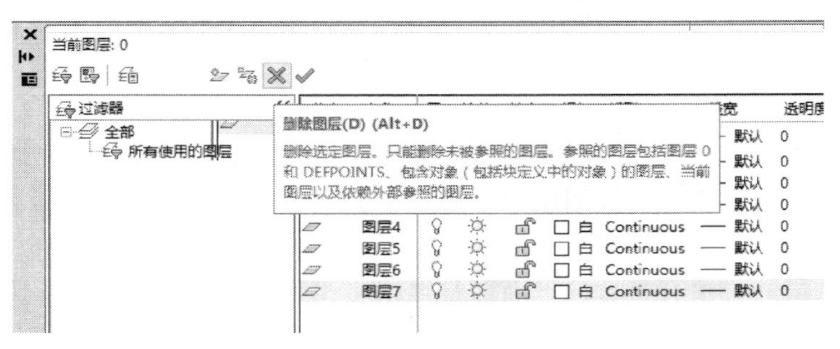

图 1.28　删除图层

特别提示

AutoCAD规定以下四类图层不能被删除。

(1) 0 层和 Defpoints 图层。

(2) 当前层。要删除当前层，可以先改变当前层到其他图层。

(3) 插入了外部参照的图层。要删除该层，必须先删除外部参照。

(4) 包含了可见图形对象的图层。要删除该层，必须先删除该层中的所有图形对象。包含了对象的图层，在"图层管理器"对话框的状态图标显示为蓝色，否则显示为灰色。

3) 重命名图层

默认情况下，创建的图层会依次以"图层 1""图层 2"进行命名。我们可以将其重命名。重命名方法如下。

(1) 在"图形特性管理器"对话框中选中需要的重命名的图层后，按 F2 键，此时名称文本框呈可编辑状态，输入名称即可。

(2) 双击图层的名称，或者在创建新图层时直接在文本框中输入新名称。

这里我们选择"图层 1"，按 F2 键输入新名称"粗实线"，按 Enter 键确定，然后用同样的方法，将"图层 2""图层 3"分别重命名为虚线、细点划线。命名完成后如图 1.29 所示。

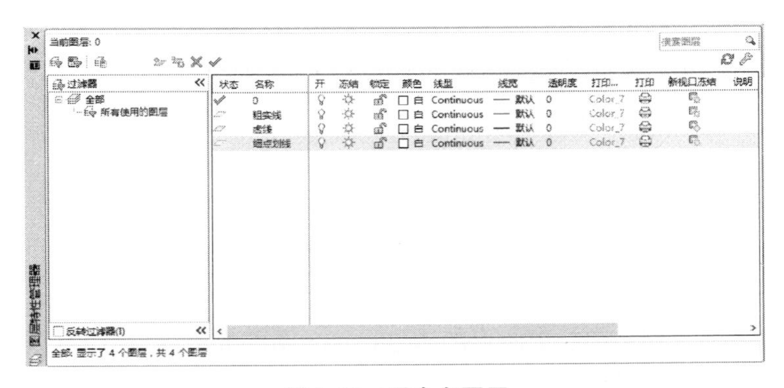

图 1.29　重命名图层

4. 图层特性的设置

图层特性是属于该图层的图形对象所共有的外观特性，包括层名、颜色、线型、线宽

和打印样式等。我们对图层的这些特性进行设置后，该图层上的所有图形对象的特性就会随之发生改变。

1）设置为当前图层

当前图层是当前工作状态下正在使用的图层。当设定某一图层为当前层后，接下来所绘制的全部图形对象都将位于该图层中。如果以后想在其他图层中绘图，就需要更改当前图层设置。

设置当前图层的方法有三种，下面以将“粗实线”层设置为当前图层为例进行介绍。

（1）在“图层特性管理器”对话框中，单击对话框上方的“置为当前”按钮，如图 1.30所示。

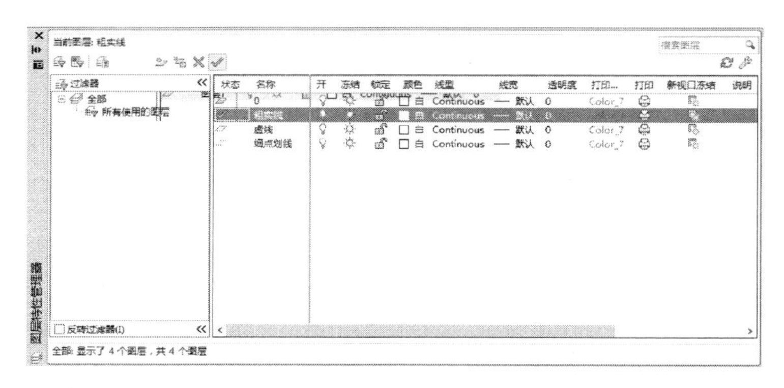

图 1.30　设置为当前图层

（2）双击“图层特性管理器”对话框中“粗实线”图层的状态栏即可。

（3）在功能区的图层面板处，展开图层列表，单击“粗实线”层即可，如图 1.31 所示。

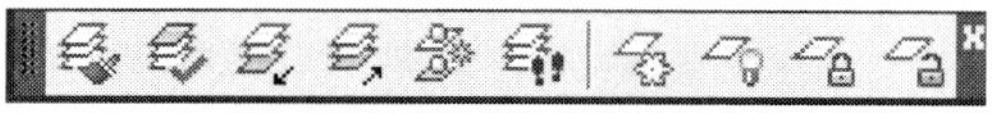

图 1.31　图层列表

（4）在图层工具栏的下拉列表框中选择需要的图层，如图 1.32 所示。

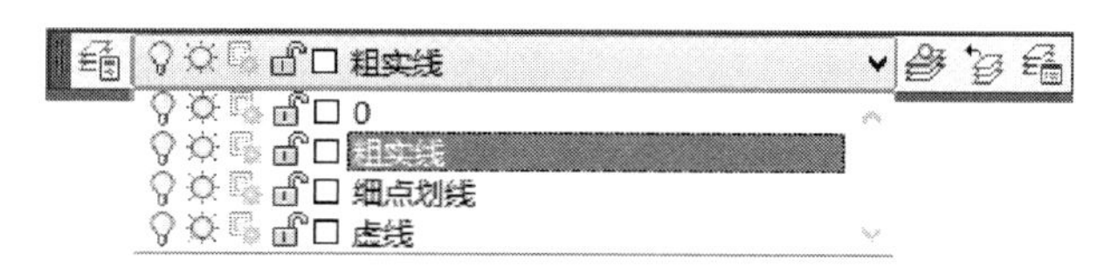

图 1.32　选择需要的图层

2）设置图层颜色

图层的颜色实际上就是图层中图形的颜色，每个图层都可以设置颜色，不同图层可以设置相同的颜色，也可以设置不同的颜色，使用颜色可以非常方便地区分各图层上的对象。

单击“图层特性管理器”中的“颜色”属性项，可以打开“选择颜色”对话框，如图 1.33所示，选择需要的颜色即可。AutoCAD 提供了七种标准颜色，即红、黄、绿、

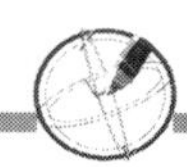

青、蓝、紫和白。

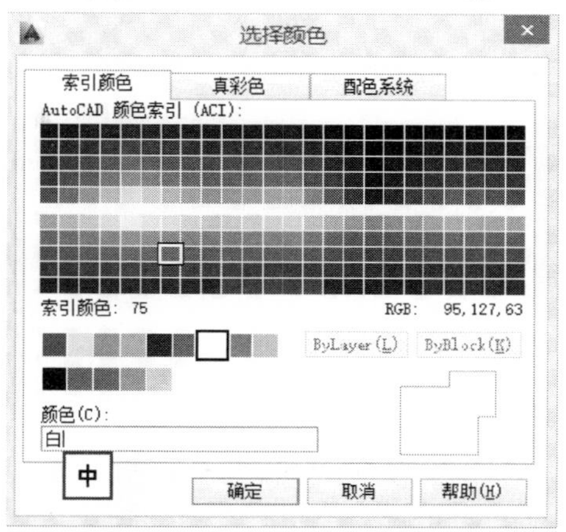

图 1.33　“选择颜色”对话框

在“选择颜色”对话框中，可以使用“索引颜色”“真彩色”和“配色系统”三个选项卡为图层设置颜色。

（1）“索引颜色”选项卡：这是对话框默认进入的选项卡。它实际上是一张包含 256 种颜色的颜色表，可以使用 AutoCAD 的标准颜色（ACI 颜色）。在 ACI 颜色表中，每一种颜色用一个 ACI 编号（1～255 之间的整数）标识。

（2）“真彩色”选项卡：使用 24 位颜色定义显示 16M 种颜色。指定真彩色时，可以使 RGB 颜色模式或 HSL 颜色模式。如果使用 RGB 颜色模式，则可以指定颜色的红、绿、蓝组合，如图 1.34（a）所示；如果使用 HSL 颜色模式，则可以指定颜色的色调、饱和度和亮度要素，如图 1.34（b）所示。在这两种模式下，可以得到同一种所需的颜色，但是组合颜色的方式不同。

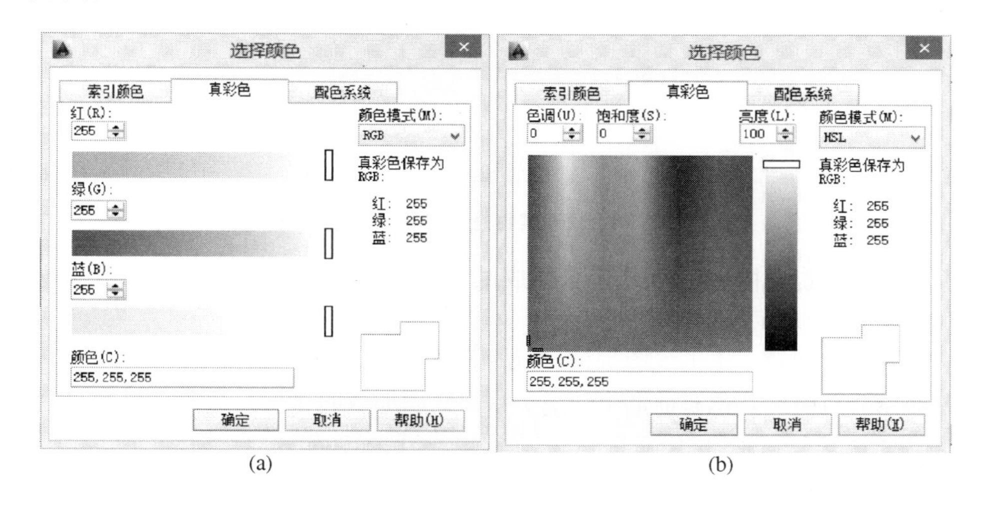

(a)　　(b)

图 1.34　“真彩色”选项卡

（3）“配色系统”选项卡：使用标准 Pantone 配色系统设置图层颜色，如图 1.35 所示。

下面以将“粗实线”层改为绿色为例进行介绍。

在“图形特性管理器”对话框中，选择“粗实线”层“颜色”属性选项。屏幕上将弹出“选择颜色”对话框，在“索引颜色”选项卡内选择标准颜色“绿色”，单击“确定”按钮这样就完成了“粗实线”层的颜色设置。从图层特性管理器中可以看到“粗实线”层变为绿色。我们可以用同样的方法设置其他图层的颜色，如图 1.36 所示。

3）设置图层线型及其比例

（1）设置图层线型。图层线型表示图层中图形线条的特性，不同的线型表示的含义不同，默认情况下是 Continuous 线型，设置图层的线型可以区别不同的对象。在 AutoCAD

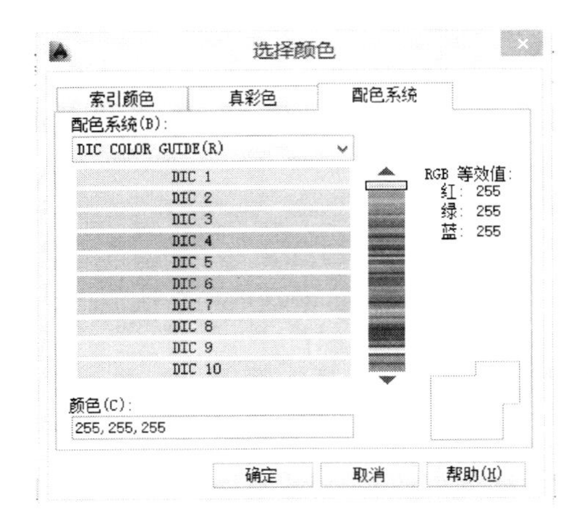

图 1.35　“配色系统”选项卡

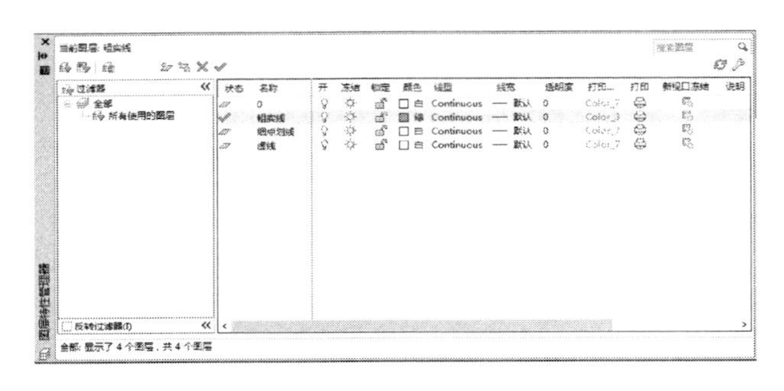

图 1.36　“图层特性管理器”对话框

中既有简单线型，也有由一些特殊符号组成的复杂线型，以满足不同国家或行业标准的要求。

选择“虚线”图层，单击该图层的“线型”栏中的图标，系统将打开如图 1.37 所示的“选择线型”对话框，该对话框中列出了当前已经加载的线型。我们可以单击列表里的线型。

图 1.37　“选择线型”对话框

当我们需要的线型没有在列表中时，可以加载线型。单击“加载”按钮，打开如图 1.38所示的“加载或重载线型”对话框。

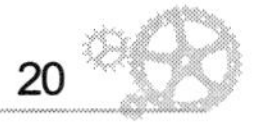

图 1.38 “加载或重载线型”对话框

在“加载或重载线型”对话框中可以选择我们需要的线型，单击“确定”按钮。这里我们选择“ACAD _ IS002W100”线型，单击“确定”按钮完成加载。返回“选择线型”对话框，选择刚加载的线型，如图 1.39 所示，然后单击“确定”按钮完成设置。

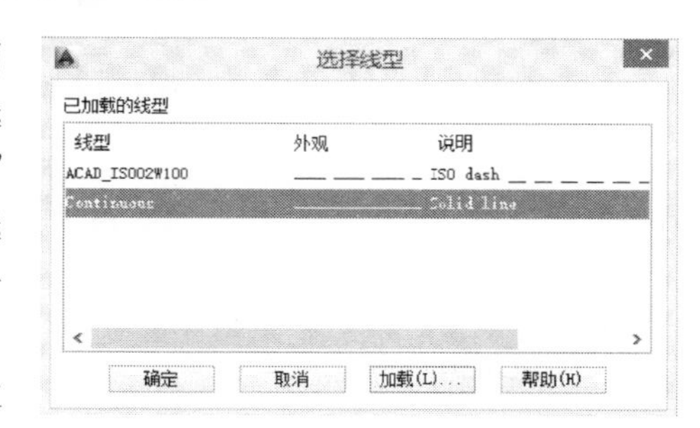

图 1.39 完成线型加载

(2) 设置线型比例。由于绘制的图形尺寸大小的关系，致使非连续的线型，其样式不能被显示出来，这时就需要通过调整线型的比例来使其显现。

设置线型比例值的方法如下。

在命令行中执行 lts 命令，输入新的线型比例值；或者在菜单栏执行“格式”→“线型”命令，打开线型管理器，单击“显示/隐藏细节”按钮，展开详细信息。更改“全局比例因子”可以设置当前文件中所有非连续图线的线型比例；更改“当前对象缩放比例”可以设置在线型列表中选中的线型的比例。

系统默认的所有的线型比例均为 1。以虚线为例，线型比例为 1 的情况如图 1.40(a)所示，线型比例为 0.5 的情况如图 1.40(b)所示。

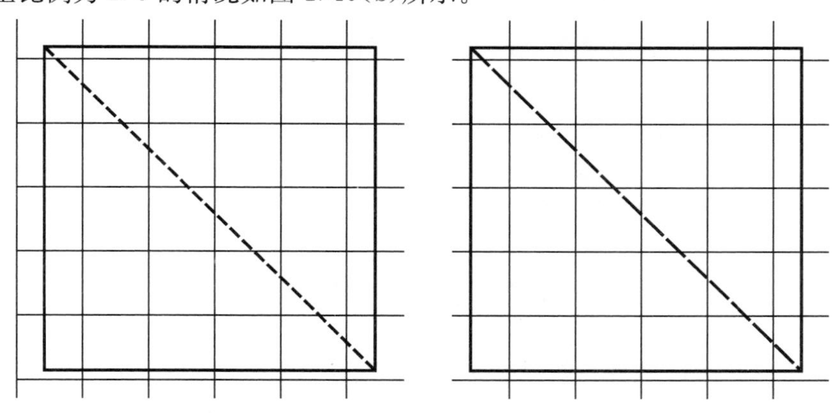

图 1.40 线型的比例

可以看到，将线型比例值变大后，图中的虚线(非连续线)变稀了。

1.4.3 任务实施

步骤 1：打开任务 1.2 中的 A4.dwg 文件。

步骤 2：按照《机械制图用计算机信息交换制图规则》对常用图线的分层、颜色的规定设置图层、颜色、线型，设置四个图层，如图 1.41 所示。

状态	名称	开	冻结	锁定	颜色	线型	线宽	透明度
▱	0	💡	☼	🔓	□ 白	Continuous	—— 默认	0
✔	粗实线	💡	☼	🔓	■ 绿	Continuous	▬ 0.50 毫米	0
▱	细点划线	💡	☼	🔓	■ 红	ACAD_ISO10W100	—— 0.25 毫米	0
▱	虚线	💡	☼	🔓	□ 黄	ACAD_ISO02W100	—— 0.25 毫米	0
▱	细实线	💡	☼	🔓	□ 白	Continuous	—— 0.25 毫米	0

图 1.41 图层设置样式

步骤 3：设置完成后保存。

1.4.4 实训项目

1. 实训目的

熟练掌握图层管理器的设置。

2. 实训内容

新建一个绘图文件，设置 A3 的图形界限并建立图层，按照图 1.41 中的要求设置名称、颜色、线型和线宽。

项 目 小 结

本项目介绍了 AutoCAD 2014 的一些基础知识和基本操作方法，包括 AutoCAD 2014 的安装过程、工作界面的各组成部分的功能、绘图文件建立、绘图文件保存、图形文件的管理、图形界限设置、图层的建立、图层管理器的使用等。了解和掌握好这些内容，有助于初学者更好地、更有效地应用 AutoCAD 2014 软件，提高绘图设计水平。

在学习本项目过程中，尤其要注意命令的执行方式、坐标的应用、状态栏的功能、命令栏的操作、图层管理器的操作等知识。

技 能 训 练

打开 AutoCAD 2014 软件，新建绘图文件，设置 A3 图纸图层界限，并在图层管理器中新建图层并设置相应参数，最后保存文件，文件名为“姓名+学号 .dwg”。图层设置要求如下。

图层	颜色	线型	线宽
图层 1	白色	粗实线	0.3
图层 2	绿色	细实线	默认
图层 3	黄色	虚线	默认
图层 4	红色	点划线	默认

项目2

二维平面图形的绘制与编辑

知识目标

● 掌握二维平面图形绘制与编辑的各项命令及其使用方法。

能力目标

● 掌握点、直线、多段线、矩形、正多边形、圆、圆弧、椭圆、图案填充等二维绘图命令的操作方法。

● 掌握修剪、删除、移动、复制、镜像、偏移、阵列、旋转、对齐、倒角、圆角等编辑命令的操作方法。

● 掌握状态栏辅助绘图工具的使用方法。

任务 2.1　点、直线和状态栏辅助绘图工具

2.1.1　任务描述

绘制图 2.1，完成以下任务。

(1) 通过坐标输入点。

(2) 利用直线命令绘制直线。

(3) 利用状态栏辅助绘图工具结合直线命令绘制直线。

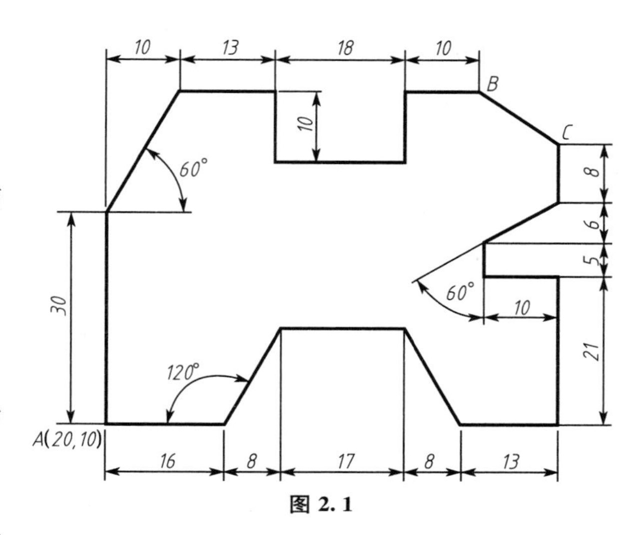

图 2.1

2.1.2　知识准备

1. 绘制点

一般情况，点在工程图中起到辅助定位的作用，不独立出现。

1) 绘制单点

(1) 功能。激活绘制点的命令后，只能绘制一个点，如需在“单点”方式下绘制多个点，必须在每绘制一个点前，重新激活绘制点的命令。

(2) 执行方式。

① 命令：point 或 po。

② 菜单：单击“绘图”→“点”→“单点”命令。

(3) 执行过程。

执行 point 命令后，屏幕提示：

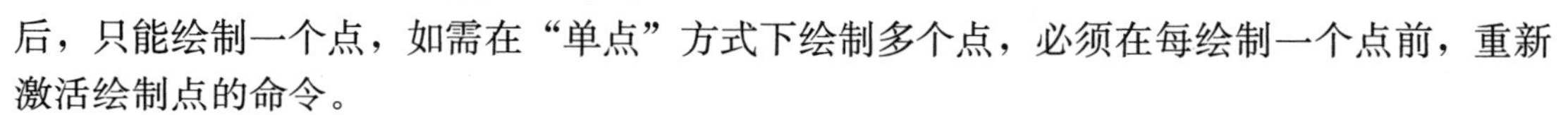

指定点：(在屏幕上确定一个点)

2) 绘制多点

(1) 功能。激活绘制点的命令后，可以绘制多个点，即只要不退出绘制点的命令，就可以一直绘制点。

(2) 执行方式。

① 工具栏：单击“绘图”→“点”按钮 。

② 菜单：单击“绘图”→“点”→“多点”命令。

(3) 执行过程。

执行“多点”命令后，屏幕提示：

指定点：(输入点)

指定点：(继续确定点的位置，直到按 Esc 键退出绘制多点的命令)

2. 设置点的样式及大小

默认状态下，点的样式为“·”，该样式直观形象，但可见性不佳，尤其是多个对象重合时，根本无法观察到如此小的点。AutoCAD 2014 提供了对点的样式及大小进行设置的功能，具体操作如下。

选择菜单“格式”→“点样式”命令，弹出“点样式”对话框，如图 2.2 所示。对话框中提供了多达 20 种点样式供用户选择。选择时，将光标移动到待选样式上，单击鼠标左键，再单击“确定”按钮即可。当再次激活绘制点命令时，绘制出的点就显示出所设置的点样式。如需改变点的大小，只需修改对话框“点大小”中的数值。

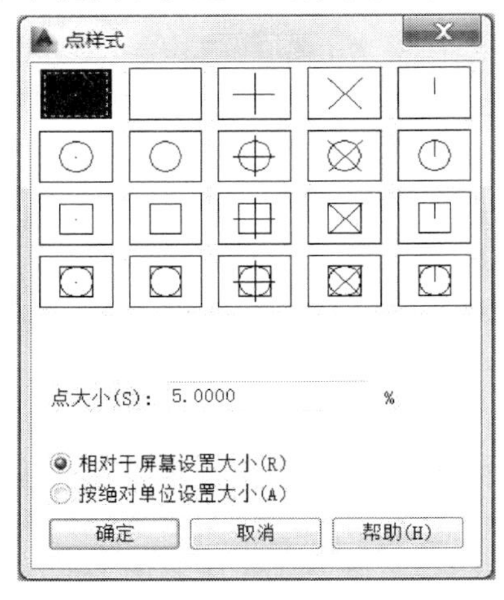

图 2.2　“点样式”对话框

3. 绘制定数等分点

(1) 功能。绘制定数等分点，即把选定的对象平均分成若干等份，在每个等分点处绘制一个点。选择等分的对象可以是直线段，也可以是曲线。

(2) 执行方式。

菜单：单击“绘图”→“点”→“定数等分”命令。

(3) 执行过程。

执行定数等分命令后，屏幕提示：

选择要定数等分的对象：(选择待等分的对象)
输入线段数目或 [块(B)]：(直接输入等分数后按 Enter 键，或者键入“B”，在等分点处插入块)

4. 绘制定距等分点

(1) 功能。绘制定距等分点，把选定的对象按给定“等分距离”进行划分，然后每隔指定长度绘制一个点。

(2) 执行方式。

菜单：单击“绘图”→“点”→“定距等分”命令。

(3) 执行过程。

执行“定距等分”命令后，屏幕提示：

选择要定距等分的对象：(选择待等分的对象)
指定线段长度或 [块(B)]：(输入等分距离后按 Enter 键，或者键入字母“B”，在对象上按指定的长度插入块)

绘制结果如图 2.3 所示。

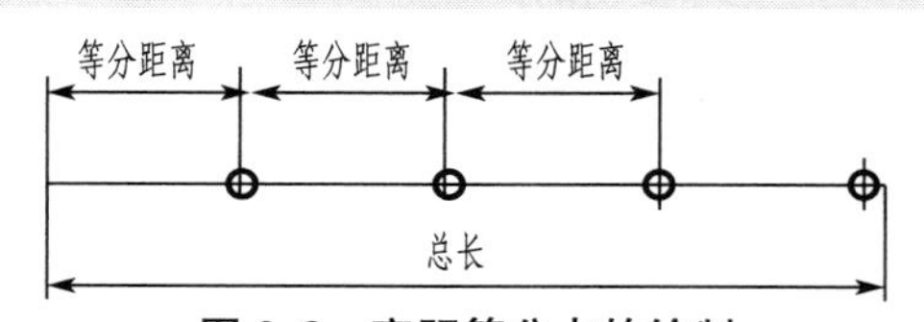

图 2.3　定距等分点的绘制

5. 直线

直线是最常见、最简单的基本图形。这里的直线是指直线段，使用直线命令可以绘制连续的直线段。

(1) 功能。绘制直线段或连续的直线段，绘制时需要确定直线段的起始点和终止点。

(2) 执行方式。

① 命令：line 或 l。
② 工具栏：单击“绘图”→“直线”按钮。
③ 菜单：单击“绘图”→“直线”命令。
(3) 执行过程。
执行 LINE 命令后，屏幕提示：

指定第一点：(确定直线段的起始点)
指定下一点或［放弃(U)］：(确定直线段的终止点位置，或执行“放弃(U)”选项重新确定起始点)
指定下一点或［放弃(U)］：(直接按 Enter 键结束命令，或确定连续直线段的另一端点位置，或执行“放弃(U)”选项取消前一次操作)
指定下一点或［闭合(C)/放弃(U)］：(直接按 Enter 键结束命令，或确定连续直线段的另一端点位置，或执行“放弃(U)”选项取消前一次操作，或执行“闭合(C)”选项创建封闭多边形。

确定点的方法可以直接用鼠标左键单击绘图区，可以用“对象捕捉”方式捕捉已有图形的特殊点，也可以输入点的坐标。具体参看项目 1 相关内容。

6. 状态栏辅助绘图工具的功能及操作

为了方便、准确地绘图，AutoCAD 提供了一些绘图的辅助工具。状态栏上辅助绘图工具按钮的功能见表 2-1。

表 2-1　状态栏上辅助绘图工具一览表

序号	按钮	按钮名称	开启状态功能
1		捕捉模式	绘图区域的光标只能按设定的间距踊跃式移动
2		栅格显示	绘图区域显式分布一些按设定行间距和列间距排列的栅格点
3		正交模式	只能绘制与当前坐标系统的 X 轴或 Y 轴平行的线段(对于二维绘图，就是水平线或垂直线)，画斜线须关闭正交模式
4		极轴追踪	光标按设定角度增量沿极轴方向移动
5		对象捕捉	按设置自动捕捉、精确捕捉图形对象上的点
6		对象捕捉追踪	光标沿着基于对象捕捉点的对齐路径进行追踪
7		动态 UCS	创建对象时使 UCS 的 XY 平面自动与实体模型上的平面临时对齐
8		动态输入	执行命令过程中，在十字光标附近，随光标移动动态显示命令提示和命令输入
9		显示/隐藏线宽	显示图形线宽；关闭，图形都显示为细线(多义线绘制的图线除外)
10		快捷特性	显示选择对象的颜色、图层、线型等特性

开启或关闭状态栏各按钮功能的方法如下。

单击按钮；或按对应的开/关切换功能键(将光标放在状态栏上任一绘图工具按钮上，单击鼠标右键，弹出快捷菜单，选择“显示”选项，可浏览各按钮的开/关切换键)。

把光标移到状态栏“栅格捕捉”“栅格显示”“极轴追踪”“对象捕捉”“动态输入”或“快捷特性”等任一按钮上，单击鼠标右键，选择“设置”，可打开“草图设置”对话框。选择“工具”→“草图设置”命令，也可以打开“草图设置”对话框。在“草图设置”对话框中可以对状态栏各按钮功能进行设置。

1)“捕捉和栅格”选项卡

“草图设置”对话框中“捕捉和栅格”选项卡如图 2.4 所示。

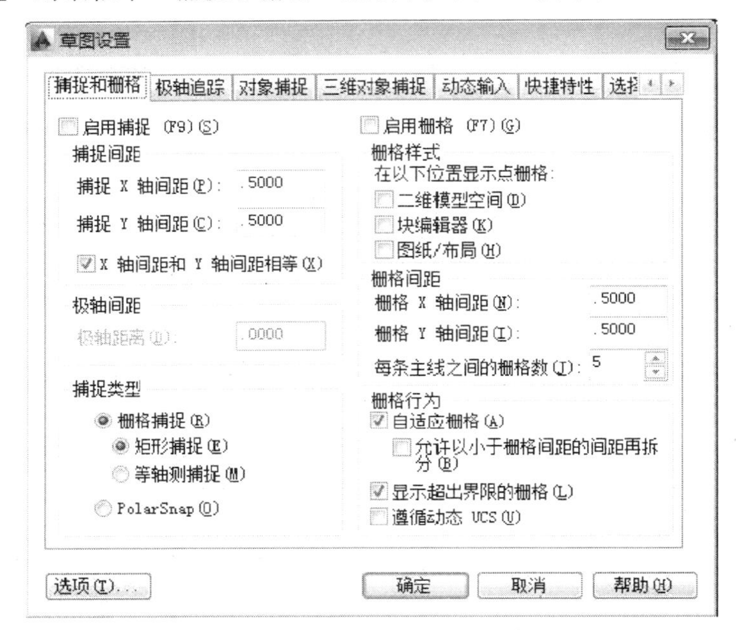

图 2.4　“捕捉与栅格”对话框

(1) 启用捕捉：打开或关闭捕捉模式。也可以通过单击状态栏上的“捕捉”按钮，按 F9 键，或使用 SNAPMODE 系统变量，来打开或关闭捕捉模式。

(2) 捕捉间距：控制捕捉位置的不可见矩形栅格，以限制光标仅在指定的 X 和 Y 间隔内移动。

(3) 捕捉 X 轴间距：指定 X 方向的捕捉间距。间距值必须为正实数。

(4) 捕捉 Y 轴间距：指定 Y 方向的捕捉间距。间距值必须为正实数。

(5) X 轴间距和 Y 轴间距相等：为捕捉间距和栅格间距强制使用同一 X 轴间距和 Y 轴间距值。捕捉间距可以与栅格间距不同。

(6) 极轴间距：控制 PolarSnap™(PolarSnap)增量距离。

(7) 极轴距离：选定“捕捉类型和样式”下的“PolarSnap”时，设定捕捉增量距离。(POLARDIST 系统变量)如果该值为 0，则 PolarSnap 距离采用“捕捉 X 轴间距”的值。“极轴距离”设置与“极坐标追踪”“对象捕捉追踪”结合使用。如果两个追踪功能都未启用，则“极轴距离”设置无效。

(8) 捕捉类型：设定捕捉样式和捕捉类型。

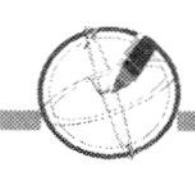

(9) 栅格捕捉：设定栅格捕捉类型。如果指定点，光标将沿垂直或水平栅格点进行捕捉。(SNAPTYPE 系统变量)

(10) 矩形捕捉：将捕捉样式设定为标准“矩形”捕捉模式。当捕捉类型设定为“栅格”并且打开“捕捉”模式时，光标将捕捉矩形捕捉栅格。(SNAPSTYL 系统变量)

(11) 等轴测捕捉：将捕捉样式设定为“等轴测”捕捉模式。当捕捉类型设定为“栅格”并且打开“捕捉”模式时，光标将捕捉等轴测捕捉栅格。(SNAPSTYL 系统变量)

(12) PolarSnap：将捕捉类型设定为“PolarSnap”。如果启用了“捕捉”模式并在极轴追踪打开的情况下指定点，光标将沿在“极轴追踪”选项卡上相对于极轴追踪起点设置的极轴对齐角度进行捕捉。(SNAPTYPE 系统变量)

(13) 启用栅格：打开或关闭栅格。也可以通过单击状态栏上的“栅格”按钮，按 F7 键，或使用 GRIDMODE 系统变量，来打开或关闭栅格模式。

(14) 栅格样式：在二维上下文中设定栅格样式。也可以使用 GRIDSTYLE 系统变量设定栅格样式。

(15) 二维模型空间：将二维模型空间的栅格样式设定为点栅格。(GRIDSTYLE 系统变量)

(16) 块编辑器：将块编辑器的栅格样式设定为点栅格。(GRIDSTYLE 系统变量)

(17) 图纸/布局：将图纸和布局的栅格样式设定为点栅格。(GRIDSTYLE 系统变量)

(18) 栅格间距：控制栅格的显示，有助于直观显示距离。

(19) 栅格 X 轴间距：指定 X 轴方向上的栅格间距。如果该值为 0，则栅格采用“捕捉 X 轴间距”的数值集。(GRIDUNIT 系统变量)

(20) 栅格 Y 轴间距：指定 Y 轴方向上的栅格间距。如果该值为 0，则栅格采用“捕捉 Y 轴间距”的数值集。(GRIDUNIT 系统变量)

(21) 每条主线之间的栅格数：指定主栅格线相对于次栅格线的频率。(GRIDMAJOR 系统变量)

(22) 栅格行为：在以下情况下显示栅格线而不显示栅格点：

AutoCAD：GRIDSTYLE 设置为 0(零)。

AutoCAD LT：SHADEMODE 设置为“隐藏”。

(23) 自适应栅格：缩小时，限制栅格密度。(GRIDDISPLAY 系统变量)允许以小于栅格间距的间距再拆分；放大时，生成更多间距更小的栅格线。主栅格线的频率确定这些栅格线的频率。(GRIDDISPLAY 和 GRIDMAJOR 系统变量)

(24) 显示超出界线的栅格：显示超出 limits 命令指定区域的栅格。(GRIDDISPLAY 系统变量)

(25) 遵循动态 UCS：更改栅格平面以跟随动态 UCS 的 XY 平面。(GRIDDISPLAY 系统变量)(在 AutoCAD LT 中不可用。)

2)“极轴追踪”选项卡

“草图设置”对话框中的“极轴追踪”选项卡如图 2.5 所示。

(1) 启用极轴追踪：打开或关闭极轴追踪。也可以通过按 F10 键或使用 AUTOSNAP 系统变量，来打开或关闭极轴追踪。

(2) 极轴角设置：设定极轴追踪的对齐角度。(POLARANG 系统变量)

(3) 增量角：设定用来显示极轴追踪对齐路径的极轴角增量。(POLARANG 系统变量)可以输入任何角度，也可以从列表中选择 90、45、30、22.5、18、15、10 或 5 这些常用角度。

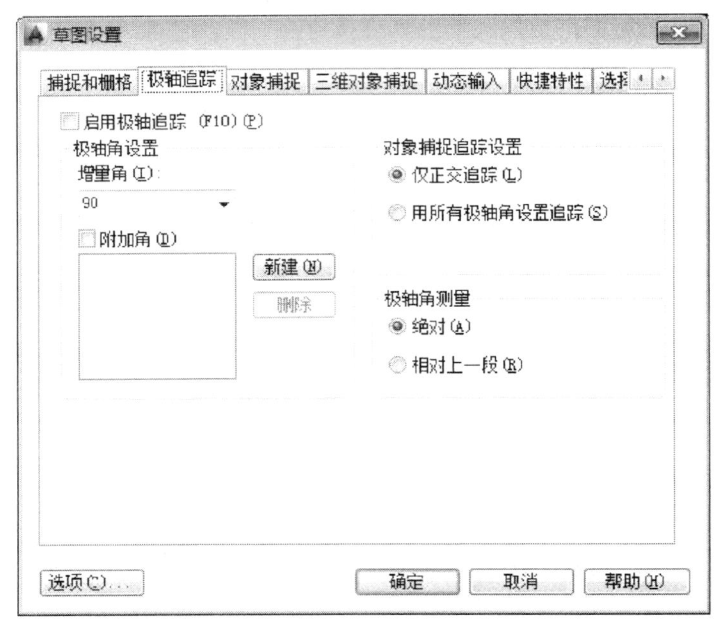

图 2.5 “极轴追踪”对话框

(4) 附加角：对极轴追踪使用列表中的附加角度。(POLARMODE 和 POLARADDANG 系统变量)(注意：附加角度是绝对的，而非增量的。)

(5) 角度列表：如果选定“附加角”，将列出可用的附加角度。要添加新的角度，请单击“新建”按钮；要删除现有的角度，请单击“删除”按钮。(POLARADDANG 系统变量)

(6) 新建：最多可以添加 10 个附加极轴追踪对齐角度。(注意添加分数角度之前，必须将 AUPREC 系统变量设置为合适的十进制精度以避免不需要的舍入。例如，如果 AUPREC 的值为 0(默认值)，则输入的所有分数角度将舍入为最接近的整数。)

(7) 删除：删除选定的附加角度。

(8) 对象捕捉追踪设置：设定对象捕捉追踪选项。

(9) 仅正交追踪：当对象捕捉追踪打开时，仅显示已获得的对象捕捉点的正交(水平/垂直)对象捕捉追踪路径。(POLARMODE 系统变量)

(10) 用所有极轴角设置追踪：将极轴追踪设置应用于对象捕捉追踪。使用对象捕捉追踪时，光标将从获取的对象捕捉点起沿极轴对齐角度进行追踪。(POLARMODE 系统变量)(注意：单击状态栏上的“极轴”选项和“对象追踪”选项也可以打开或关闭极轴追踪和对象捕捉追踪。)

(11) 极轴角测量：设定测量极轴追踪对齐角度的基准。

(12) 绝对：根据当前用户坐标系 (UCS) 确定极轴追踪角度。

(13) 相对上一段：根据上一个绘制线段确定极轴追踪角度。

3)“对象捕捉”选项卡

“草图设置”对话框中的“对象捕捉”选项卡如图 2.6 所示。

(1) 启用对象捕捉：打开或关闭执行对象捕捉。使用执行对象捕捉，在命令执行期间在对象上指定点时，在“对象捕捉模式”下选定的对象捕捉处于活动状态。(OSMODE 系统变量)

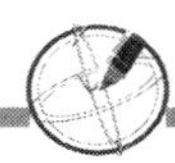

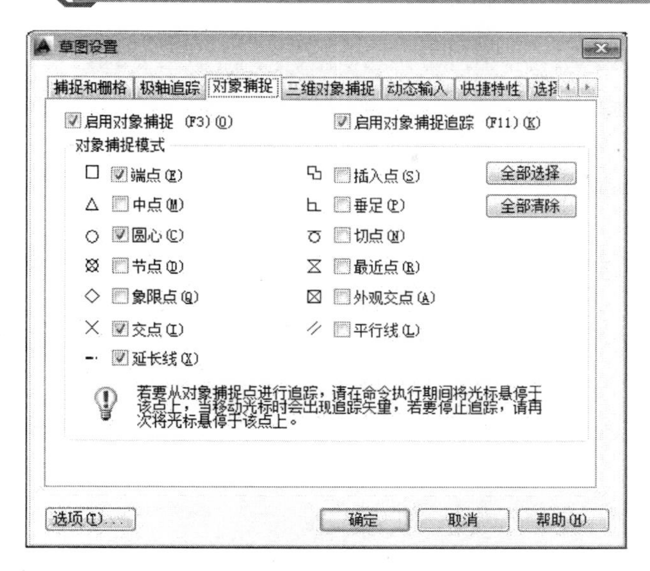

图 2.6　“对象捕捉”对话框

（2）启用对象捕捉追踪：打开或关闭对象捕捉追踪。使用对象捕捉追踪，在命令中指定点时，光标可以沿基于当前对象捕捉模式的对齐路径进行追踪。（AUTOSNAP 系统变量）

（3）对象捕捉模式：列出可以在执行对象捕捉时打开的对象捕捉模式。

2.1.3　任务实施

命令操作步骤如下。

```
命令：_line
指定第一个点：20，10　{利用绝对坐标输入 A 点}
指定下一点或[放弃(U)]：　<正交开> 30　{打开正交模式，沿 A 点向上输入 30 并按 Enter 键}
指定下一点或[放弃(U)]：　<正交关><极轴开> 20　{利用极轴追踪，增量角设为 60，输入 20 并按 Enter 键}
指定下一点或[闭合(C)/放弃(U)]：　<极轴关><正交开> 13　{关闭极轴追踪，打开正交模式，输入 13 并按 Enter 键}
指定下一点或[闭合(C)/放弃(U)]：10　{继续利用正交模式，输入 10 并按 Enter 键}
指定下一点或[闭合(C)/放弃(U)]：18　{继续利用正交模式，输入 18 并按 Enter 键}
指定下一点或[闭合(C)/放弃(U)]：10　{同上}
指定下一点或[闭合(C)/放弃(U)]：10　{同上}
指定下一点或[闭合(C)/放弃(U)]：*取消*　{结束直线命令}
```

重新启动直线命令，继续绘制。

```
命令：_line
指定第一个点：　{利用对象捕捉，捕捉 A 点}
指定下一点或[放弃(U)]：　<正交开> 16　{打开正交模式，输入 16 并按 Enter 键}
```

指定下一点或［放弃(U)]：　＜极轴开＞16　{利用极轴追踪，增量角为60，输入16并按Enter键}
指定下一点或［闭合(C)/放弃(U)]：　＜极轴关＞＜正交开＞17　{关闭极轴追踪，打开正交模式，输入17并按Enter键}
指定下一点或［闭合(C)/放弃(U)]：　＜正交关＞＜极轴开＞16　{关闭正交模式，打开极轴追踪，增量角为300或−60，输入16并按Enter键}
指定下一点或［闭合(C)/放弃(U)]：　＜极轴关＞＜正交开＞13　{关闭极轴追踪，利用正交模式，输入13并按Enter键}
指定下一点或［闭合(C)/放弃(U)]：21　{利用正交模式，输入21并按Enter键}
指定下一点或［闭合(C)/放弃(U)]：10　{利用正交模式，输入10并按Enter键}
指定下一点或［闭合(C)/放弃(U)]：5　{利用正交模式，输入5并按Enter键}
指定下一点或［闭合(C)/放弃(U)]：　＜正交关＞＜极轴开＞12　{关闭正交模式，利用极轴追踪，增量角为30，输入12并按Enter键}
指定下一点或［闭合(C)/放弃(U)]：　＜极轴关＞＜正交开＞8　{利用正交模式，输入8并按Enter键}
指定下一点或［闭合(C)/放弃(U)]：　＜正交关＞　{关闭正交模式，利用对象捕捉，连接B、C两点}
指定下一点或［闭合(C)/放弃(U)]：　{结束直线命令}

2.1.4 实训项目

1. 实训目的

掌握点、直线命令的熟练运用。
掌握状态栏辅助绘图工具的使用。

2. 实训内容

绘制图2.7。

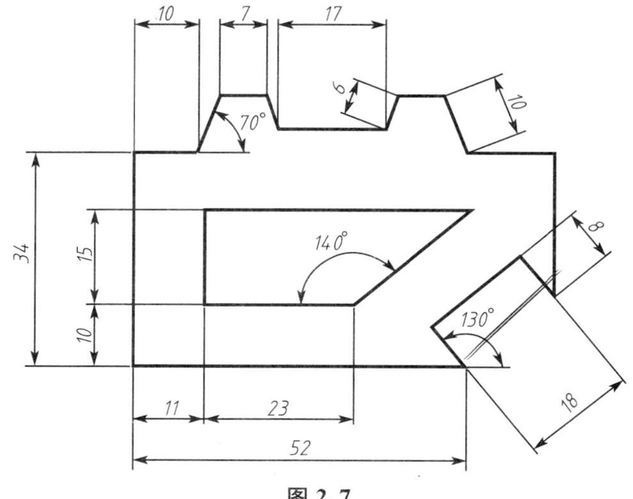

图 2.7

任务 2.2　圆、圆弧和修剪、复制、镜像、旋转

2.2.1　任务描述

绘制图 2.8，完成以下任务。

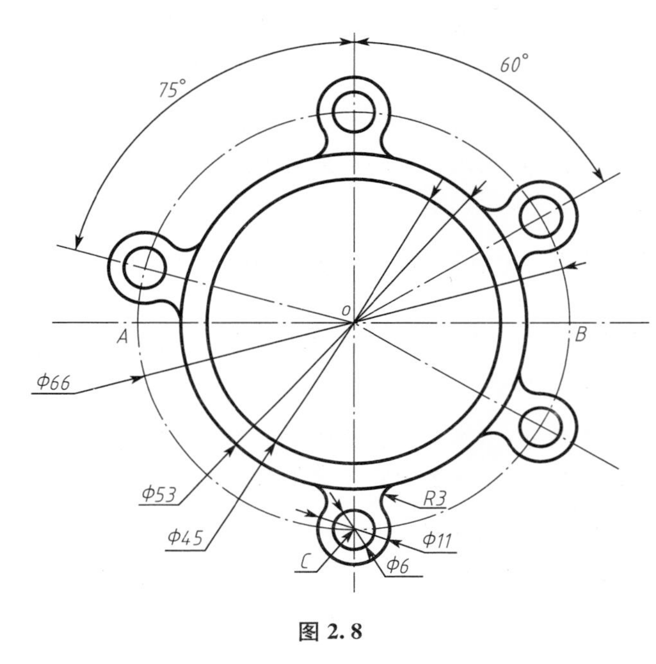

图 2.8

(1) 圆、圆弧的绘制。
(2) 利用复制、镜像、旋转命令绘制相似部分图形。
(3) 掌握修剪命令在绘图中的应用。

2.2.2　知识准备

1. 圆

圆是常用的图形对象。AutoCAD 2014 提供了五种绘制圆的方法。在实际应用中，读者可根据已知条件选择相应的画圆方法。

(1) 功能。绘制圆。
(2) 执行方式。
① 命令：circle 或 c
② 工具栏：单击“绘图”→“圆”按钮。
③ 菜单栏：单击“绘图”→“圆”命令，选择绘制圆的具体方法。
(3) 执行过程。
执行 circle 命令后，屏幕提示：

```
指定圆的圆心或 [三点(3P)/二点(2P)/相切、相切、半径(T)]:
```

下面介绍提示中各选项的含义及操作。

① 指定圆的圆心：以系统默认的方式绘制圆，即圆心、半径/直径法绘制圆。

指定圆的圆心：(确定圆心位置)
指定圆的半径或 [直径(D)]：(直接输入半径值后按 Enter 键；或者键入字母“d”后按 Enter 键，以输入直径值的方式确定圆的大小)

② 三点(3P)：指定三个点绘制圆，这三个点在所绘制圆的圆周上。键入“3p”后按 Enter 键选择该选项。

指定圆上的第一个点：(确定圆上第一个点的位置)
指定圆上的第二个点：(确定圆上第二个点的位置)
指定圆上的第三个点：(确定圆上第三个点的位置)

此时所绘制圆即为“第一个点”“第二个点”“第三个点”所构成三角形的外接圆，如图 2.9 所示。

③ 二点(2P)：指定两点绘制圆，所指定的两个点为所绘制圆直径的两个端点。键入“2p”后按 Enter 键来选择该选项。

指定圆直径的第一个端点：(确定圆直径的第一个端点位置)
指定圆直径的第二个端点：(确定圆直径的第二个端点位置)

以“第一个端点”与“第二个端点”之间连线作为直径的圆绘制完毕。

④ 相切、相切、半径(T)：指定两个切点以及圆半径绘制圆。键入“T”后按 Enter 键来选择该选项。

指定对象与圆的第一个切点：(当光标靠近直线、圆、圆弧或者曲线时，会出现“Ö ...”(相切符号)，此时单击鼠标左键即可确定第一个切点)
指定对象与圆的第二个切点：(用相同的方法确定第二个切点)
指定圆的半径：(输入半径值后按 Enter 键)

与已知对象相切的圆绘制完毕，如图 2.10 所示。

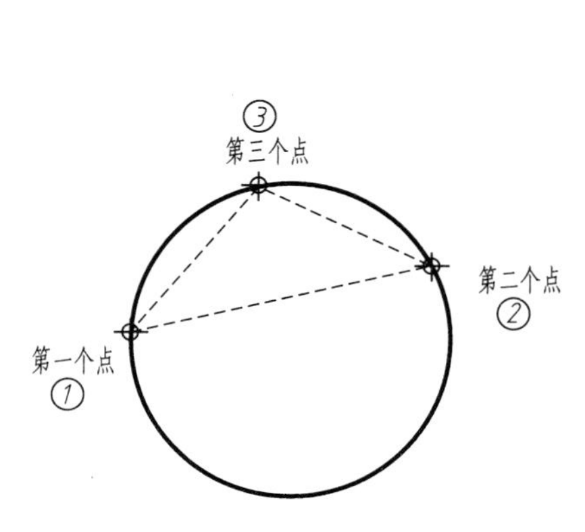

图 2.9　“三点法”绘制圆

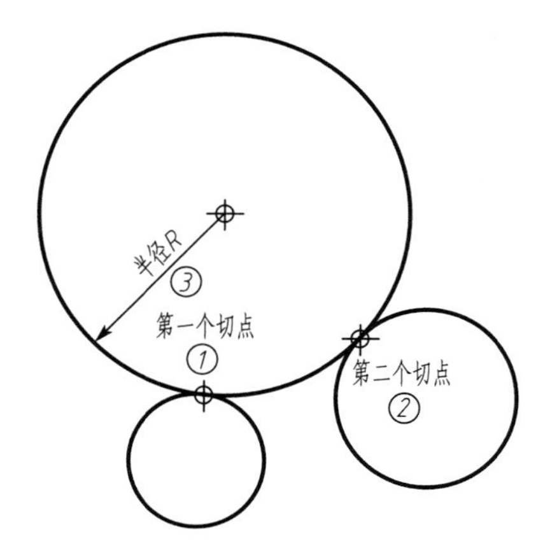

图 2.10　“相切、相切、半径法”绘制圆

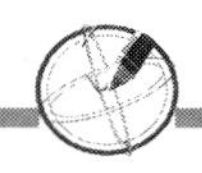

⑤ 相切、相切、相切(菜单专有)：指定三个切点绘制圆。单击菜单“绘图”→“圆”→“相切、相切、相切”命令，激活该命令。

```
circle 指定圆的圆心或[三点(3P)/二点(2P)/切点、切点、半径(T)]：_3p 指定圆上的第一个点：_tan 到：(移动十字光标到第一个切点附近，出现相切符号，单击确定第一个切点)
指定圆上的第二个点：_tan 到：(确定第二个切点)
指定圆上的第三个点：_tan 到：(确定第三个切点)
```

这样就完成了圆的绘制，如图 2.11 所示。

2. 圆弧

圆弧也是在绘制工程图中经常用到的图素，AutoCAD 2014 中提供了多种绘制圆弧的方法，读者需要在不断的实践中灵活选择出合适而快捷的方法进行圆弧的绘制。

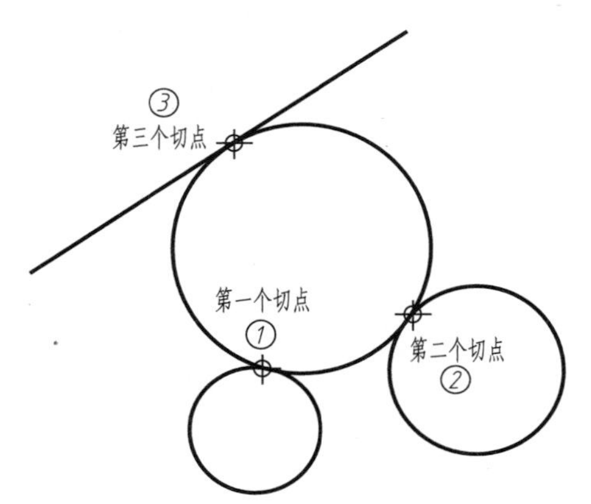

图 2.11　“相切、相切、相切法”绘制圆

(1) 功能。根据不同已知条件绘制圆弧。

(2) 执行方式。

① 命令：arc 或 a。

② 工具栏：单击“绘图”→(圆弧)按钮。

③ 菜单：单击“绘图”→“圆弧”命令。

有些绘制圆弧的命令只能通过单击相应菜单的方法才能激活。

(3) 执行过程。选择菜单项绘制圆弧的方法如下。

① 三点法：指定圆弧上的三个点(起点、第二点和端点)来绘制圆弧。该方法是系统默认的绘制圆弧的方法。单击“绘图”→“圆弧”→“三点”命令，激活三点绘圆弧命令。

```
_arc 指定圆弧的起点或[圆心(C)]：(确定圆弧起点)
指定圆弧的第二个点或[圆心(C)/端点(E)]：(确定圆弧的第二点)
指定圆弧的端点：(确定圆弧的端点)
```

② 起点、圆心、端点法：指定三个点绘制圆弧，这三个点分别为起点、圆弧的圆心及端点。单击“绘图”→“圆弧”→“起点、圆心、端点”命令，激活该命令。

```
_arc 指定圆弧的起点或[圆心(C)]：(确定圆弧起点)
指定圆弧的第二个点或[圆心(C)/端点(E)]：_c 指定圆弧的圆心：(确定圆弧的圆心)
指定圆弧的端点或[角度(A)/弦长(L)]：(确定圆弧的端点)
```

注意：系统默认逆时针角度方向为正。

③ 起点、圆心、角度法：单击“绘图”→“圆弧”→“起点、圆心、角度”命令，激活该命令。

_arc 指定圆弧的起点或 [圆心(C)]：(确定圆弧起点)
指定圆弧的第二个点或 [圆心(C)/端点(E)]：_c 指定圆弧的圆心：(确定圆弧的圆心)
指定圆弧的端点或 [角度(A)/弦长(L)]：_a 指定包含角：(输入包含角数值)

包含角即为圆心角，是指起点-圆心连线与端点-圆心连线之间的夹角，可带正、负。

④ 起点、圆心、长度法：单击“绘图”→“圆弧”→“起点、圆心、长度”命令，激活该命令。

_arc 指定圆弧的起点或 [圆心(C)]：(确定圆弧起点)
指定圆弧的第二个点或 [圆心(C)/端点(E)]：_c 指定圆弧的圆心：(确定圆弧的圆心)
指定圆弧的端点或 [角度(A)/弦长(L)]：_l 指定弦长：(输入弦长)

弦长是指起点与端点连线的长度。

⑤ 起点、端点、角度法：单击“绘图”→“圆弧”→“起点、端点、角度”命令，激活该命令。

_arc 指定圆弧的起点或 [圆心(C)]：(确定圆弧起点)
指定圆弧的第二个点或 [圆心(C)/端点(E)]：_e 指定圆弧的端点：(确定圆弧的端点)
指定圆弧的圆心或 [角度(A)/方向(D)/半径(R)]：_a 指定包含角：(输入包含角)

⑥ 起点、端点、方向法：单击“绘图”→“圆弧”→“起点、端点、方向”命令，激活该命令。

_arc 指定圆弧的起点或 [圆心(C)]：(确定圆弧起点)
指定圆弧的第二个点或 [圆心(C)/端点(E)]：_e 指定圆弧的端点：(确定圆弧的端点)
指定圆弧的圆心或 [角度(A)/方向(D)/半径(R)]：_d 指定圆弧的起点切向：(输入起点处切向角度)

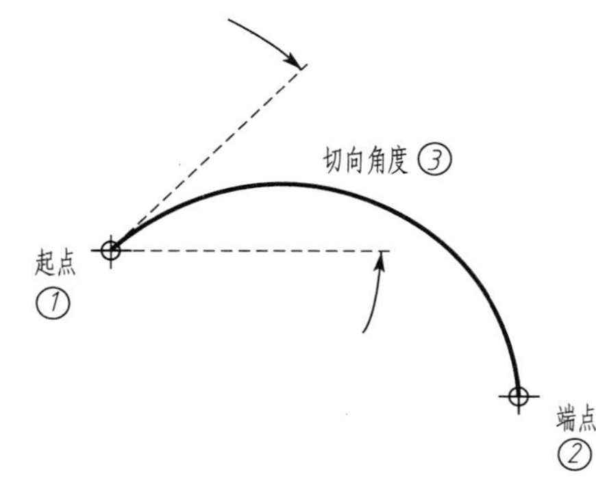

图 2.12 “起点、端点、方向法”绘制圆弧

切向角度是指圆弧切线方向与 X 正半轴的夹角，如图 2.12 所示。

⑦ 起点、端点、半径法：单击“绘图”→“圆弧”→“起点、端点、半径”命令，激活该命令。

_arc 指定圆弧的起点或 [圆心(C)]：(确定圆弧起点)
指定圆弧的第二个点或 [圆心(C)/端点(E)]：_e 指定圆弧的端点：(确定圆弧的端点)
指定圆弧的圆心或 [角度(A)/方向(D)/半径(R)]：_r 指定圆弧的半径：(输入半径值)

除此以外，还有“圆心、起点、端点”“圆心、起点、角度”“圆心、起点、长度”及“连续”四种绘制圆弧的方法，读者可以按命令行的提示进行操作。

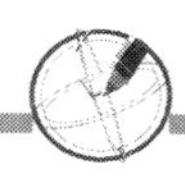

3. 圆环

圆环是指两个同心圆之间的部分。

(1) 功能。绘制圆环，同时还可以绘制出“实心圆”“圆形”这两种特殊的圆环。

(2) 执行方式。

① 命令：DONUT。

② 菜单：单击“绘图”→“圆环”命令。

(3) 执行过程。

执行DONUT命令后，屏幕提示：

> 指定圆环的内径<0.5000>：(直接按Enter键使用默认内径值0.5；或者重新输入内径值后按Enter键)
> 指定圆环的外径<1.0000>：(按与内径相同的输入方式确定圆环外径的大小。读者可以尝试将内径设置为“0”，或者将内径和外径设置为相同的大小)
> 指定圆环的中心点或<退出>：(确定圆环的中心点后按Enter键)

此时生成的是一个被填实的圆环，如图2.13所示。

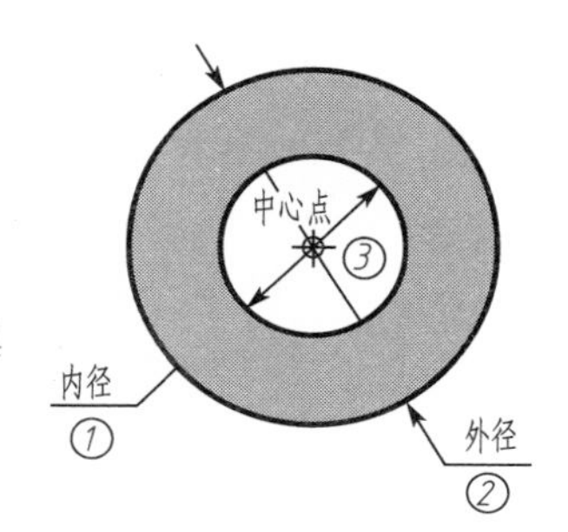

图2.13　圆环的绘制

4. 椭圆及椭圆弧

1) 椭圆的绘制

(1) 功能。

通过确定长轴、短轴的长度来绘制椭圆。AutoCAD 2014提供了两种绘制椭圆的方法，分别是轴端点法和中心点法。

(2) 执行方式。

① 命令：ellipse

② 工具栏：单击“绘图”→“椭圆”按钮。

(3) 执行过程。

执行ellipse命令后，屏幕提示：

> 指定椭圆的轴端点或 [圆弧(A)/中心点(C)]：

下面介绍提示中各选项的含义及操作。

① 指定椭圆的轴端点：指定椭圆一个轴的两个端点及另一个轴的半轴长度来绘制椭圆，这是系统默认的绘制椭圆的方法。

> 指定椭圆的轴端点或 [圆弧(A)/中心点(C)]：(确定轴的第一个端点)
> 指定轴的另一个端点：(确定轴的另一个端点)
> 指定另一条半轴长度或 [旋转(R)]：(直接输入另一条轴的半轴长度，或者通过鼠标单击确定半轴长度，或者键入字母“r”并输入绕长轴旋转的角度)

② 中心点(C)：键入字母“c”后按Enter键或Space键，激活中心点法画椭圆选项。

指定椭圆的中心点：(确定椭圆中心点)

指定轴的端点：(确定一条轴的端点，当这个端点确定以后，意味着所绘制椭圆的倾斜程度及其中一条轴的半轴长度已经确定)

指定另一条半轴长度或 [旋转(R)]：(直接输入另一条轴的半轴长度，或者通过鼠标单击确定半轴长度，或者键入字母“r”)

注意：

(1) 所绘椭圆的倾斜角度由第一条轴的倾斜角度决定。

(2)“R”选项是指绕长轴旋转的角度，所输角度必须是小于90°的正值角度，输入值越大，椭圆的离心率就越大，若输入的角度为0°，绘制出的将是一个圆。

2) 椭圆弧的绘制

(1) 功能。绘制椭圆弧。

(2) 执行方式。

① 命令：激活绘制椭圆的命令，当命令行出现“指定椭圆的轴端点或 [圆弧(A)/中心点(C)]：”的提示时，键入字母“a”后按 Enter 键。

② 工具栏：单击“绘图”→“椭圆弧”按钮。

③ 菜单：单击“绘图”→“椭圆”→“圆弧(A)”命令。

(3) 执行过程。

执行绘制椭圆弧的命令后，屏幕提示：

指定椭圆的轴端点或 [圆弧(A)/中心点(C)]：_a 指定椭圆弧的轴端点或 [中心点(C)]：

① 指定椭圆的轴端点：系统默认的绘制椭圆弧的方法，与“轴端点法”绘制椭圆的过程基本相似。先按轴端点法绘制椭圆的基本过程进行操作，然后通过输入起始角度与终止角度来确定椭圆弧的具体形状。

起始角度指的是椭圆中心-轴端点连线与椭圆中心-椭圆弧起点连线之间的角度，终止角度指的是椭圆中心-轴端点连线与椭圆中心-椭圆弧终点连线之间的角度，逆时针为正，顺时针为负。

② 中心点(C)：键入字母“c”后按 Enter 键，选择中心点法绘制椭圆弧，其操作过程与“中心点法”绘制椭圆类似。先按中心点绘制椭圆的步骤进行操作，然后通过输入起始角度与终止角度来确定椭圆弧的具体形状。

5. 修剪

(1) 功能。清理所选对象超出指定边界的部分。可以修剪的对象包括圆弧、圆、椭圆弧、直线、二维多段线、三维多段线、射线、样条曲线、构造线等。有效的边界对象包括直线、圆弧、圆、多段线、椭圆、样条曲线、射线等。如图 2.14 所示，以直线为边界，将小圆的上弧剪掉；以小圆为界边，将直线剪掉；以小圆为界边，将大弧的中间部分剪掉。

(2) 执行方式。

① 命令：trim。

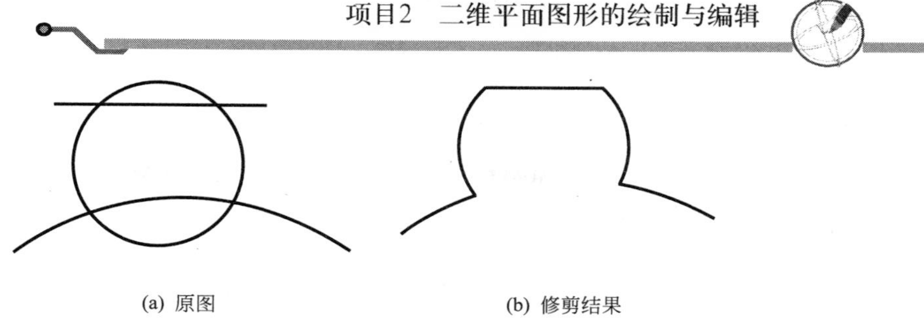

(a) 原图　　(b) 修剪结果

图 2.14　修剪命令

② 菜单：单击“修改”→“修剪”命令。

③ 工具栏：单击“修改”→“修剪”按钮-/--。

(3) 执行过程。

执行修剪命令，系统提示：

选择剪切边...
选择对象或＜全部选择＞：　(选择作为剪切边的对象，也可直接按 Enter 键执行全部选择；选取的对象既要包括被修剪对象，也要包括边界对象)
选择对象：↙(也可以继续选择对象)
选择要修剪的对象，或按住 Shift 键选择要延伸的对象，或
[栏选(F)/窗交(C)/投影(P)/边(E)/删除(R)/放弃(U)]：

提示中各选项的含义及其操作如下。

① 选择要修剪的对象，或按住 Shift 键选择要延伸的对象：选择对象进行修剪或将其延伸到剪切边。用户在该提示下选择被修剪对象，系统会以剪切边为边界，将被修剪对象上位于拾取点一侧的多余部分或将位于两条剪切边之间的对象剪切掉。如果被修剪对象没有与剪切边相交，在该提示下按住 Shift 键后选择对应的对象，系统会将其延伸到剪切边。

② 栏选(F)：以栏选方式确定被修剪对象。执行该选项，系统提示：

指定第一个栏选点：(指定第一个栏选点)
指定下一个栏选点或[放弃(U)]：(依次在此提示下确定各栏选点)
指定下一个栏选点或[放弃(U)]：↙
选择要修剪的对象，或按住 Shift 键选择要延伸的对象，或
[栏选(F)/窗交(C)/投影(P)/边(E)/删除(R)/放弃(U)]：

③ 窗交(C)：将与选择窗口边界相交的对象作为被修剪对象。执行该选项，系统提示：

指定第一个角点：(确定窗口的第一角点)
指定对角点：(确定窗口的另一角点)
选择要修剪的对象，或按住 Shift 键选择要延伸的对象，或
[栏选(F)/窗交(C)/投影(P)/边(E)/删除(R)/放弃(U)]↙

④ 投影(P)：确定执行修剪操作的空间。执行该选项，系统提示：

输入投影选项［无(N)/UCS(U)/视图(V)］：

a. 无(N)：按实际三维空间的相互关系修剪，而不是按在平面上的投影关系修剪，即只有在三维空间实际交叉的对象才能彼此修剪。

b. UCS(U)：在当前 UCS(用户坐标系)的 XY 面上修剪，即可以修剪在三维空间并没有相交的对象。

c. 视图(V)：在当前视图平面上按对象的投影相交关系修剪。

上面各选项对按下 Shift 键进行延伸时也有效。

⑤ 边(E)：确定剪切边的隐含延伸模式。执行该选项，系统提示：

输入隐含边延伸模式［延伸(E)/不延伸(N)］：

a. 延伸(E)：按延伸方式实现修剪，即如果剪切边过短，没有与被修剪对象相交，那么系统会假设延长剪切边，然后进行修剪。

b. 不延伸(N)：只按边的实际相交情况进行修剪。如果剪切边过短，没有与修剪对象相交，则系统不给予修剪。

⑥ 删除(R)：删除指定对象。

6. 复制

(1) 功能。将选定对象复制到指定的位置。

(2) 执行方式。

① 命令：copy 或 cp 或 co。

② 菜单：单击"修改"→"复制"命令。

③ 工具栏：单击"修改"→"复制"按钮。

(3) 执行过程。

执行复制命令，屏幕提示：

命令：copy↙
选择对象：(选择要复制的对象)
选择对象：↙(也可以继续选择对象，一次复制多个对象)
指定基点或［位移(D)/模式(O)］＜位移＞：(确定复制基点)
指定第二个点或［退出(E)/放弃(U)］＜退出＞：

各选项的含义及操作如下。

① 指定基点：用基点及后续的第二点之间的距离和方向，来确定复制对象的距离和方向。

② 位移(D)：用坐标指定相对距离和方向。

③ 模式(O)：选择该选项，出现"输入复制模式选项［单个(S)/多个(M)］＜多个＞："的提示，从中选择是否自动重复该命令。

7. 镜像

(1) 功能。镜像命令以一条线或一个平面为基准，创建选取对象的对称图像。镜像对象与源图像关于基准线（面）对称。镜像命令可用于图形、文本等内容的对称绘制。绘制

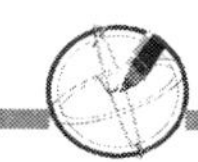

复杂图形时，可先绘制一半，再通过镜像操作，得到整个图形。

(2) 执行方式。

① 命令：mirror。

② 菜单：单击“修改”→“镜像”命令。

③ 工具栏；单击“修改”→“镜像”按钮。

(3) 执行过程。

执行命令后，屏幕提示：

命令：_ mirror
选择对象：(选择要镜像的源对象)
选择对象：↙(也可以继续选择镜像对象)
指定镜像线的第一点：(确定对称线上的一点)
指定镜像线的第二点：　(确定对称线上的第二点)
要删除源对象吗？[是(Y)/否(N)] <N>：　(执行“是(Y)”选项，系统执行镜像操作后删除源对象；执行“否(N)”选项，镜像后保留源对象，如图2.15所示)

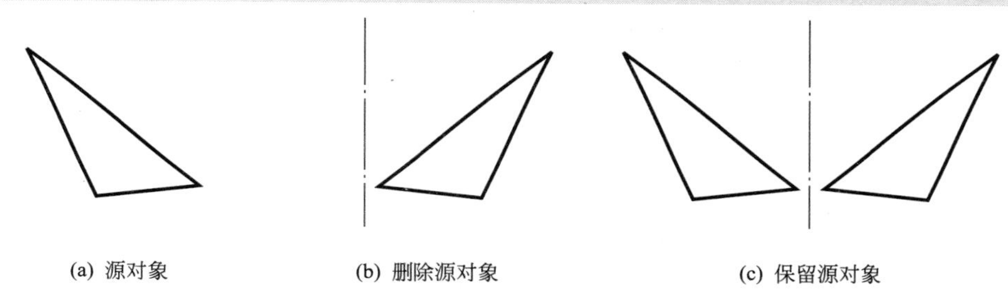

图2.15　镜像时删除或保留源对象

若要创建镜像的对象为文本时，可配合系统变量MIRRTEXT来创建镜像。当MIRRTEXT的值为1(开)时，文字对象将同其他对象一样被镜像处理，效果如图2.16 (a) 所示。当MIRRTEXT的值为0(关) 时，创建的镜像文字对象方向不作改变，如图2.16 (b) 所示。系统默认情况下，MIRRTEXT为开。

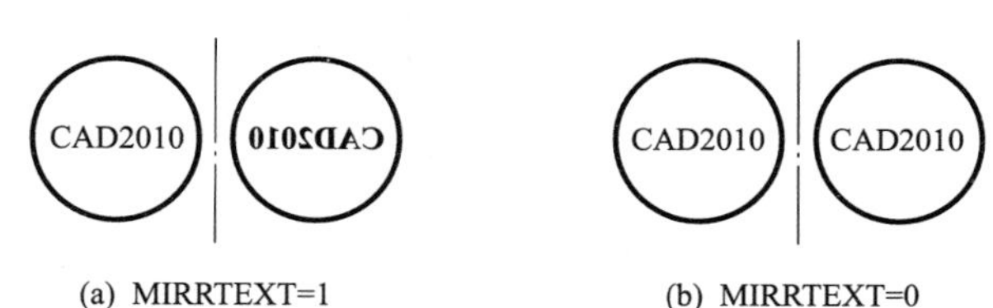

图2.16　文字镜像效果

8. 旋转

(1) 功能。将选定的对象围绕一个点旋转指定的角度。

(2) 执行方式。

① 命令：rotate。

② 菜单：单击“修改”→“旋转”命令。

③ 工具栏：单击“修改”→“旋转”按钮。

(3) 执行过程。

执行命令，系统提示：

命令：_rotate
UCS 当前的正角方向：　ANGDIR=逆时针　ANGBASE=0
选择对象：(选择旋转对象)
选择对象：↙(也可以继续选择对象)
指定基点：(确定旋转基点)
指定旋转角度，或[复制(C)/参照(R)]<0>：

系统提示中各选项的含义如下。

① 指定旋转角度：确定旋转角度。可直接输入角度值，也可以按 Enter 键后在绘图区指定。指定相对角度时，可输入相对角度或绝对角度。指定相对角度，将对象从当前的方向围绕旋转点按指定角度旋转；指定绝对角度，将对象从当前角度旋转到新的绝对角度。

② 复制(C)：创建旋转对象后仍保留源对象。

③ 参照(R)：以参照方式旋转对象。选择该选项，系统提示：

指定参照角：(输入参照角度值)
指定新角度或[点(P)]<0>：(输入新角度值，或通过“点(P)”选项指定两点来确定新角度)

系统会根据参照角度与新角度的值自动计算旋转角度(旋转角度=新角度－参照角度)，并将对象绕基点旋转该角度。

2.2.3　任务实施

(1) 绘制基准线，如图 2.17 所示。

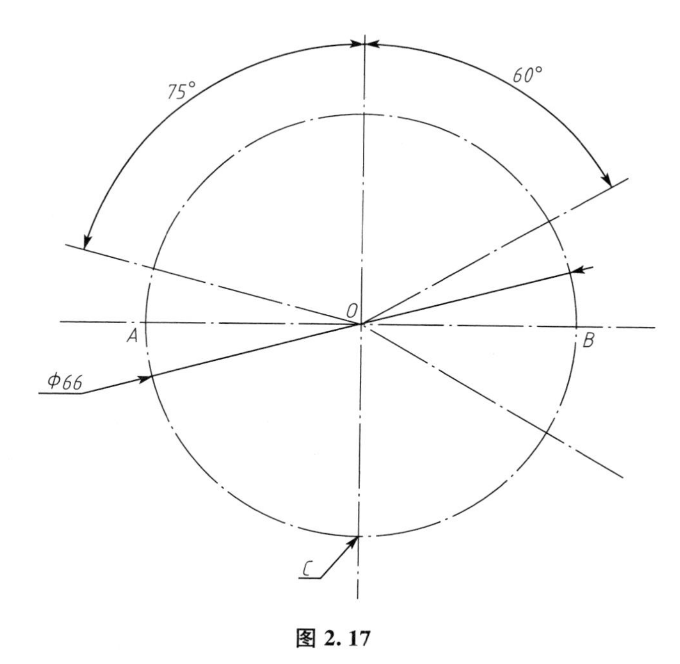

图 2.17

(2) 绘制直径为 53mm 和 45mm 的两个同心圆，如图 2.18 所示。

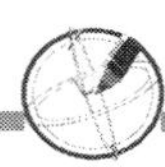

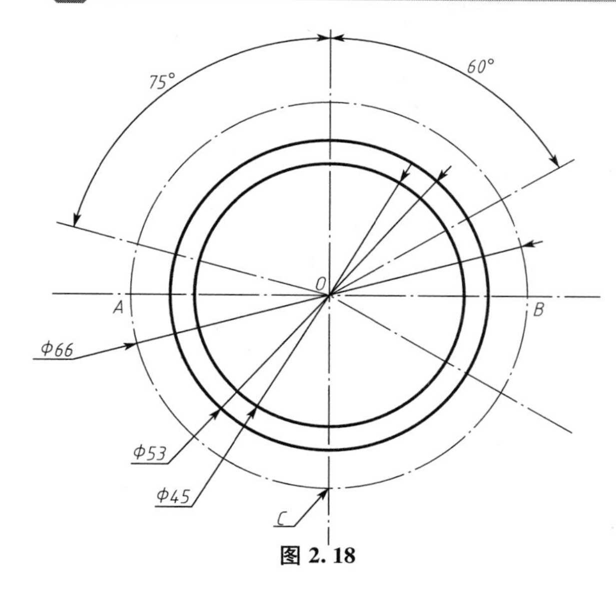

图 2.18

命令操作步骤如下。

```
命令：_ circle
指定圆的圆心或［三点(3P)/两点(2P)/切点、切点、半径(T)］：
指定圆的半径或［直径(D)］：_d 指定圆的直径：53
命令：_ circle
指定圆的圆心或［三点(3P)/两点(2P)/切点、切点、半径(T)］：
指定圆的半径或［直径(D)］：_d 指定圆的直径：45
```

(3) 绘制直径为 6mm 和 11mm 的两个同心圆，并利用相切、半径法及修剪命令使绘制效果如图 2.19 所示。

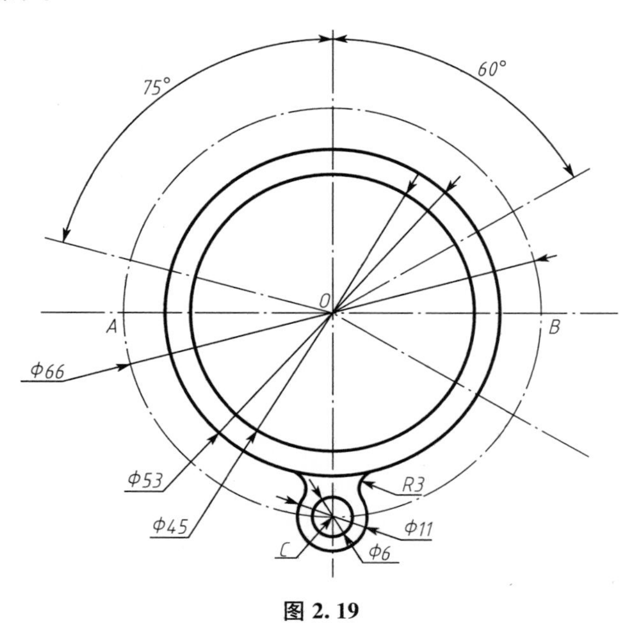

图 2.19

命令操作步骤如下。

命令：_ circle
指定圆的圆心或［三点(3P)/两点(2P)/切点、切点、半径(T)］：
指定圆的半径或［直径(D)］：_ d 指定圆的直径：6
命令：_ circle
指定圆的圆心或［三点(3P)/两点(2P)/切点、切点、半径(T)］：
指定圆的半径或［直径(D)］：_ d 指定圆的直径：11
命令：_ circle
指定圆的圆心或［三点(3P)/两点(2P)/切点、切点、半径(T)］：_ ttr
指定对象与圆的第一个切点：　{注意切点位置}
指定对象与圆的第二个切点：　{注意切点位置}
指定圆的半径＜3.0＞：3

(4) 利用镜像命令绘制，效果如图 2.20 所示。

命令操作步骤如下。

命令：_ mirror 找到 4 个
指定镜像线的第一点：指定镜像线的第二点：　{镜像第一点为 A，第二点为 B}
要删除源对象吗？［是(Y)/否(N)］＜N＞：　{选择否，不删除源对象}

(5) 利用旋转命令绘制，效果如图 2.21 所示。

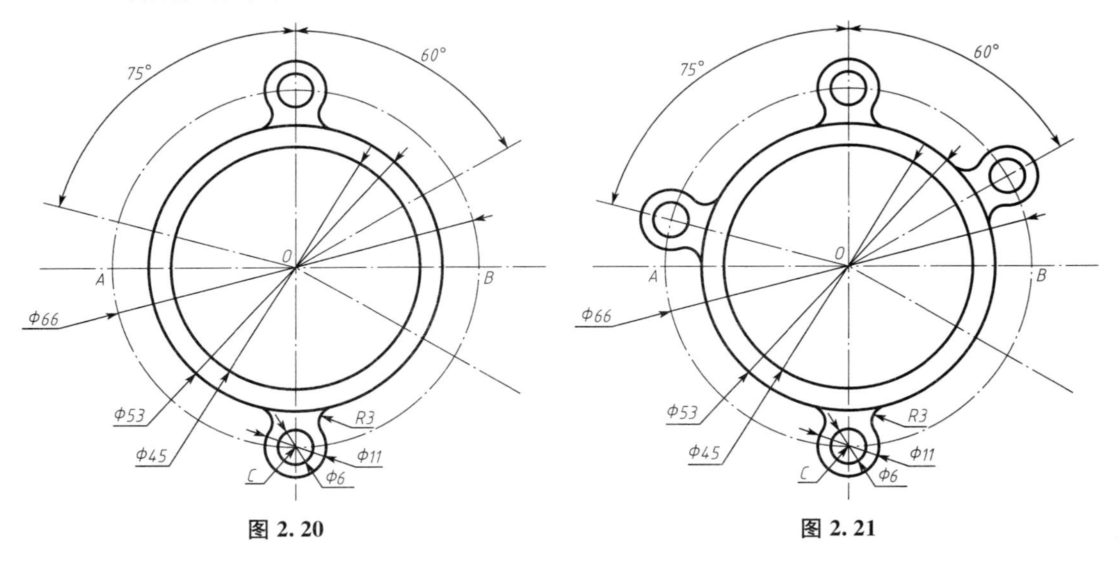

图 2.20　　**图 2.21**

命令操作步骤如下。

命令：_ rotate
UCS 当前的正角方向：　ANGDIR＝逆时针　ANGBASE＝0
找到 4 个
指定基点：　{选择 O 点作为基点}

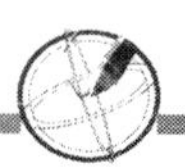

指定旋转角度，或［复制(C)/参照(R)］＜0＞：c 旋转一组选定对象。　{需要复制对象}
指定旋转角度，或［复制(C)/参照(R)］＜0＞：－60

命令：_ rotate
UCS 当前的正角方向：　ANGDIR＝逆时针　ANGBASE＝0
找到 4 个
指定基点：　{选择 O 点作为基点}
指定旋转角度，或［复制(C)/参照(R)］＜0＞：c 旋转一组选定对象。　{需要复制对象}
指定旋转角度，或［复制(C)/参照(R)］＜0＞：75

(6) 再次利用镜像命令完成绘制，如图 2.22 所示。

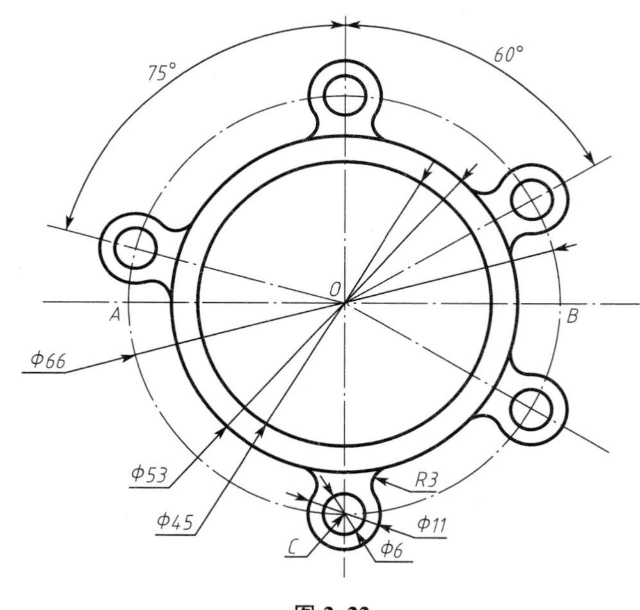

图 2.22

2.2.4　实训项目

1. 实训目的

(1) 掌握圆、椭圆命令的使用。
(2) 掌握简单编辑命令的使用。

2. 实训内容

绘制图 2.23。

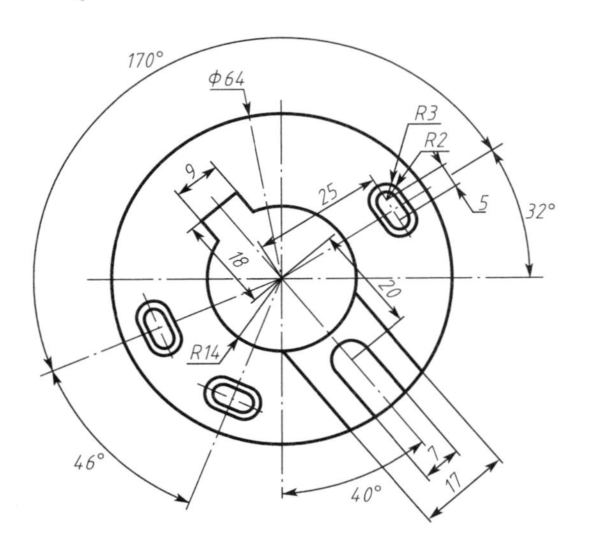

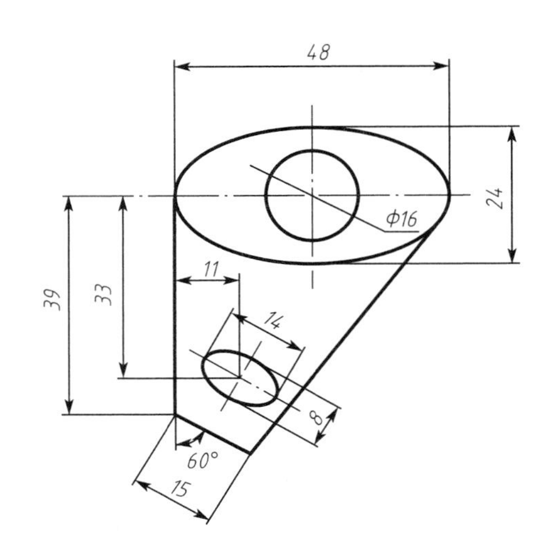

图 2.23

任务 2.3 矩形和正多边形

2.3.1 任务描述

绘制图 2.24，完成以下任务。

(1) 绘制圆及两条圆公切线、外公切圆弧。

(2) 绘制正六边形并旋转。

(3) 绘制带倒角的矩形。

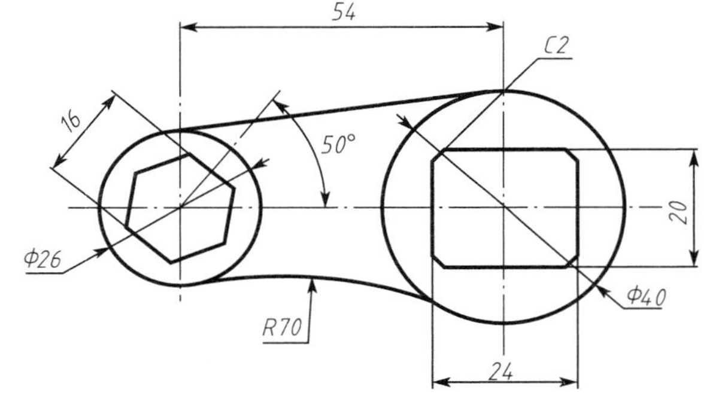

图 2.24

2.3.2 知识准备

1. 矩形

AutoCAD 2014 提供了三种绘制矩形的方法，分别是对角点法、面积法和尺寸法。

(1) 执行方式。

① 命令：rectang 或 rec。

② 工具栏：单击“绘图”→“矩形”按钮□。

③ 菜单：单击“绘图”→“矩形”命令。

(2) 执行过程。

执行 RECTANG 命令后，屏幕提示：

指定第一个角点或 [倒角(C)/标高(E)/圆角(F)/厚度(T)/宽度(W)]：(确定第一个角点)
指定另一个角点或 [面积(A)/尺寸(D)/旋转(R)]：

下面介绍提示中各选项的含义及操作。

① 指定另一个角点：通过指定矩形的两个对角点来绘制矩形，即“对角点法”绘制矩形，这是系统默认的绘制矩形的方法。

a. 另一角点可单击鼠标左键来确定，可捕捉特殊点来确定，也可以相对坐标“@a，b”的形式来确定，其中 a 为矩形的长，b 为矩形的宽，a、b 值可带正负号。

b. 面积(A)：通过指定矩形的第一个角点、面积及长度(或宽度)来绘制矩形。键入字母“A”后按 Enter 键，选择“面积”选项，命令提示及操作如下。

> 输入以当前单位计算的矩形面积<100.0000>：(输入矩形面积后按 Enter 键)
> 计算矩形标注时依据［长度(L)/宽度(W)］<长度>：(确定计算矩形面积时的依据，若选择“长度”，则接下来系统将提示输入长度值；若选择“宽度”，系统将提示输入宽度值；这里我们以“宽度”作为计算矩形标注时的依据，因此输入字母“W”后按 Enter 键)
> 输入矩形宽度<20.0000>：(输入矩形宽度值后按 Enter 键结束)

c. 尺寸(D)：指定矩形的第一个角点、长度值、宽度值绘制矩形，键入字母“D”后按 Enter 键，选择“尺寸”选项。

> 指定矩形的长度<10.0000>：(输入矩形长度值后按 Enter 键)
> 指定矩形的宽度<10.0000>：(输入矩形宽度值后按 Enter 键)
> 指定另一个角点或［面积(A)/尺寸(D)/旋转(R)］：(移动光标，会出现四个可能的矩形位置，在合适的位置单击鼠标左键确定矩形)

d. 旋转(R)：以指定的第一角点为原点，旋转一定角度绘制矩形，效果如图 2.30 所示。键入字母“R”并按 Enter 键，选择该项，屏幕提示：

> 指定旋转角度或［拾取点(P)］<0>：　(输入需旋转的角度值)
> 指定另一个角点或［面积(A)/尺寸(D)/旋转(R)］：

② 倒角(C)：可以对矩形的四个角进行倒角，形状如图 2.25 所示。命令行提示及操作如下。

> 指定第一个角点或［倒角(C)/标高(E)/圆角(F)/厚度(T)/宽度(W)］：C↙
> 指定矩形的第一个倒角距离<0.0000>：(输入第一个倒角距离，按 Enter 键)
> 指定矩形的第二个倒角距离<5.0000>：(输入第二个倒角距离后按 Enter 键，或者直接按 Enter 键采用尖括号中的当前值作为第二个倒角距离)
> 指定第一个角点或［倒角(C)/标高(E)/圆角(F)/厚度(T)/宽度(W)］：

注意：a. 若输入的倒角距离过大，系统按标准矩形绘制。

b. 当设置倒角后，如采用“面积法”绘制矩形，面积为除去倒角后的实际面积；若采用“尺寸法”绘制矩形，长度、宽度均按标准矩形计算。

③ 标高：标高是指矩形平面距 XY 平面的距离，一般用于绘制三维图形。在二维状态下，其外观与标准矩形一致，如图 2.26 所示。命令行提示及操作如下。

指定第一个角点或［倒角(C)/标高(E)/圆角(F)/厚度(T)/宽度(W)］：E↙
指定矩形的第一个倒角距离<0.0000>：(输入标高距离，按 Enter 键)
指定第一个角点或［倒角(C)/标高(E)/圆角(F)/厚度(T)/宽度(W)］：

④ 圆角：当设置圆角后，计算面积或长度、宽度值的方法与倒角状态相同，如图 2.27所示。命令行提示及操作如下。

指定第一个角点或［倒角(C)/标高(E)/圆角(F)/厚度(T)/宽度(W)］：F↙
指定矩形的圆角半径<0.0000>：(输入圆角半径值，然后按 Enter 键)

接下来，选择之前介绍的三种方法中的任意一种进行倒角矩形的绘制。

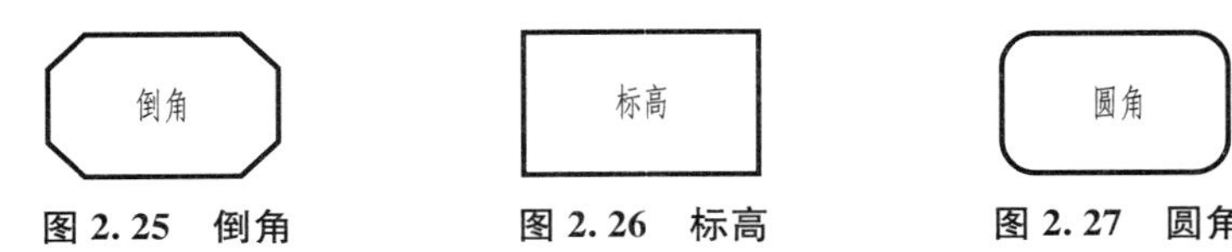

图 2.25　倒角　　图 2.26　标高　　图 2.27　圆角

⑤ 厚度：厚度指矩形在 Z 轴方向拉伸的长度，输入厚度值后，绘制出的是长方体，而不是矩形，尽管在二维状态下，图形仍与标准矩形一致（图 2.28），但通过“动态观察”，便可看到立体状态，命令行提示及操作如下。

指定第一个角点或［倒角(C)/标高(E)/圆角(F)/厚度(T)/宽度(W)］：T↙
指定矩形的厚度<0.0000>：(输入厚度值然后按 Enter 键)

接下来，选择之前介绍的三种方法中的任意一种进行倒角矩形的绘制。

⑥ 宽度：宽度是指矩形的线条宽度，效果如图 2.29 所示。命令行提示及操作如下。

指定第一个角点或［倒角(C)/标高(E)/圆角(F)/厚度(T)/宽度(W)］：W
指定矩形的线宽<0.0000>：(输入线宽值然后按 Enter 键)

接下来，选择之前介绍的三种方法中的任意一种进行宽度矩形的绘制。

注意：这里提供的方法是以“对角点法”绘制旋转矩形。还可以用“面积法”“尺寸法”绘制出旋转矩形。旋转效果如图 2.30 所示。

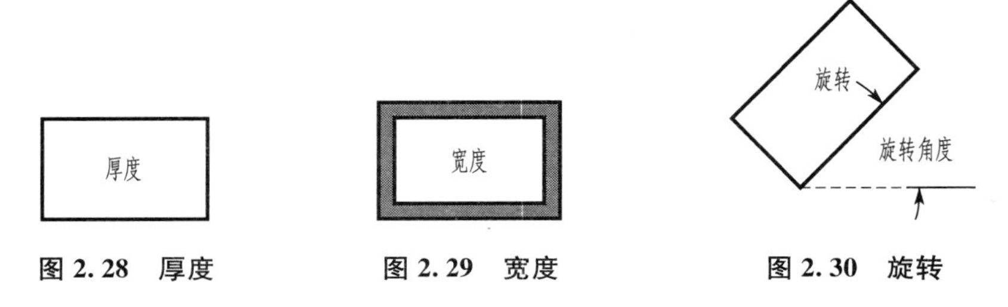

图 2.28　厚度　　图 2.29　宽度　　图 2.30　旋转

2. 正多边形

正多边形是指各边长均相等的规则多边形。AutoCAD 2014 提供了两种绘制正多边形的方法，分别是中心点法和边长法。

(1) 功能。绘制正多边形。

(2) 执行方式。

① 命令：polygon。

② 工具栏：单击“绘图”→“正多边形”按钮。

③ 菜单：单击“绘图”→“正多边形”命令。

(3) 执行过程。

执行 polygon 命令后，屏幕提示：

> 输入边的数目＜4＞：(输入正多边形的数目后按 Enter 键)
> 指定正多边形的中心点或［边(E)］：

下面介绍提示中各选项的含义及操作。

① 指定正多边形的中心点：通过指定正多边形的边数、中心点和半径(外接圆半径或内切圆半径)来绘制正多边形。确定正多边形的中心点后，屏幕提示：

> 输入选项［内接于圆(I)/外切于圆(C)］＜I＞：↙
> 指定圆的半径：(输入外接圆的半径值后按 Enter 键。若前一步输入的是“C”选项，则此半径为内切圆半径。)

说明：“内接于圆”指正多边形内接于某一假想圆，即正多边形各顶点均落在这一假想圆上；“外切于圆”指正多形各边均外切于某一假想圆。图 2.31 中列出了“内接于圆”“外切于圆”的图样。

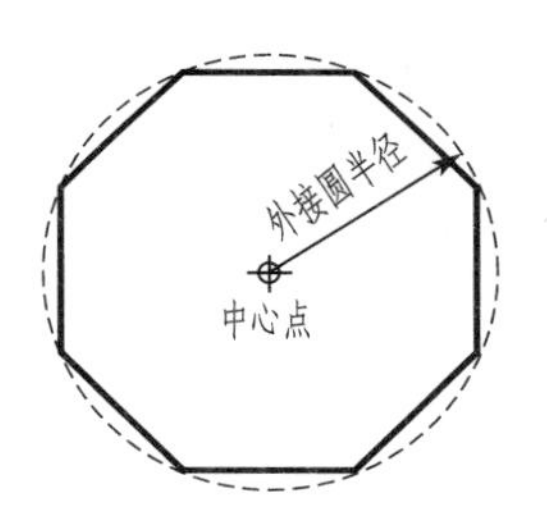

(a) “内接于圆”选项

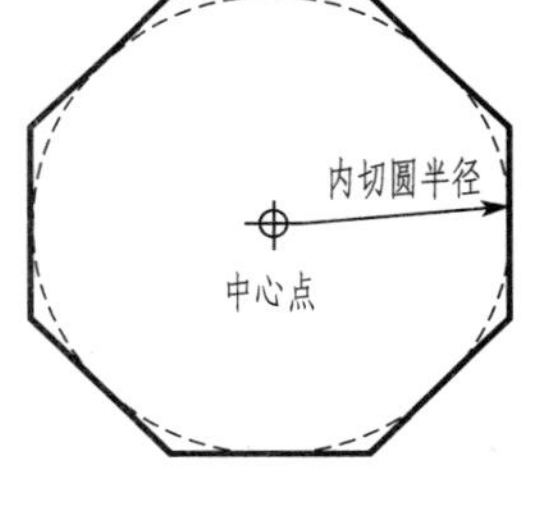

(b) “外切于圆”选项

图 2.31　正多边形与假想圆关系选项

② 边(E)：通过确定边长来绘制正多边形，键入字母“E”后按 Enter 键，选择“边长”模式，屏幕提示：

> 指定边的第一个端点：(确定边的第一个端点)
> 指定边的第二个端点：(确定边的第二个端点，结束)

2.3.3　任务实施

(1) 绘制基准线，如图 2.32 所示。

(2) 绘制直径为 26mm 和 40mm 的两个圆，如图 2.33 所示。

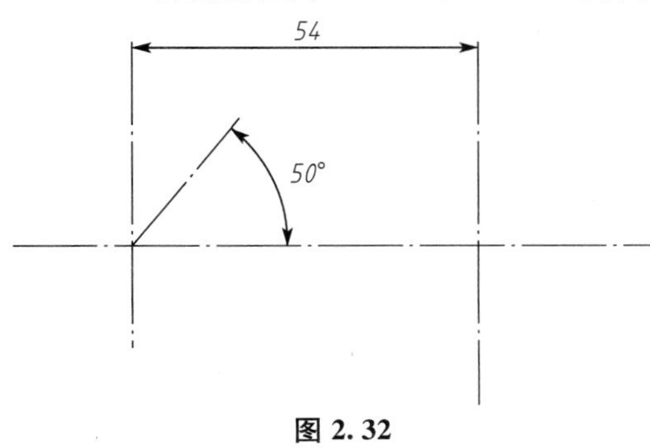

图 2.32

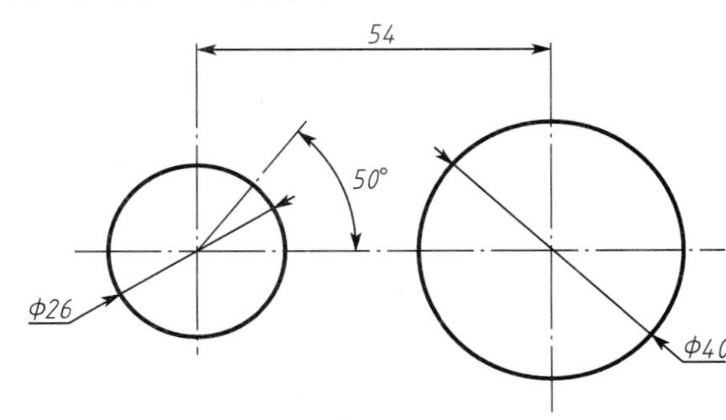

图 2.33

(3) 绘制圆的公切线，如图 2.34 所示。

(4) 绘制直径为 26mm 和 40mm 的两个圆的外公切圆弧，如图 2.35 所示。

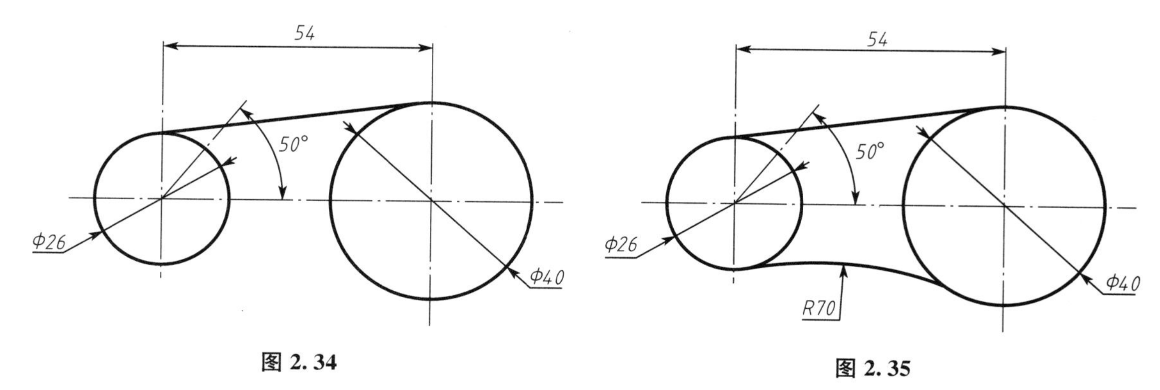

图 2.34　　　　图 2.35

(5) 绘制正六边形，如图 2.36 所示。

命令操作步骤如下。
命令：_ polygon 输入侧面数＜6＞：6
指定正多边形的中心点或［边(E)］：
输入选项［内接于圆(I)/外切于圆(C)］＜C＞：c
指定圆的半径：8

(6) 旋转正六边形，如图 2.37 所示。

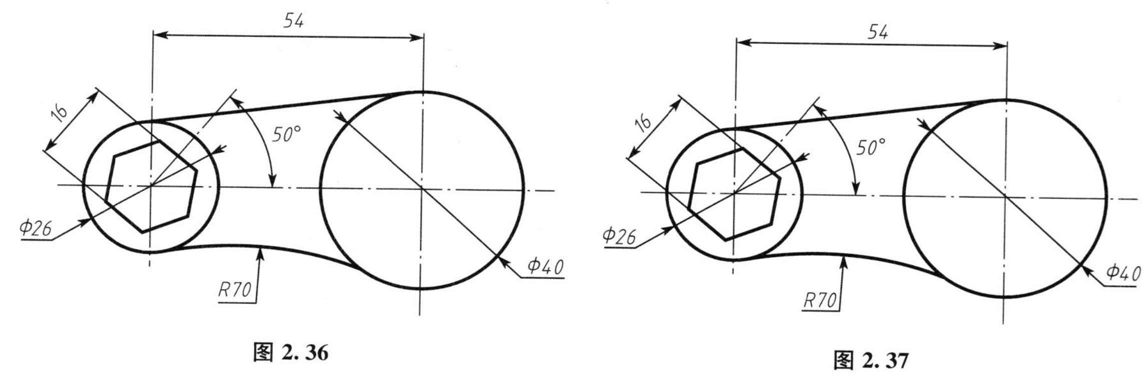

图 2.36　　　　图 2.37

命令操作步骤如下。

命令：_ rotate
UCS 当前的正角方向：　ANGDIR＝逆时针　ANGBASE＝0
选择对象：找到 1 个
选择对象：
指定基点：
指定旋转角度，或［复制(C)/参照(R)］＜320＞：－40

(7) 绘制带倒角的矩形，如图 2.38 所示。

命令操作步骤如下。

```
命令：_ rectang
指定第一个角点或［倒角(C)/标高(E)/圆角(F)/厚度(T)/宽度(W)］：c
指定矩形的第一个倒角距离<0.0>：2
指定矩形的第二个倒角距离<2.0>：2
指定第一个角点或［倒角(C)/标高(E)/圆角(F)/厚度(T)/宽度(W)］：_ from 基点：
<偏移>：　@－12，－10
指定另一个角点或［面积(A)/尺寸(D)/旋转(R)］：@24，20
```

2.3.4 实训项目

1. 实训目的

掌握矩形、正多边形命令的使用方法。

2. 实训内容

绘制图2.39。

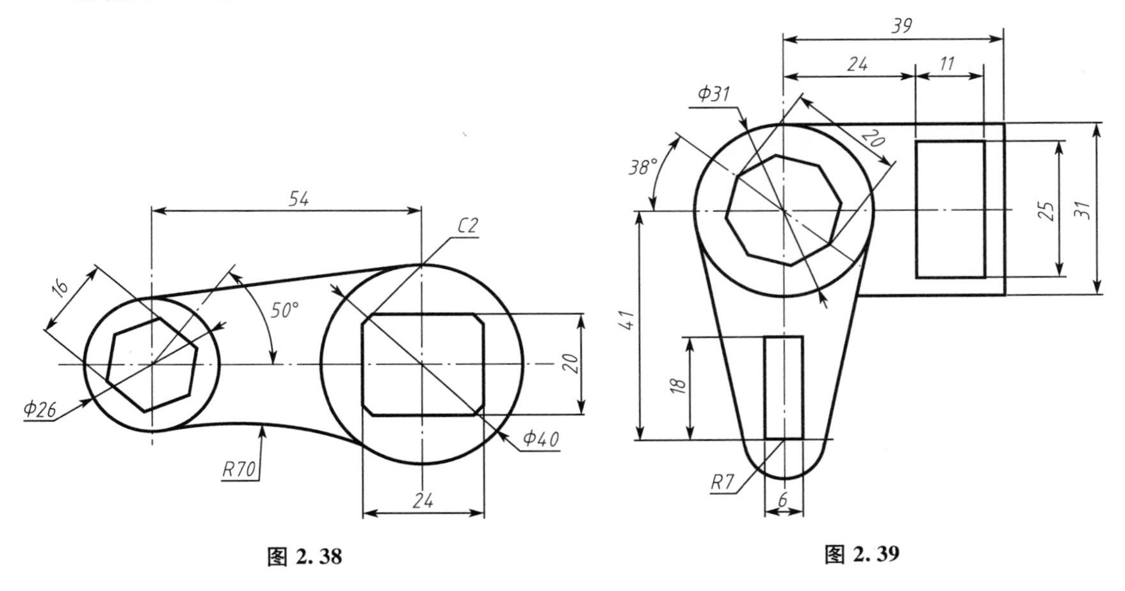

图 2.38　　　　图 2.39

任务 2.4　样条曲线和图案填充

2.4.1 任务描述

绘制图2.40，完成以下任务。

(1) 绘制如图2.40所示的机件。

(2) 利用样条曲线画出局部剖视图的边界线。

(3) 利用图案填充命令画出剖面线。

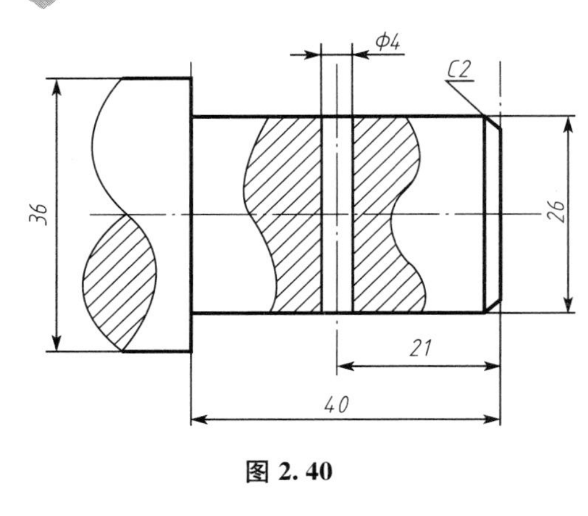

图 2.40

2.4.2 知识准备

1. 样条曲线

样条曲线是指经过或接近一系列点的光滑曲线，常用于绘制形状不规则的光滑曲线，如机械图样中剖视图、局部视图中的波浪线。

(1) 功能。绘制样条曲线。

(2) 执行方式。

① 命令：spline。

② 工具栏：单击“绘图”→“样条曲线”按钮。

③ 菜单：单击“绘图”→“样条曲线”命令。

(3) 执行过程。

执行 spline 命令后，屏幕提示：

指定第一个点或［对象(O)］：(确定光滑曲线的起点)
指定下一点：(确定下一个点)
指定下一点或［闭合 (C) 拟合公差(F)］<起点切向>：(确定下一个点后按 Enter 键，结束拟合点的输入；或者继续确定下一个点)
指定起点切向：(单击鼠标左键确定起点的切线方向，或者通过极坐标“切线距离<切线角度”的方式确定起点切向)
指定端点切向：(参照“指定起点切向”的方法指定端点切向)

至此样条曲线绘制完毕，如图 2.41 所示。

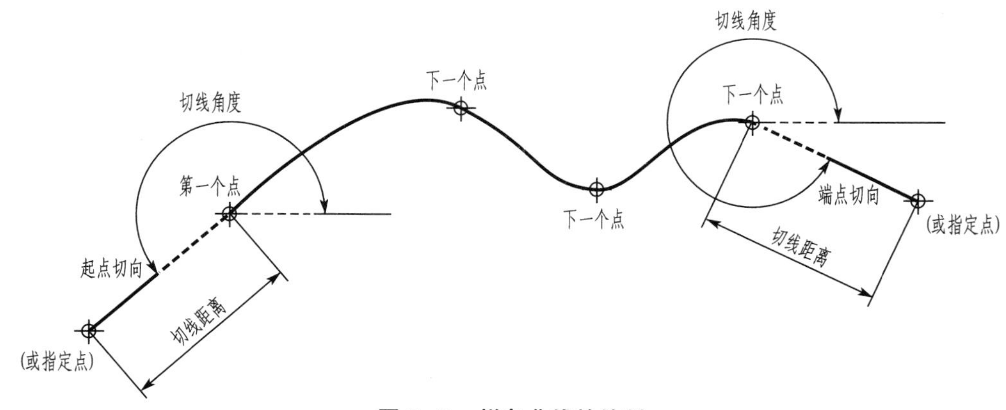

图 2.41 样条曲线的绘制

提示中各选项的含义如下。

① 对象(O)：将所选对象转换成等价的样条曲线。并非所有线条都可被转换成样条曲线，只有经样条曲线拟合后的多段线才能被转换，有关“样条曲线拟合多段线”的概念及操作方法将在项目 3 中作详细介绍。

② 闭合(C)：选择此选项将绘制出封闭的样条曲线。

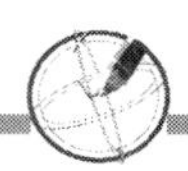

③ 拟合公差(F)：拟合公差是指样条曲线与拟合点之间的拟合精度，是一个大于或等于零的数值。当拟合公差=0时，样条曲线经过指定点，如图2.42(a)所示；当拟合公差不为0时，样条曲线除经过起点和端点外，可能就不再经过其余点，如图2.42(b)所示。拟合公差越大，样条曲线与拟合点之间的距离就越远。

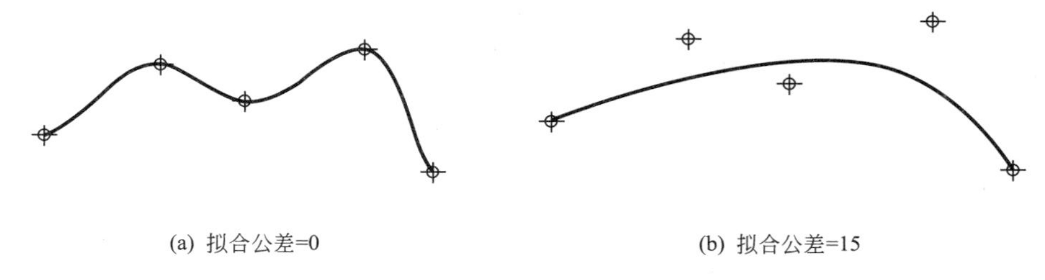

(a) 拟合公差=0　　(b) 拟合公差=15

图2.42　拟合公差

2. 图案填充

(1) 功能。在某区域内填充不同的图案(如剖视图、剖面图中的剖面线等)。

(2) 执行方式

① 命令：bhatch或hatch。

② 工具栏：单击“绘图”→“图案填充”按钮。

③ 菜单：单击“绘图”→“图案填充”命令。

1) 填充图案的设置

启动图案填充命令后，弹出如图2.43所示的“图案填充和渐变色”对话框。

图2.43　“图案填充和渐变色”对话框

在该对话框中，设置填充图案的选项的含义及其操作如下。

(1)“图案填充”选项卡。

①“类型和图案”：可在“图案填充”选项卡的“类型和图案”区域内，进行填充图案的选择，其中包括三种类型，分别是“预定义”“用户定义”和“自定义”。

“预定义”填充图案是由 AutoCAD 系统提供的，包括 83 种填充图案(8 种 ANSI 图案、14 种 ISO 图案和 61 种其他预定义图案)。选择“预定义”选项后，用户可在“图案”下拉列表框中选择预定义填充图案的名称，系统给出相应的图案“样例”；用户也可单击“图案”下拉列表框右侧的…按钮，弹出“填充图案调色板”对话框，如图 2.44 所示，查看所有“其他预定义”的预览图像，并进行填充图案的选择。

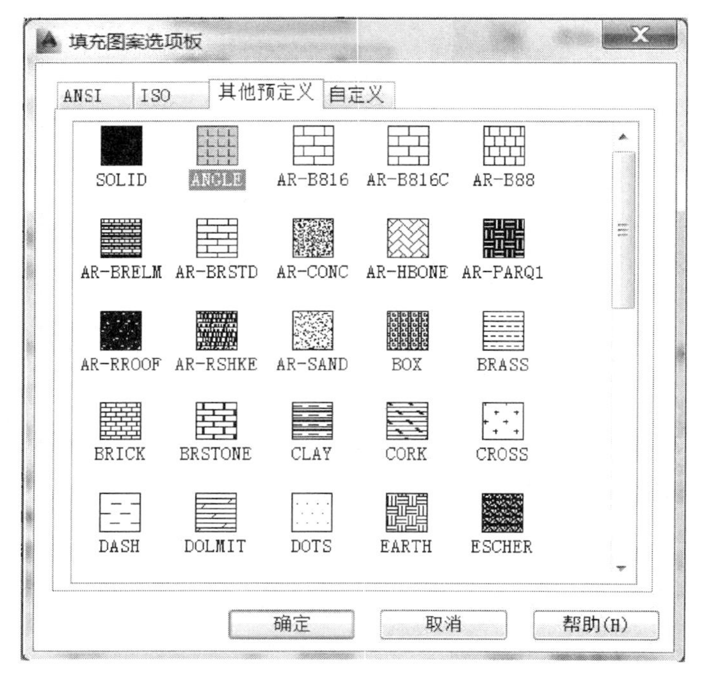

图 2.44　填充图案选项板

②“角度和比例”：对于“预定义”选项，用户可以通过“角度”和“比例”选项来改变填充图案显示的角度和比例大小，从而得到不同样式的图案。在“角度”下拉列表框中，可以选择或输入图案的旋转角度(默认值是 0°)。值得注意的是，图案填充中所涉及的角度是指图案本身的角度，并不是图案中线条的角度。如“ANSI31”图案，默认角度为 0°，这时填充后的图案如图 2.45(a)所示；将角度设置为 45°时，填充后的图案如图 2.45(b)所示；将角度设置为 90°时，填充后的图案如图 2.45(c)所示。

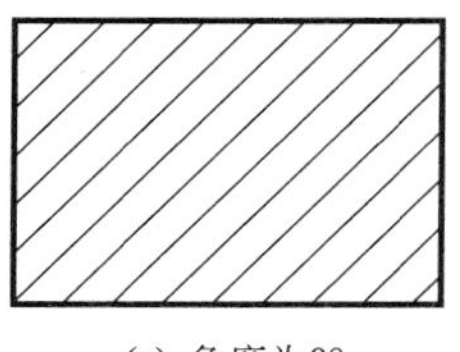

(a) 角度为0°

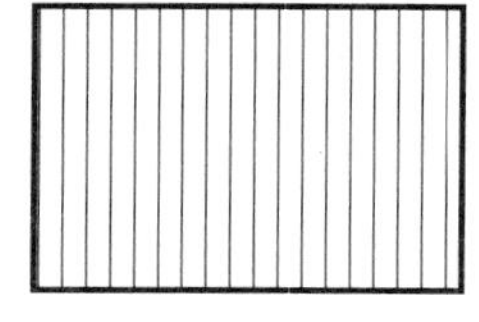

(b) 角度为45°

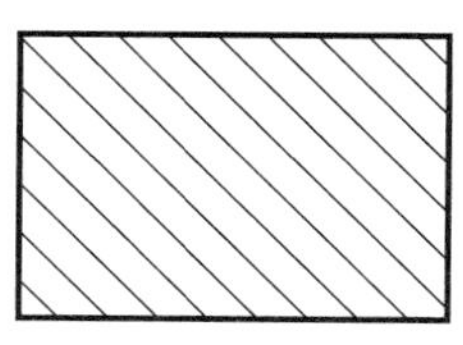

(c) 角度为90°

图 2.45　填充图案的角度

在“比例”下拉列表框中，可以选择或输入图案的缩放比例(默认比例为 1)。“比例”决定图案的疏密程度。以常用的“ANSI31”图案为例，图 2.46(a)所示为比例值为 1 的填充图案，图 2.46(b)所示为比例值为 2 的填充图案。

(a) 比例为1

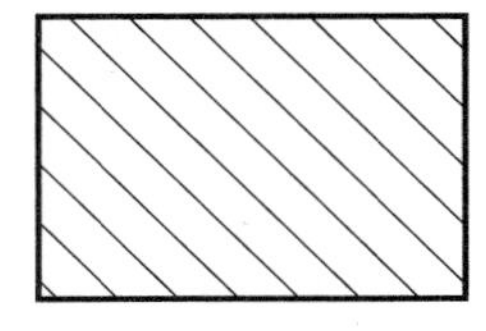

(b) 比例为2

图 2.46　填充图案的比例

选择“用户定义”类型，读者可以通过“角度”和“间距”项的设定，创建直线填充图案。

选择“自定义”类型，读者可使用自定义的图案进行填充。

③“图案填充原点”：在进行图案填充时，经常会遇到图案不完整，或者没有位于被填充区域正中的情况，这就需要重新设置图案填充的原点。在“图案填充原点”区域内，选中“指定的原点”前的单选框，然后单击下方的图标，以重新确定图案填充的原点。

(2)“渐变色”选项卡。

单击“渐变色”选项卡后，绘图区内弹出如图 2.47 的“渐变色”对话框。

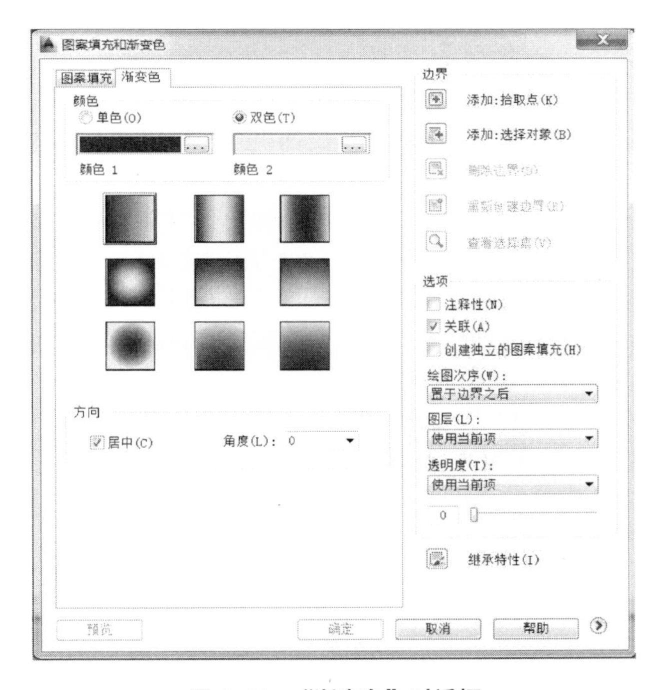

图 2.47　“渐变色”对话框

启用该选项卡后，用户可以用渐变色进行填充。其中，“单色”和“双色”两个单选按钮用于确定是以一种颜色填充，还是以两种颜色填充。以一种颜色填充时(选中“单色”单选按钮)，可利用位于“双色”单选按钮下方的滑块调整所填充颜色的浓淡度。以两种颜色填充时(选中“双色”单选按钮)，位于“双色”单选按钮下方的滑块变成与其左侧相同的颜色框和按钮，用于确定另一种颜色。位于选项卡中间位置的 9 个图像按钮用于确定填充方式。

此外，还可以通过“角度”下拉列表框确定以渐变方式填充时的旋转角度，通过“居中”复选框指定对称的渐变配置。如果没有选定此选项，渐变填充将朝左上方变化，可创建出光源在对象左边的图案。

2）填充区域的确定

通过“边界”选项组(图 2.47)确定待填充的区域。确定待填充区域有两种方法，一种是单击“添加：拾取点”，另一种是单击“添加：选择对象”。

（1）“添加：拾取点”。

确认(E)
放弃上一次的选择/拾取/绘图(U)
全部清除(C)
✔ 拾取内部点(P)
选择对象(S)
删除边界(R)
图案填充原点(H)
✔ 普通孤岛检测(N)
外部孤岛检测(O)
忽略孤岛检测(I)
预览(V)

图 2.48　快捷菜单

单击“边界”区域的“添加：拾取点”图标，命令行中出现“拾取内部点或[选择对象(S)/删除边界(B)]：”的提示，在待填充区域内任意位置单击鼠标左键，此时待填充区域的边界变为虚线。可同时选择多个待填充区域。选择完毕，单击鼠标右键，弹出如图 2.48 所示的快捷菜单，直接单击“确认”完成图案的填充；或单击“预览”，以观察图案填充的正确与否。当单击“预览”后，命令行出现“＜预览填充图案＞拾取或按 Esc 键返回到对话框或＜单击右键接受图案填充＞：”的提示，若准确无误，单击鼠标右键；否则在绘图区任意位置单击鼠标左键，返回到对话框重新进行设置。

（2）“添加：选择对象”。

单击“边界”区域内的“添加：选择对象”图标，命令行中出现“选择对象或[拾取内部点(K)/删除边界(B)]：”的提示，在组成填充区域的各边界上逐个单击，选中的边界变为虚线，若待填充区域已选择完毕，则单击鼠标右键，此时弹出如图 2.48 所示的快捷菜单，直接单击“确认”完成图案的填充。

3）“图案填充”对话框中其他选项的含义

（1）“选项”区域内各项目的含义。

① 注释性：指定图案填充为注释性。

② 关联：勾选“关联”复选框后，意味着此时的填充图案与被填充区域(由填充边界线决定)是连在一起的，当被填充区域放大、缩小或发生变形时，内部的填充图案也会随着填充区域的变化而变化。否则，不管被填充区域如何变化，填充图案始终固定不变。

特别提示

对一个具有关联性的填充图案进行移动、旋转、缩放和分解等操作时，该填充图案与原边界对象不再具有关联性；对其进行复制、镜像、阵列等操作时，该填充图案本身仍具有关联性，而其拷贝则不具有关联性。填充图案是一个整体，可分解。

③ 创建独立的图案填充：当绘图区中，有多个独立的闭合边界需填充时，如果选择“创建独立的图案填充”，意味着各闭合边界内的填充图案相互独立；若不选择，意味着所有闭合边界内的填充图案是一个整体，选择任意一个将选中全部的填充图案。

④ 继承特性：选择该选项后可以选择绘图区内已存在的填充图案，将其填充到新的

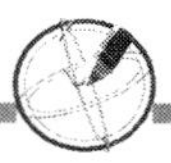

被选择填充区域内。

4)“孤岛”

如果单击“边界图案填充和渐变色”对话框中位于右下角位置的⊙图标，对话框则为图 2.49 所示形式，通过该对话框可进行对应的设置。当填充区域内部存在一个或多个内部边界时，选择不同的孤岛检测样式将产生不同的填充效果。

图 2.49　“图案填充和渐变色”对话框

① 普通：标准的填充方式。该样式用于从外部边界开始向内交替填充，即从最外一层封闭区域开始，第 1、3、5、…个封闭区域被填充，而其他区域不产生填充图案，如图 2.50(a)所示。

② 外部：该样式用于填充最外一层的封闭区域，而其内部均不进行填充，如图 2.50(b)所示。

③ 忽略：该样式将忽略所有内部对象并让填充线穿过它们，如图 2.50(c)所示。

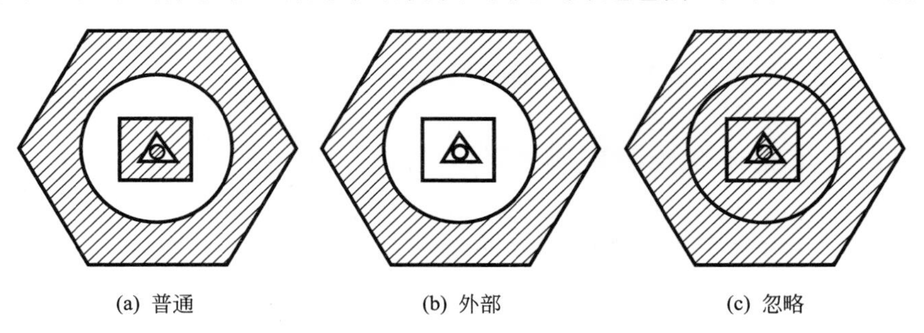

(a) 普通　　(b) 外部　　(c) 忽略

图 2.50　不同的孤岛检测样式的不同填充效果

④ 边界保留：如果用户选中了“保留边界”复选框，则在进行图案填充的同时将边

界以多段线或面域的形式保存下来。“多段线”与“面域”的切换，可通过“对象类型”下拉列表完成。

⑤ 边界集：边界集是指填充区域的一组边界对象。默认状态是“当前视口”，表示以当前图形中所有显示的对象作为边界集，每个对象都可以被选作填充边界。此外，系统还允许用户自定义图案填充边界集。单击“新建”按钮，在命令行提示“选择对象”的状态下，选取对象建立新的边界集。当以“添加：拾取点”方式指定的填充边界不是新建边界集中的对象时，屏幕即弹出“边界定义错误”对话框。

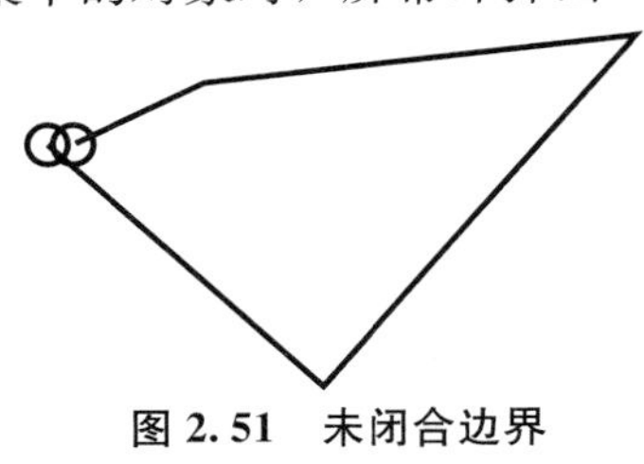

图 2.51　未闭合边界

⑥ 允许的间隙：将对象作为图案填充边界时所允许的最大间隙。默认值为“0.0000”，表明只有当对象是一封闭区域时才可作为图案填充的边界，否则系统将出现“图案填充—边界未闭合”对话框，未闭合处将被红色的圆圈圈出，如图 2.51 所示。

⑦ 继承选项：选择“使用当前原点”选项，表示将当前的原点作为图案填充的原点；选择“使用源图案填充的原点”选项，表示将源图案填充的原点作为图案填充的原点。

2.4.3 任务实施

(1) 绘制基准线，如图 2.52 所示。

(2) 绘制机件一般结构，如图 2.53 所示。

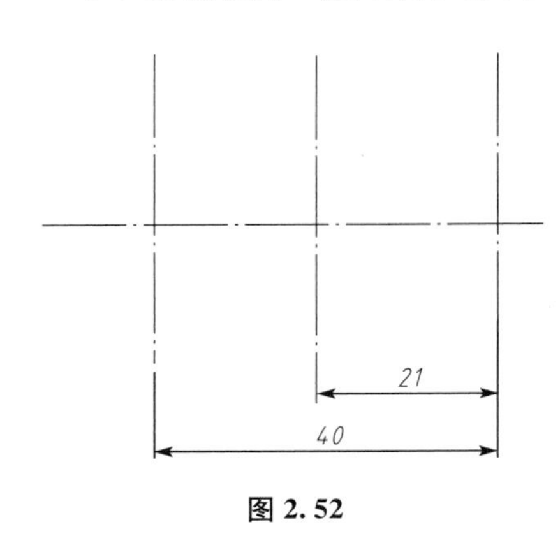

图 2.52

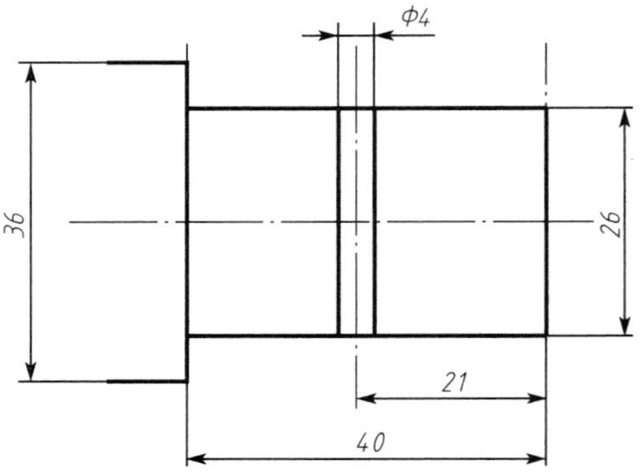

图 2.53

(3) 利用样条曲线绘制断裂处、局部剖视边界线，如图 2.54 所示。

(4) 用图案填充命令绘制剖面线，如图 2.55 所示。

(5) 绘制图形剩余部分，如图 2.56 所示。命令操作步骤如下。

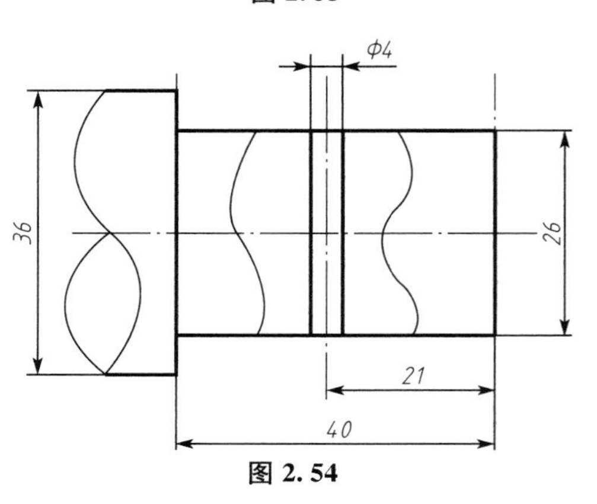

图 2.54

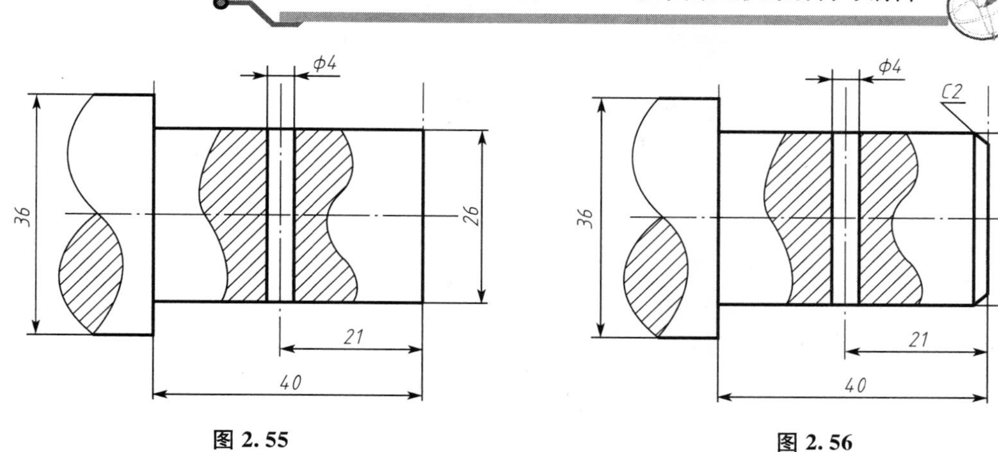

图 2.55　　　　图 2.56

命令：_ chamfer
（"修剪" 模式）当前倒角距离 1=0.0，距离 2=0.0
选择第一条直线或 [放弃(U)/多段线(P)/距离(D)/角度(A)/修剪(T)/方式(E)/多个(M)]：d 指定第一个倒角距离＜0.0＞：2 指定第二个倒角距离＜2.0＞：2
选择第一条直线或 [放弃(U)/多段线(P)/距离(D)/角度(A)/修剪(T)/方式(E)/多个(M)]：
选择第二条直线，或按住 Shift 键选择直线以应用角点或 [距离(D)/角度(A)/方法(M)]：

2.4.4 实训项目

1. 实训目的

掌握样条曲线、图案填充命令绘制剖视图。

2. 实训内容

绘制图 2.57。

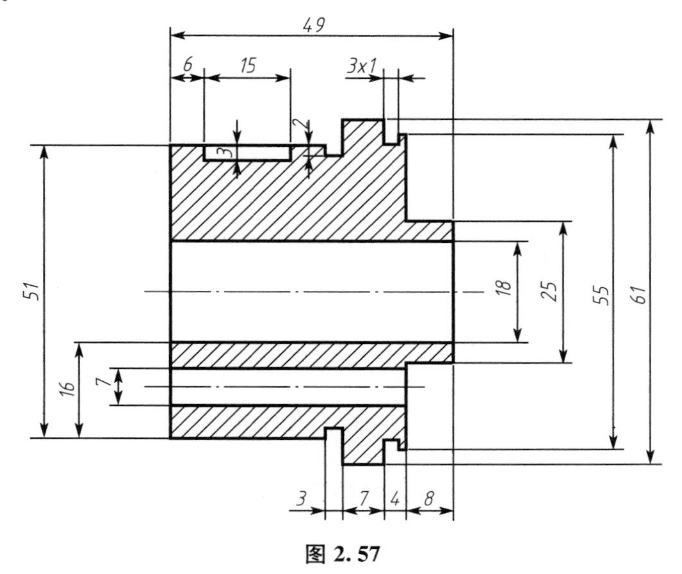

图 2.57

任务 2.5　多段线和射线

2.5.1　任务描述

绘制图 2.58，完成以下任务。

(1) 利用多段线命令绘制如图 2.58 所示箭头。

(2) 利用射线命令连续绘制图中多条射线。

(3) 利用直线、圆、修剪命令绘制其余部分。

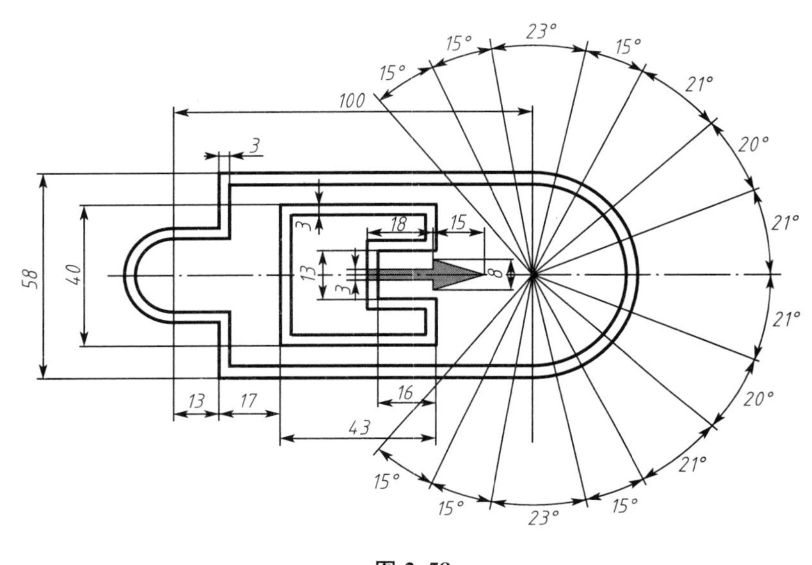

图 2.58

2.5.2　知识准备

1. 多段线

(1) 功能。

绘制出由多个直线段或圆弧段，或两者的组合线段，组成的连接成一体的图形对象。

(2) 执行方式。

① 命令：pline。

② 工具栏：单击“绘图”→“多段线”按钮。

③ 菜单：单击“绘图”→“多段线”命令。

(3) 执行过程。

执行 pline 命令后，屏幕提示：

```
指定起点：(确定多段线的起点)
指定下一个点或 [圆弧(A)/半宽(H)/长度(L)/放弃(U)/宽度(W)]:
```

下面介绍提示中各选项的含义及操作。

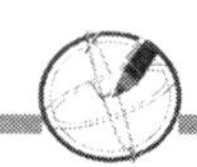

① 指定下一个点：直接输入一个点，执行该项，绘制出一直线段，可继续下步操作。

② 半宽(H)：通过确定多段线起点、端点的半宽(线宽的一半)，绘制具有一定宽度的线段。键入字母“H”后按 Enter 键，选择“半宽”选项。

> 指定起点半宽＜0.0000＞：(输入半宽值后按 Enter 键)
> 指定端点半宽＜4.0000＞：(若起点半宽与端点半宽一致，则直接按 Enter 键使用尖括号里的当前值，否则重新指定半宽值)
> 指定下一个点或 [圆弧(A)/半宽(H)/长度(L)/放弃(U)/宽度(W)]：(确定下一个点，直到点输入完毕后按 Enter 键，结束命令)

至此具有一定半宽的多段线绘制完毕，如图 2.59 所示。

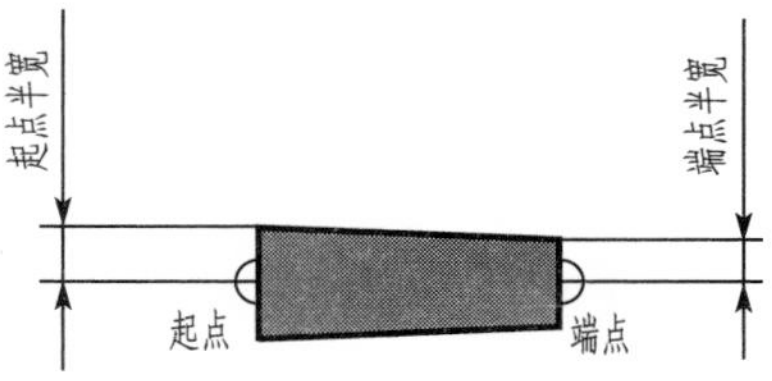

图 2.59　半宽线的绘制

③ 长度(L)：沿着上一段直线的方向绘制指定长度的直线；或者沿着上一段圆弧端点处切线方向绘制指定长度的直线。键入字母“L”后按 Enter 键选择该选项。

④ 放弃(U)：撤销最近一次绘制的线段后返回上一提示。重复选择该选项，可自后向前逐段撤销。

⑤ 宽度(W)：通过确定线段起点、端点的宽度，绘制具有一定宽度的多线段。键入字母“W”后按 Enter 键，选择该选项。

> 指定起点宽度＜0.0000＞：(输入宽度值后按 Enter 键)
> 指定端点宽度＜4.0000＞：(若起点宽度与端点宽度一致，则直接按 Enter 键使用尖括号里的当前值，否则重新指定宽度值)
> 指定下一个点或 [圆弧(A)/半宽(H)/长度(L)/放弃(U)/宽度(W)]：(确定下一个点，直到点输入完毕后按 Enter 键，结束命令)

⑥ 闭合(C)：将多段线封闭处理，若最近一次绘制的是直线段，则以直线连接终点和起点形成封闭多段线；若最近一次绘制的是圆弧段，则以圆弧连接终点和起点形成封闭多段线。

⑦ 圆弧(A)：绘制多段线中的圆弧，绘制方法与绘制圆弧的方法类似。键入字母“A”后按 Enter 键，选择该选项，屏幕提示：

> 指定圆弧的端点或 [角度(A)/圆心(CE)/方向(D)/半宽(H)/直线(L)/半径(R)/第二个点(S)/放弃(U)/宽度(W)]：

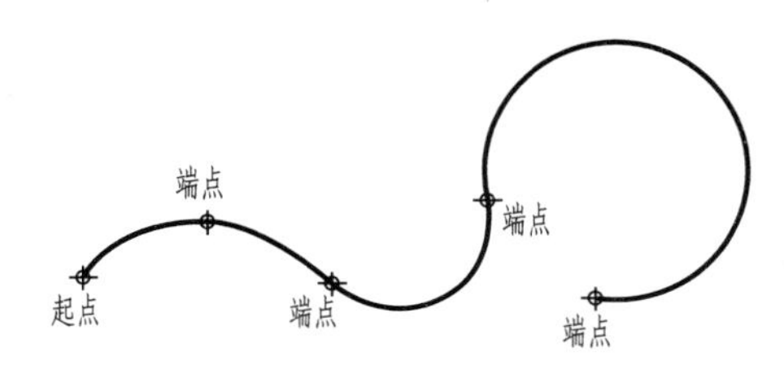

图 2.60　圆弧多段线的绘制

a. 指定圆弧的端点：通过指定圆弧的端点，绘制与前一段相切的连接圆弧。可连续输入点，绘制多段相切连接圆弧，按 Enter 键结束命令。绘制结果如图 2.60 所示。

b. 角度(A)：通过指定圆弧的包含角绘制圆弧，如图 2.61 所示。键入字母“A”后按 Enter 键选择该选项。

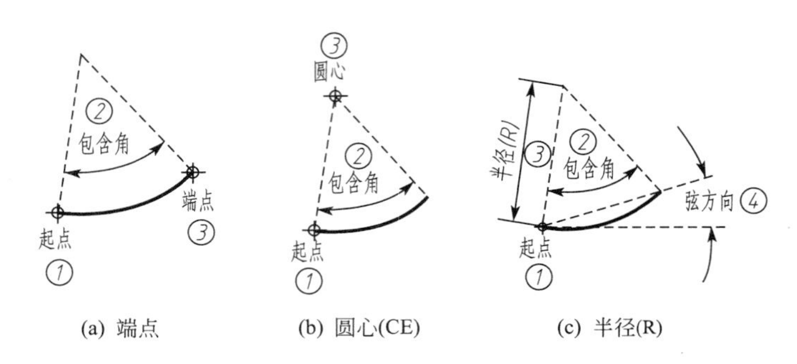

图 2.61　“角度法”绘制圆弧多段线

c. 圆心(CE)：通过指定圆弧的圆心绘制圆弧，如图 2.62 所示。键入字母“CE”后按 Enter 键，选择该选项。

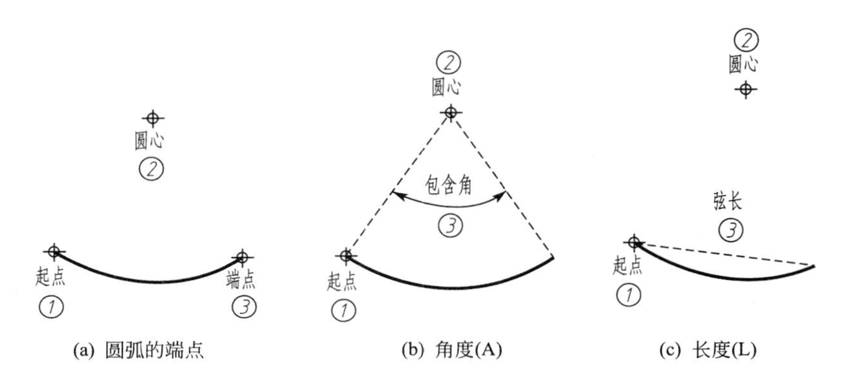

图 2.62　“圆心法”绘制圆弧多段线

d. 方向(D)：通过指定圆弧起点的切线方向绘制圆弧，如图 2.63 所示。键入字母“D”后按 Enter 键，选择该选项。

e. 半宽(H)：绘制出具有一定宽度的圆弧，设置“半宽”后，系统跳回绘制圆弧的命令，任选一种绘制圆弧的方法绘制圆弧，结果如图 2.64 所示。

图 2.63　“方向法”绘制圆弧多段线　　　**图 2.64　半宽圆弧的绘制**

f. 直线(L)：键入字母“L”后，将从当前的“圆弧模式”切换到“直线模式”，开始绘制直线。

g. 半径(R)：指定圆弧的半径绘制圆弧，如图 2.65 所示。

h. 第二个点(S)：采用“三点法”绘制圆弧。

i. 宽度(W)：绘制具有一定宽度的圆弧，设置“宽度”后，系统跳回绘制圆弧的命令，任选一种绘制圆弧的方法绘制圆弧。

j. 闭合(C)：将多段线封闭处理，若最近一次绘制的是直线段，则以直线连接终点和

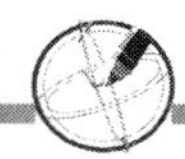

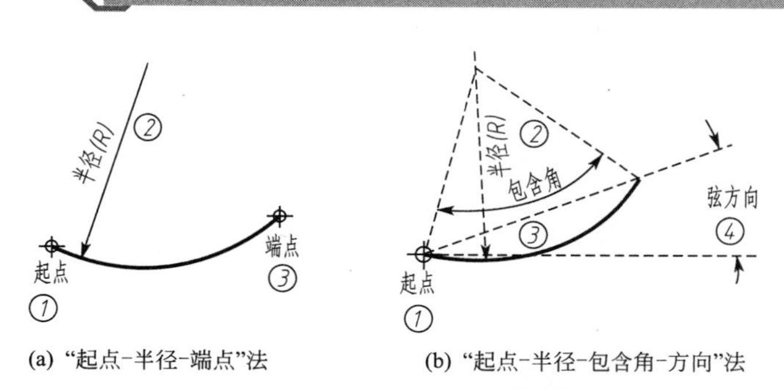

(a) “起点-半径-端点”法　　(b) “起点-半径-包含角-方向”法

图 2.65　“半径法”绘制圆弧多段线

起点形成封闭多段线；若最近一次绘制的是圆弧段，则以圆弧连接终点和起点形成封闭多段线。

2. 射线

射线是指沿单方向无限延伸的直线。在绘图过程中，射线常用作辅助线。绘制射线只要指定起点和通过点即可。利用“射线”命令可以绘制同一起点的多条射线。

(1) 功能。绘制射线。

(2) 执行方式。

① 命令：ray。

② 菜单：单击“绘图”→“射线”命令。

(3) 执行过程。

执行 ray 命令后，屏幕提示：

指定起点：(确定射线的起始点)
指定通过点：(确定射线通过的点，结果如图 2.66 所示)
指定通过点：(直接按 Enter 键结束命令；或者确定另一条同起点射线的通过点)

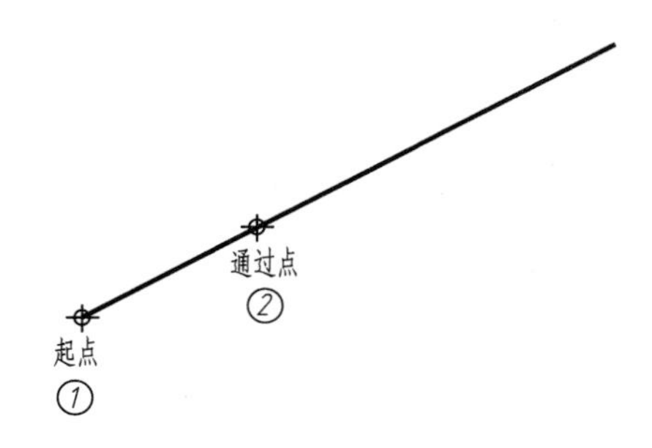

图 2.66　射线的绘制

3. 多线

多线是由多条平行线组成的图形对象。使用“多线”命令可以一次绘制两条或多条有一定间距的平行直线，并且可以方便地编辑交叉点，较大地提高绘图效率。

(1) 功能。绘制多线。

(2) 执行方式。

① 命令：mline。

② 菜单：单击“绘图”→“多线”命令。

(3) 执行过程。

执行 mline 命令后，屏幕提示：

指定起点或［对正(J)/比例(S)/样式(ST)］：(确定起点)
指定下一点：(确定下一点)
指定下一点或［放弃(U)］：(确定下一点，如图 2.67 所示，或者键入字母“U”后按 Enter 键，执行撤销处理)
指定下一点或［闭合(C)/放弃(U)］：(确定下一点，或按 Enter 键结束命令，或键入字母“C”后按 Enter 键执行封闭处理，或键入字母“U”后按 Enter 键执行撤销处理)

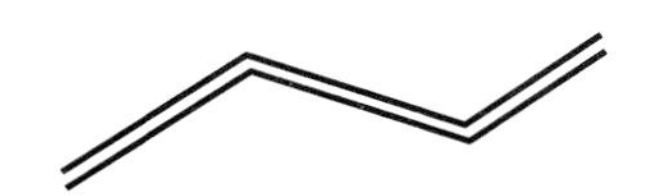

图 2.67　多线的绘制

提示中各选项的含义如下。

① 对正(J)：设置多线的对正类型(即光标的对齐位置)。选择该选项后，系统出现“输入对正类型［上(T)/无(Z)/下(B)］<上>：”的提示。对正类型是指从左向右绘制多线时光标的对齐方式，现对各类型解释如下。

a. 选择“上(T)”，从左向右绘制多线时，光标与最上面的直线对齐；从右向左绘制多线时，光标与最下面的直线对齐；从上往下绘制多线时，光标与最右面的直线对齐；从下往上绘制直线时，光标与最左面的直线对齐。

b. 选择“无(Z)”，即光标与多线的中间对齐。

c. 选择“下(B)”，从左向右绘制多线时，光标与最下面的直线对齐；从右向左绘制多线时，光标与最上面的直线对齐；从上往下绘制多线时，光标与最左面的直线对齐；从下往上绘制直线时，光标与最右面的直线对齐。

② 比例(S)：设置多线中平行线间距的显示比例。默认状态下，比例为“1”。

③ 样式(ST)：选择多线的样式。选择该选项后，系统出现“输入多线样式名或［?］：”的提示，输入多线样式名称后按 Enter 键，则返回上一提示，继续按照设置的样式进行多线的绘制。

下面介绍多线样式的设置方法。

单击菜单“格式”下的“多线样式”菜单项，打开“多线样式”对话框，如图 2.68(a)所示，单击“新建”按钮，弹出“创建新的多线样式”对话框，在“新样式名”框中输入新的多线样式名，如 AB，单击“继续”按钮，弹出“新建多线样式”对话框，如图 2.68(b)所示。

在“新建多线样式”对话框中，在“封口”选项卡中可以设置多线的起、止点是否封闭；在“图元”选项卡中可以增加或删除多线中的线条(多线中只有两条直线时不能删除)，可以设置线条间的距离，可以设置线条的颜色和线型；单击“确定”按钮返回“多线样式”对话框，可在预览窗口观察用户设置的多线样式，单击“置为当前”按钮，再单击“确定”按钮，返回绘图区。激活多线命令，即可以多线样式画图。

2.5.3　任务实施

(1) 绘制基准制。

(2) 利用直线、圆、修剪命令绘制如图 2.69 所示。

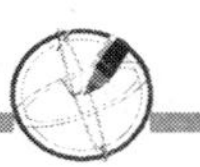

(a) “多线样式”对话框

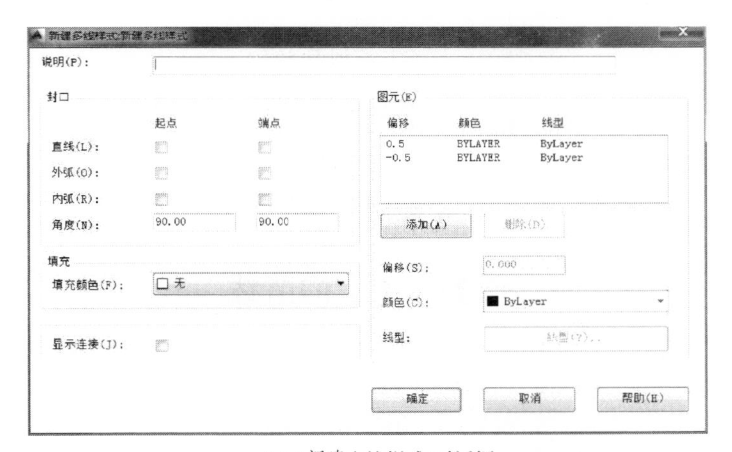

(b) “新建多线样式”对话框

图 2.68　多线样式设置

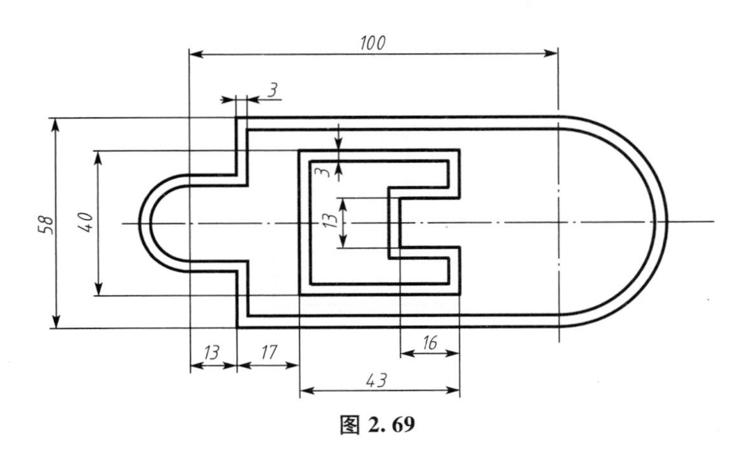

图 2.69

(3) 利用多段线命令绘制黑色箭头，如图 2.70 所示。

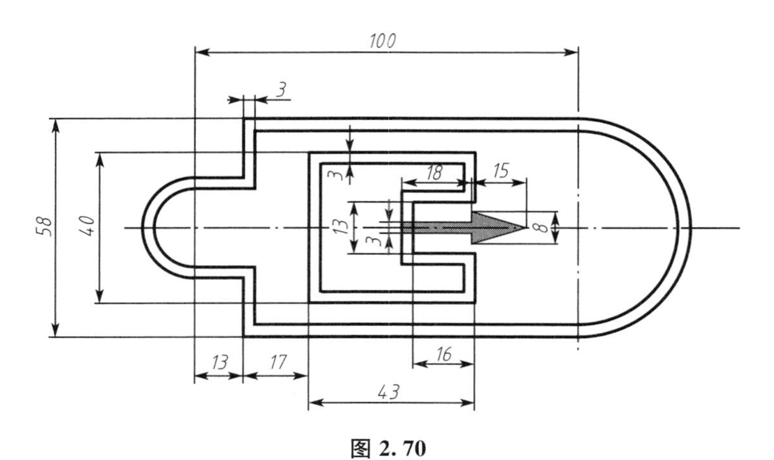

图 2.70

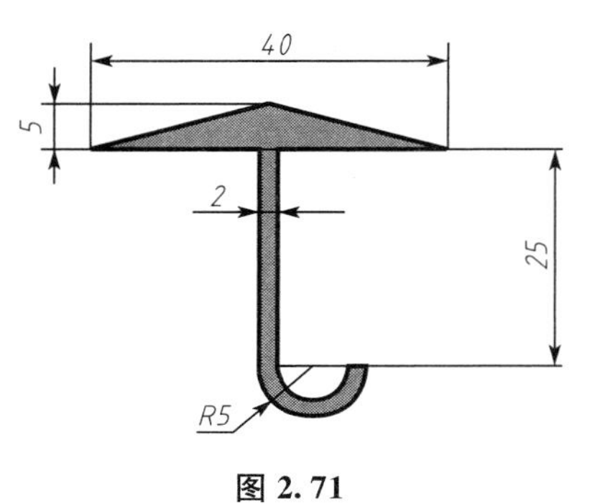

图 2.71

(4) 利用射线命令绘制剩余部分，标注尺寸完成全图。

2.5.4 实训项目

1. 实训目的

掌握多段线命令的使用方法。

2. 实训内容

绘制图 2.71。

任务 2.6 构造线

2.6.1 任务描述

绘制图 2.72，完成以下任务。

(1) 绘制主视图。

(2) 利用构造线确定俯视图和左视图位置。

(3) 利用“长对正、高平齐、宽相等”完成三视图。

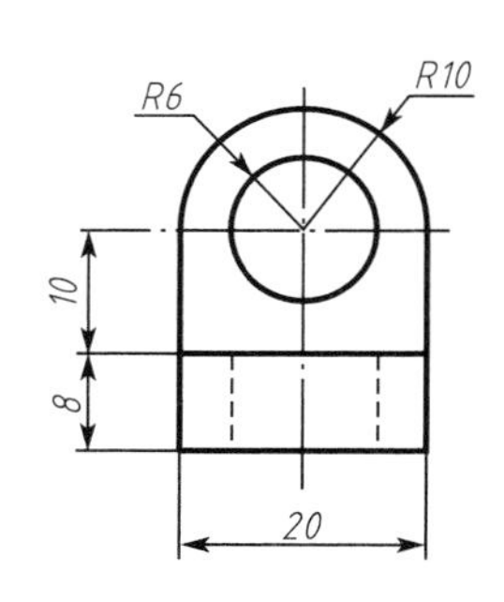

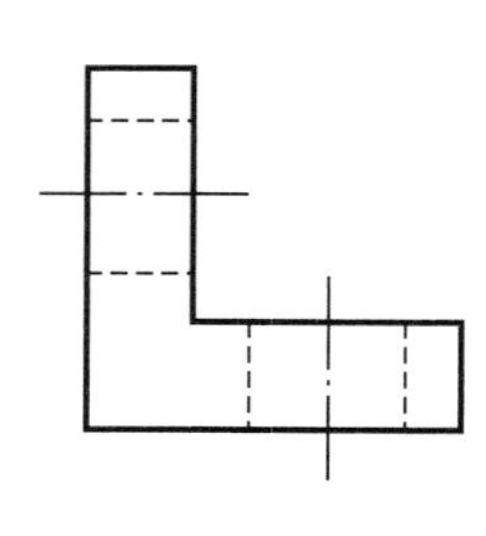

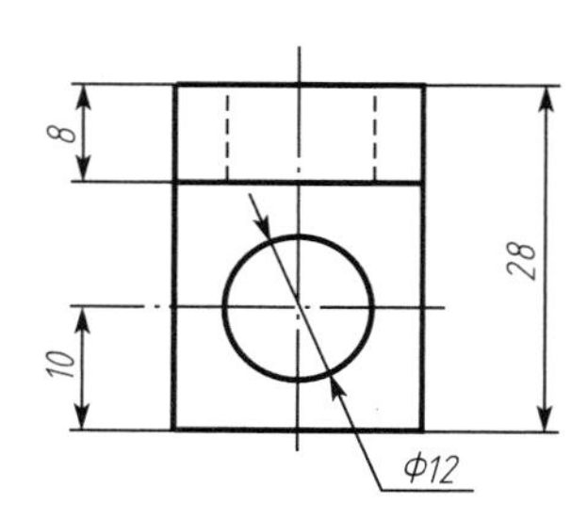

图 2.72

2.6.2　知识准备

构造线

构造线是指两端无限延伸的直线，它既没有起点也没有终点，是数学概念上的“直线”，在绘图过程中，构造线也常用作辅助线。

(1) 功能。绘制构造线。

(2) 执行方式。

① 命令：xline。

② 工具栏：单击“绘图”→“构造线”按钮。

③ 菜单：单击“绘图”→“构造线”命令。

(3) 执行过程。

执行 xline 命令后，屏幕提示：

```
指定点或[水平(H)/垂直(V)/角度(A)/二等分(B)/偏移(O)]:
```

下面介绍提示中各选项的含义及其操作。

① 指定点：以系统默认的方式绘制构造线。

```
指定点或[水平(H)/垂直(V)/角度(A)/二等分(B)/偏移(O)]:(确定一个点)
指定通过点:(确定通过点)
指定通过点:(直接按 Enter 键结束命令；或者确定另一条构造线的通过点)
```

以系统默认方式绘制构造线的结果如图 2.73 所示。

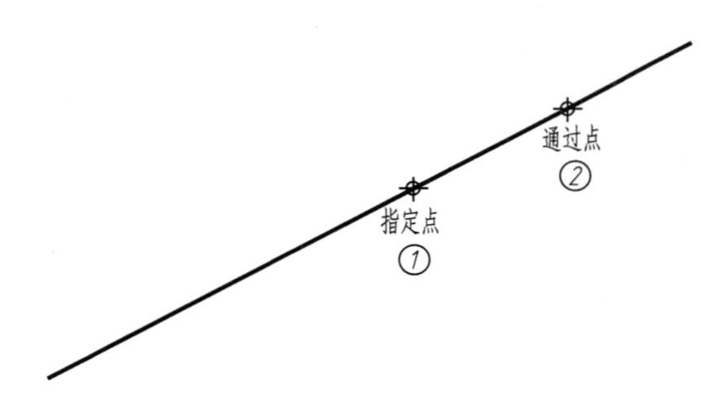

图 2.73　构造线的绘制

② 水平(H)：绘制水平构造线，键入字母“H”后按 Enter 键，激活此选项。

```
指定通过点:(确定通过点)
指定通过点:(直接按 Enter 键结束命令；或者继续单击鼠标左键确定通过点)
```

所绘制的水平构造线如图 2.74 所示。

③ 垂直(V)：绘制垂直构造线，键入字母“V”后按 Enter 键，即可激活此选项。参照绘制水平构造线的方法，可绘制出如图 2.75 所示的垂直构造线。

图 2.74　水平构造线的绘制　　　　**图 2.75　垂直构造线的绘制**

④ 角度(A)：绘制与水平方向或者指定直线呈一定角度的构造线，键入字母“A”后按 Enter 键，即可激活此选项。

a. 绘制与水平方向呈角度的构造线。

输入构造线的角度(0.00)或［参照(R)］：(输入角度后按 Enter 键；或单击鼠标左键确定两个点，系统将这两点的连线作为角度方向)
指定通过点：(单击鼠标左键确定通过点)
指定通过点：(直接按 Enter 键结束命令；或者继续单击鼠标左键确定通过点)

绘制出的与水平方向呈角度的构造线如图 2.76 所示。

b. 绘制与指定直线方向呈角度的构造线。

输入构造线的角度(0.00)或［参照(R)］：(键入字母“R”后按 Enter 键)
选择直线对象：(单击鼠标左键选择参考直线对象)
输入构造线的角度 <0.00>：(输入角度后按 Enter 键)
指定通过点：(单击鼠标左键确定通过点)
指定通过点：(直接按 Enter 键，结束命令；或者继续单击鼠标左键确定通过点)

绘制出的与指定直线方向呈角度的构造线如图 2.77 所示。

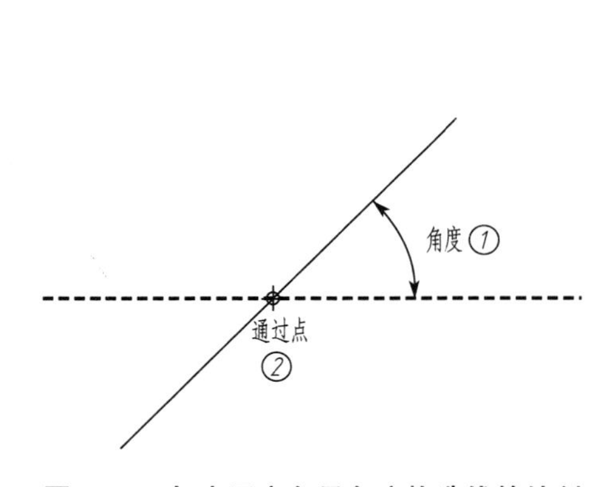

图 2.76　与水平方向呈角度构造线的绘制

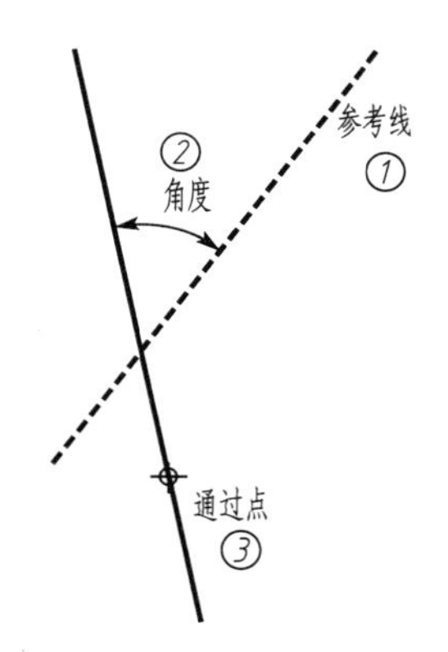

图 2.77　与指定直线方向呈角度的构造线的绘制

⑤ 二等分(B)：绘制平分某个角的构造线，键入字母“B”后按 Enter 键即可激活该选项。

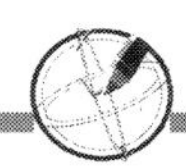

指定角的顶点：(单击鼠标左键指定一点作为角的顶点)
指定角的起点：(单击鼠标左键指定一点作为角的起点)
指定角的端点：(单击鼠标左键指定一点作为角的端点)
指定角的端点：(直接按 Enter 键结束命令；或者继续单击鼠标左键确定角的端点)

执行该命令后，绘图区将出现一条二等分构造线，如图 2.78 所示(被等分的角由刚刚指定的顶点、起点、端点形成，顶点、起点、端点不会出现在绘图区域)。

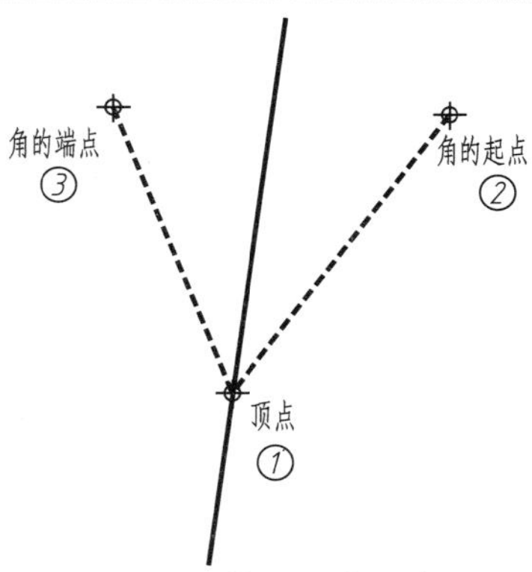

图 2.78　二等分构造线的绘制

⑥ 偏移(O)：绘制平行于指定直线的构造线(要想绘制偏移构造线，绘图区内必须存在一个直线对象)，键入字母“O”后按 Enter 键，激活该选项。

a. 通过指定偏移距离、直线和偏移方向绘制偏移构造线。

指定偏移距离或[通过(T)]：(输入偏移量)
选择直线对象：(单击鼠标左键选择被偏移的直线对象)
指定向哪侧偏移：(单击鼠标左键指定偏移的方向)

绘制出的构造线如图 2.79 所示。

b. 通过指定直线和通过点绘制偏移构造线。

指定偏移距离或[通过(T)]：(键入字母“T”后按 Enter 键)
选择直线对象：(单击鼠标左键选择被偏移的直线对象)
指定通过点：(单击鼠标左键确定通过点)

绘制出的构造线如图 2.80 所示。

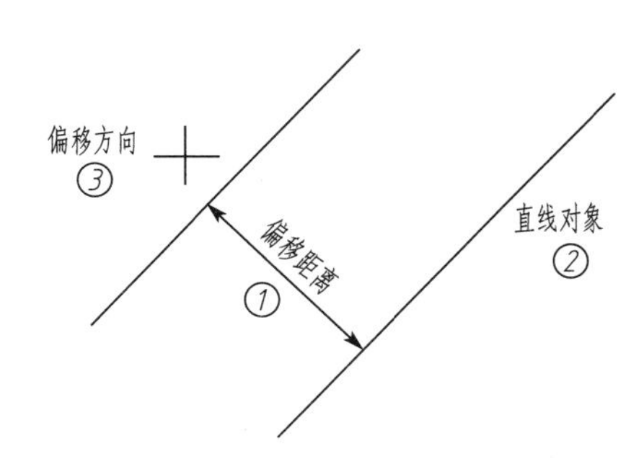

图 2.79　指定距离和方向绘制构造线

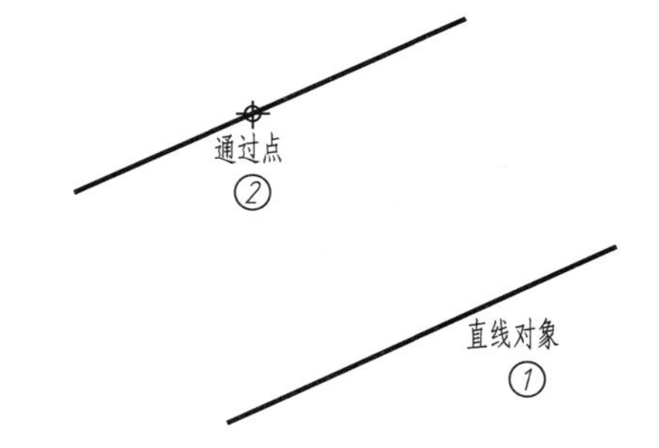

图 2.80　指定直线和通过点绘制构造线

2.6.3　任务实施

(1) 绘制主视图，如图 2.81 所示。

(2) 在主视图中用构造线确定位置，如图 2.82 所示。

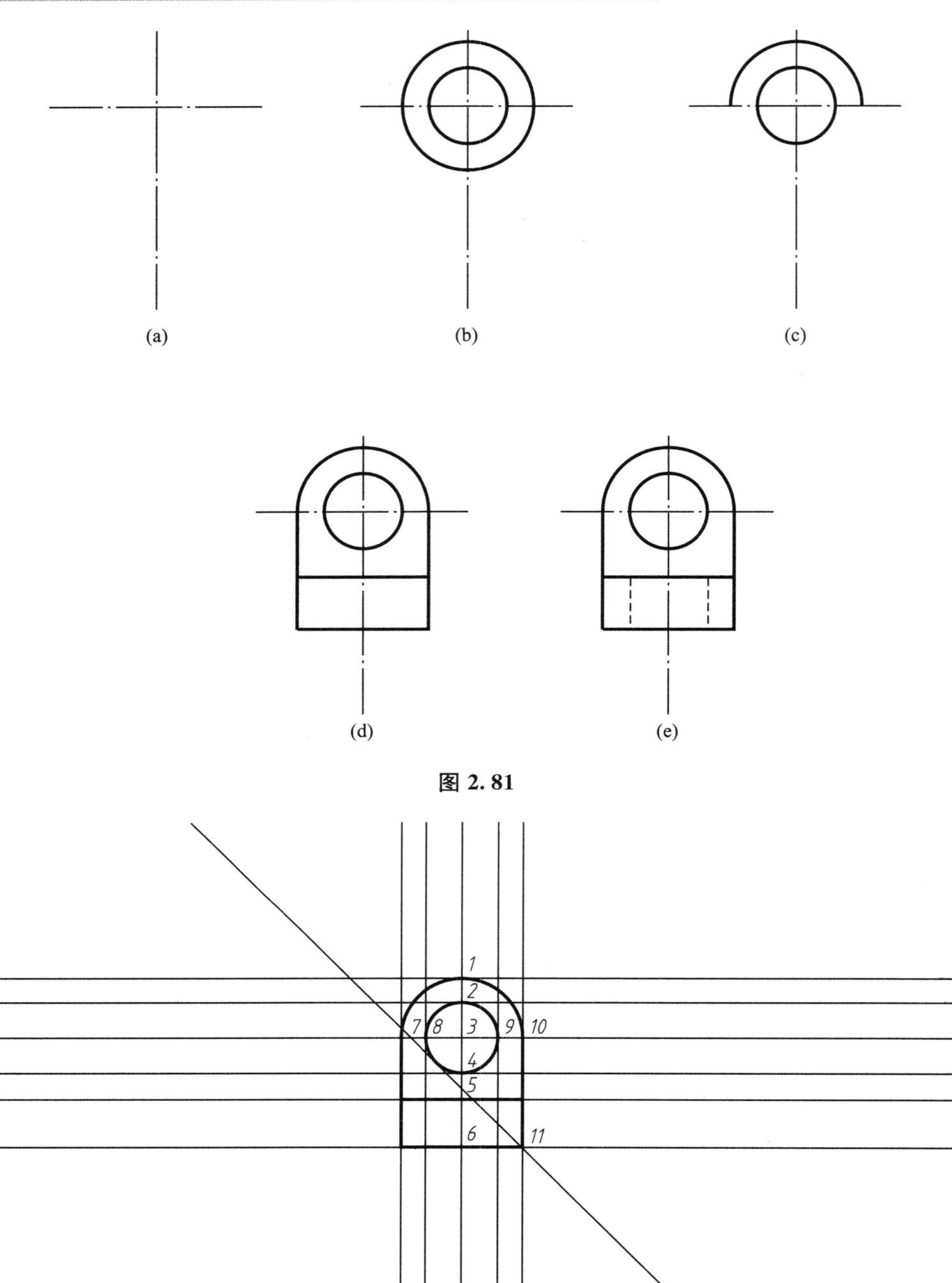

图 2.81

图 2.82

(3) 利用构造线确定的位置，用粗实线画出左视图、俯视图外部轮廓，如图 2.83 所示。

(4) 完成三视图剩余部分，标注尺寸。

2.6.4 实训项目

1. 实训目的

构造线在绘制三视图中的使用。

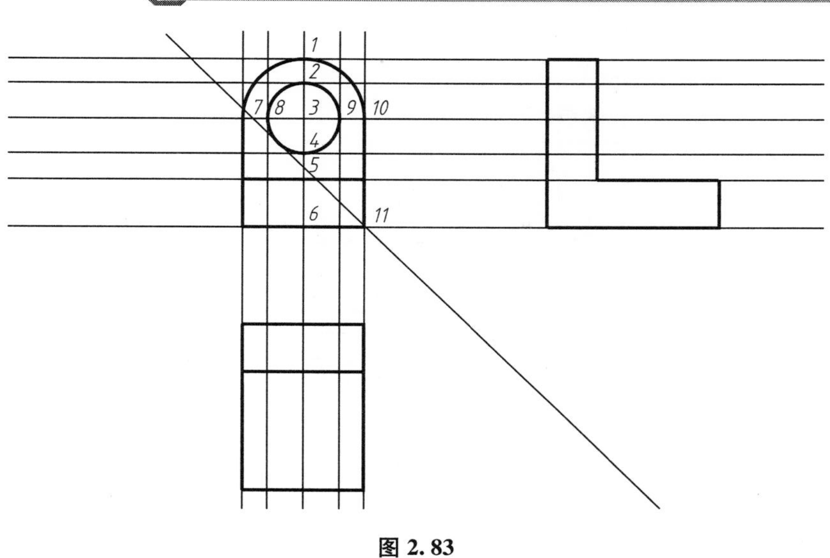

图 2.83

2. 实训内容

绘制图 2.84。

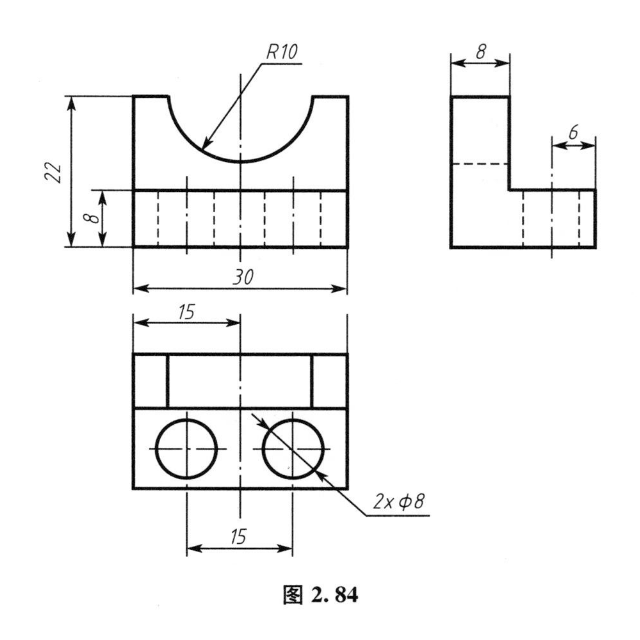

图 2.84

任务 2.7　偏　　移

2.7.1　任务描述

利用偏移，修剪命令绘制图 2.85。

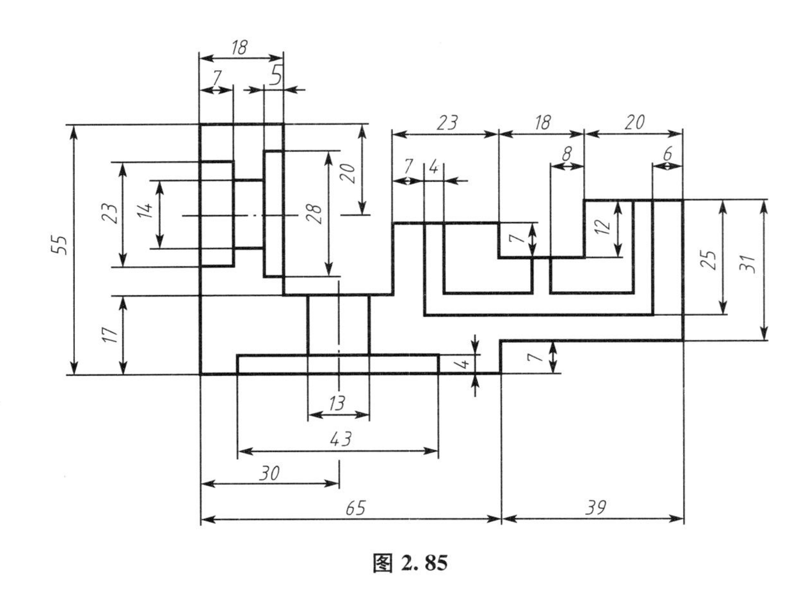

图 2.85

2.7.2 知识准备

(1) 功能。用于创建与选定对象有一定距离的平行对象，可以进行偏移操作的对象包括直线、圆弧、圆、椭圆、椭圆弧、多边形、二维多段线、构造线、射线、样条曲线等。图 2.86 所示为两段圆弧组成的多段线的偏移结果。

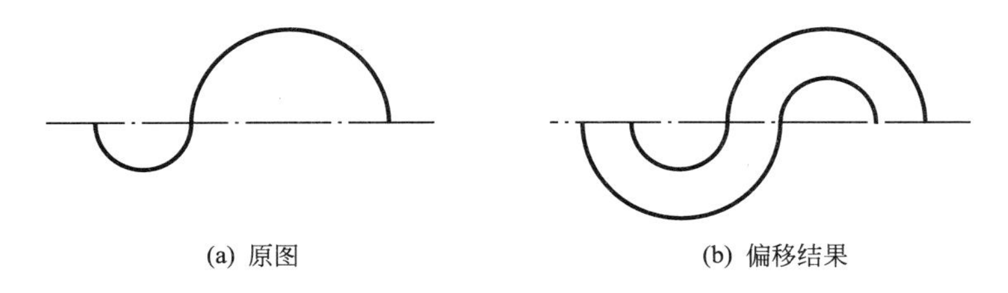

(a) 原图　　(b) 偏移结果

图 2.86　偏移效果

(2) 执行方式。

① 命令：offset。

② 菜单：单击"修改"→"偏移"命令。

③ 工具栏：单击"修改"→"偏移"按钮。

(3) 执行过程。

执行偏移命令，屏幕提示：

```
命令：offset↙
当前设置：删除源=否图层=源　OFFSETGAPTYPE=0
指定偏移距离或[通过(T)/删除(E)/图层(L)]<通过>：
```

提示中各选项的含义及其操作如下。

① 指定偏移距离：根据偏移距离偏移复制对象。选择该选项，系统提示：

选择要偏移的对象，或［退出(E)/放弃(U)］<退出>：(选择偏移对象，也可以按Enter键退出命令的执行)
指定要偏移的那一侧上的点，或［退出(E)/多个(M)/放弃(U)］<退出>：(在要复制到的一侧任意位置单击鼠标左键。“多个(M)”选项用于实现多次偏移复制；“退出(E)”选项用于结束命令的执行；“放弃(U)”选项用于取消上一次的偏移操作)
选择要偏移的对象，或［退出(E)/放弃(U)］↙(也可以继续选择对象进行偏移操作)

进行偏移操作时，需确定偏移的方向。

② 通过(T)：偏移复制后得到的对象通过指定的点。

③ 删除(E)：执行偏移命令后，删除源对象。

④ 图层(L)：确定将偏移对象创建在当前图层上，还是源对象所在的图层上。执行该选项，系统提示：

输入偏移对象的图层选项［当前(C)/源(S)］<源>：

注意：(1) 执行偏移命令，只能以直接拾取的方式选择对象，而且在一次偏移操作中只能选择一个对象。

(2) 偏移距离的值只能大于零。

(3) 不同对象的偏移结果不同，即：对圆弧进行偏移复制后，新圆弧与旧圆弧有相同的包含角，但长度不能；对圆或椭圆进行偏移复制后，新旧对象有同样的圆心，但半径或轴将发生变化；对线段、构造线、射线进行偏移复制，实际就是平行复制。

2.7.3　任务实施

(1) 绘制图形外部轮廓，如图 2.87 所示。

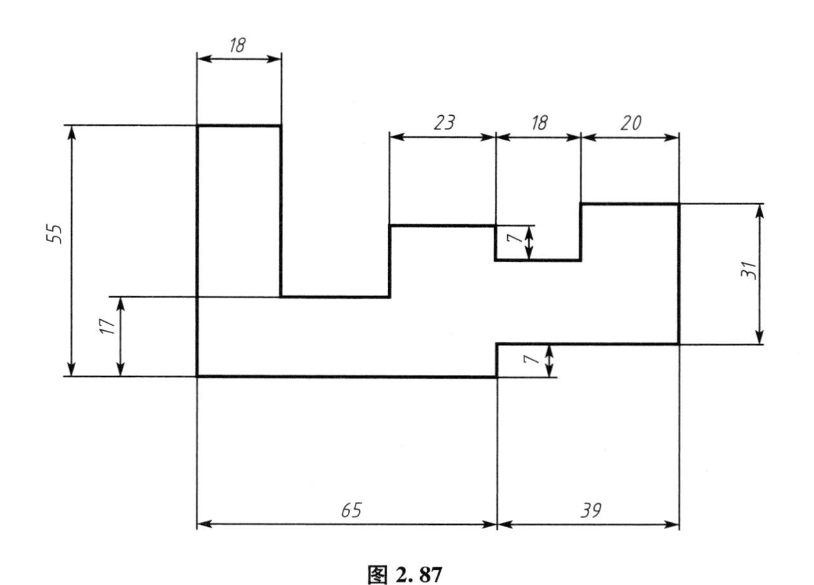

图 2.87

(2) 用偏移命令进行绘制，如图 2.88 所示。

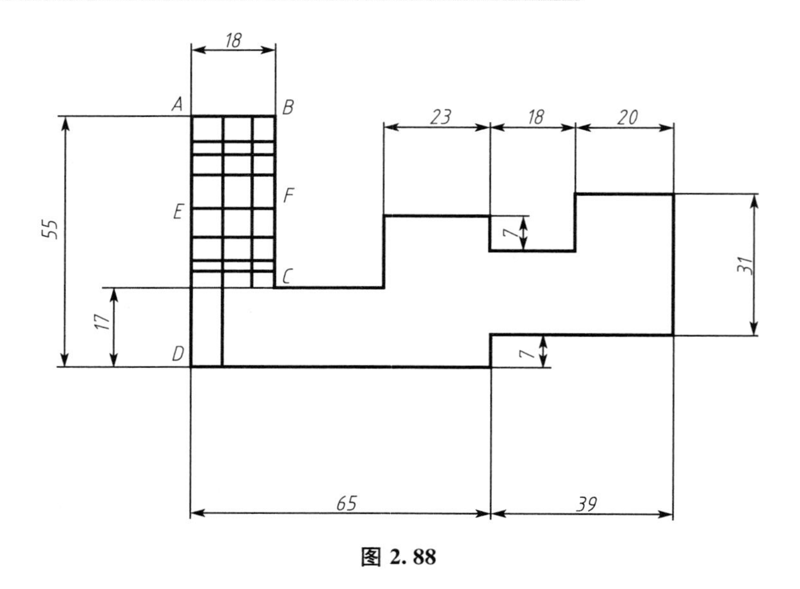

图 2.88

命令实施步骤如下。

① 向下偏移直线 AB，偏移距离为 20，得到直线 EF。
② 向右偏移直线 AD，偏移距离为 7。
③ 向左偏移直线 BC，偏移距离为 5。
④ 三次向上偏移直线 EF，偏移距离分别为 7、11.5、14。
⑤ 三次向下偏移直线 EF，偏移距离分别为 7、11.5、14。
⑥ 修剪得到图 2.89。

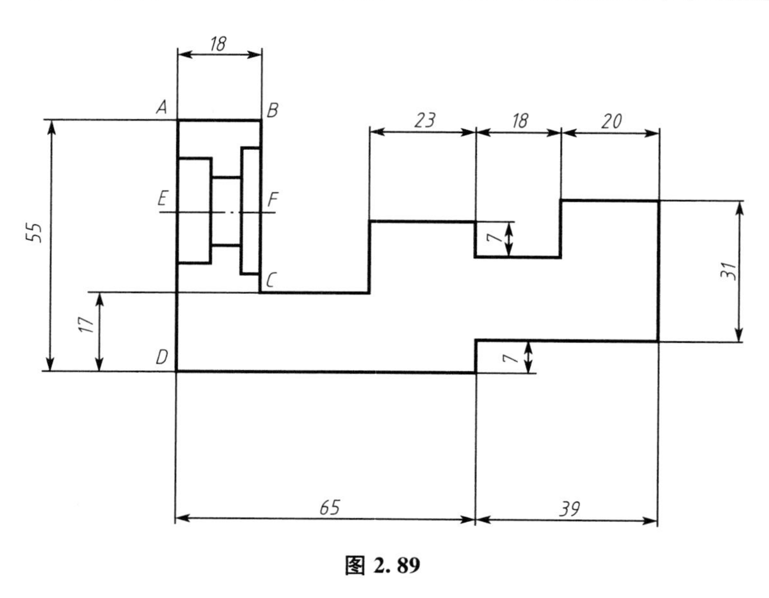

图 2.89

(3) 同理用偏移、修剪命令绘制图形中剩余部分，标注全图。

2.7.4　实训项目

1. 实训目的

掌握偏移命令的使用方法。

2. 实训内容

(1) 绘制图 2.90。

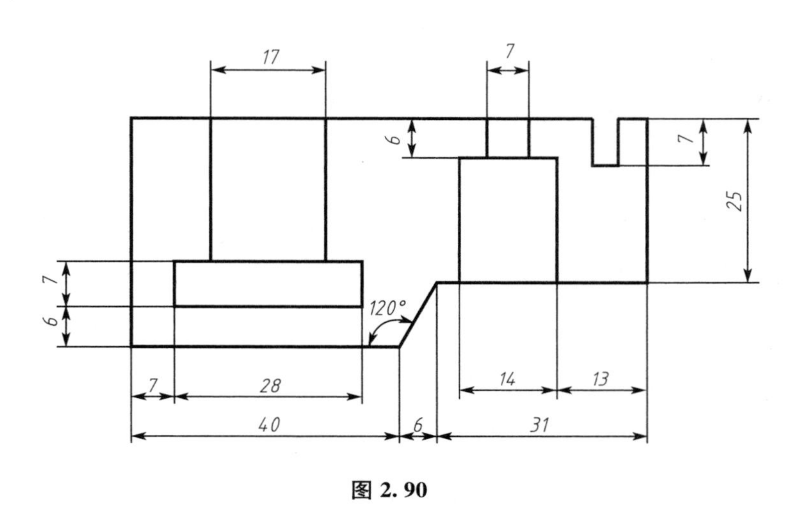

图 2.90

任务 2.8　阵　　列

2.8.1　任务描述

利用阵列命令绘制图 2.91。

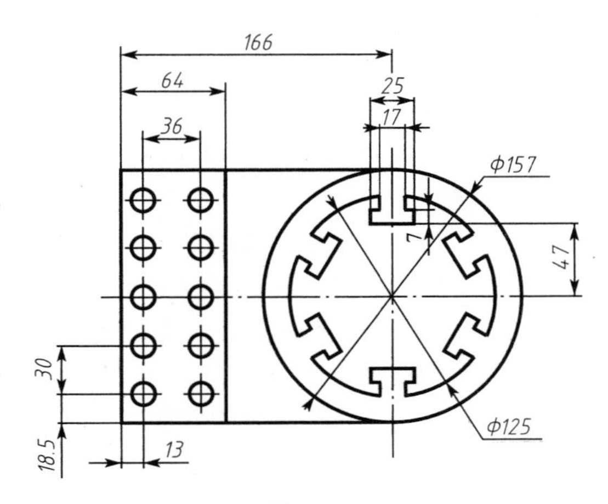

图 2.91

2.8.2　知识准备

创建以阵列模式排列的对象的副本。阵列的类型有三种：矩形阵列、环形阵列、路径阵列。

1) 矩形阵列

(1) 创建矩形阵列的步骤如下。

① 依次单击“常用”选项卡→“修改”面板→“矩形阵列”按钮。

② 选择要排列的对象，并按 Enter 键，将显示默认的矩形阵列，在阵列预览中，拖动夹点以调整间距及行数和列数，还可以在“阵列”上下文功能区中修改值。

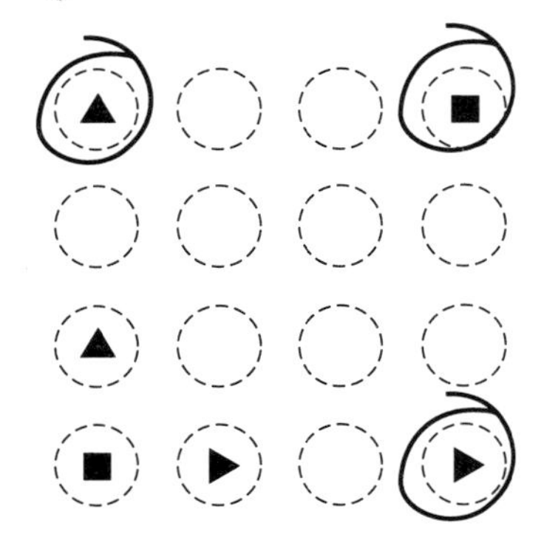

图 2.92

(2) 修改矩行阵列中项目数的步骤如下。

① 选择阵列。

② 拖动右上、左上或右下角的夹点以增加或减少行数、列数，如图 2.92 所示。

2) 环形阵列

(1) 创建矩形阵列的步骤如下。

① 依次单击“常用”选项卡→“修改”面板→“环形阵列”按钮。

② 选择要排列的对象。

③ 指定中心点，将显示预览阵列。

④ 输入 i(项目)，然后输入要排列的对象的数量。

⑤ 输入 a(角度)，并输入要填充的角度，还可以拖动箭头夹点来调整填充角度。

(2) 在环形阵列上切换对象旋转。如果环形阵列是关联的并且显示功能区，则使用此方法。此操作步骤控制对象是围绕中心点旋转还是保持其原始对齐。具体操作步骤如下。

① 选择阵列。

② 依次单击“阵列”上下文功能区 →“特性”面板 →“旋转项目”按钮。

(3) 修改环形阵列中项目之间的角度，操作步骤如下。

① 选择阵列。

② 单击“夹点间的角度”选项，在环形阵列第一行的第二个项目上显示夹点间的角度，仅当阵列中有三个或更多项目时才显示此夹点。

③ 移动光标以增加或减少项目间的角度，然后单击鼠标左键确定。

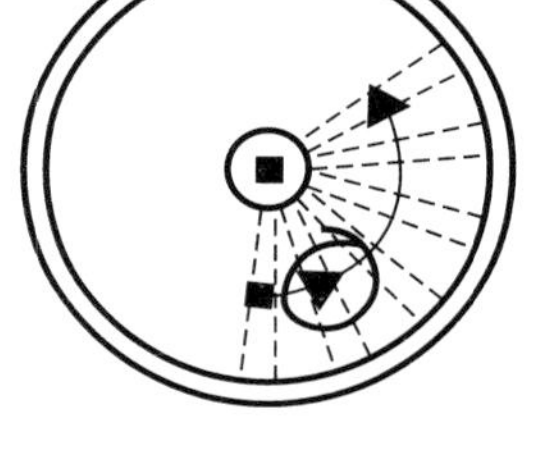
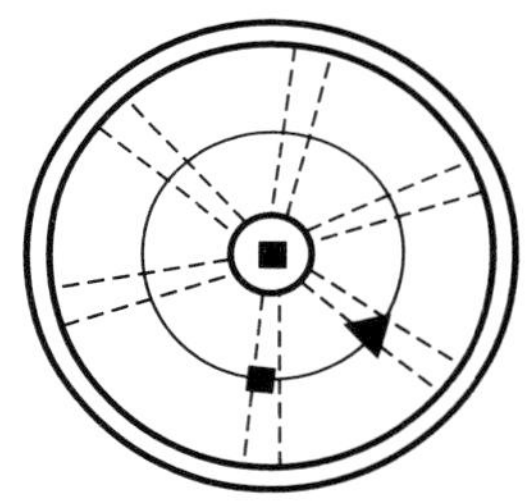

图 2.93

3) 路径阵列

(1) 创建路径阵列的步骤如下。

使用路径阵列的最简单的方法是先创建它们，然后使用功能区上的工具或“特性”窗口来进行调整。

① 依次单击“常用”选项卡→“修改”面板→“路径阵列”按钮。

② 选择要排列的对象，并按 Enter 键。

③ 选择某个对象(如直线、多段线、三维多段线、样条曲线、螺旋、圆弧、圆或椭圆)作为阵列的路径。

④ 指定沿路径分布对象的方法。

a. 沿整个路径长度均匀地分布项目，依次单击“阵列”上下文功能区→“特性”面板→“分割”按钮。

b. 以特定间隔分布对象，依次单击“阵列”上下文功能区→“特性”面板→“测量”按钮。

⑤ 沿路径移动光标以进行调整。

⑥ 按 Enter 键完成阵列。

(2) 指定在路径上排列的对象之间距离的步骤如下。

如果路径阵列是关联的并且显示功能区，则使用此方法。

① 单击阵列中的项目。

② 在“阵列”上下文功能区→“项目”面板→“项目间距”中，输入距离。

(3) 在路径长度更改后填充阵列中的对象（“特性”窗口）。

如果路径阵列是关联的并且显示“特性”窗口，则使用此方法。

① 单击阵列中的项目。

② 在“特性”窗口中的“其他”选项下，确保“方法”设置为“测量”。

③ 在“填充整个路径”框中，选择“是”按钮。

(4) 切换路径阵列中的对象对齐。

如果路径阵列是关联的并且显示功能区，则使用此方法。此选项确定阵列中的项目是否相互平行或沿路径对齐。

① 单击阵列中的项目。

② 依次单击“阵列”上下文功能区→“特性”面板→“对齐项目”按钮。

(5) 调整路径阵列中项目之间的距离。

① 单击阵列中的项目。

② 在“特性”窗口中，将“方法”特性设置为“测量”。

③ 单击“项目间距”夹点。在路径阵列第一行的第二个项目上显示项目间距夹点。仅当阵列中有三个或更多项目时才显示此夹点。

④ 沿路径移动光标以增加或减少项目间距，然后单击鼠标左键确定。

2.8.3 任务实施

(1) 绘制图形整体外部轮廓，如图 2.95 所示。

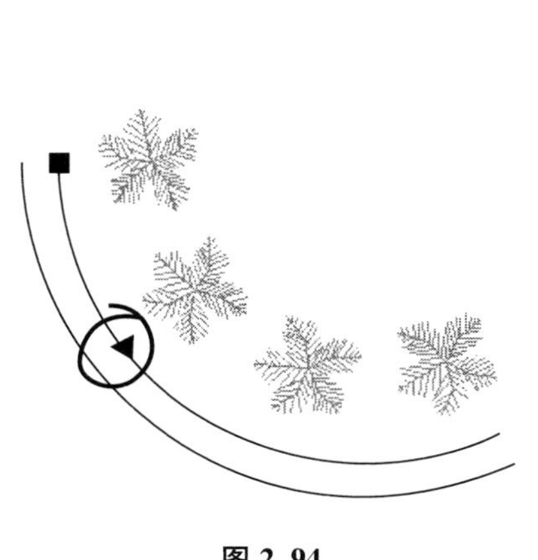

图 2.94

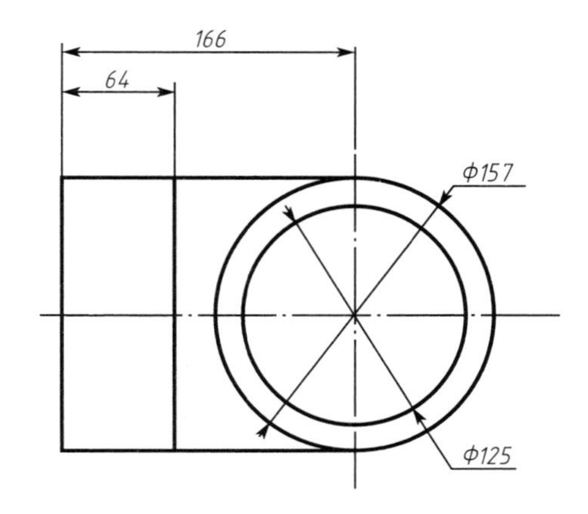

图 2.95

(2) 绘制图 2.96 (a) 部分，然后环形阵列，中心点选择 O 点，填充角度为 360°，项目数为 6，得到图 2.96 (b)。

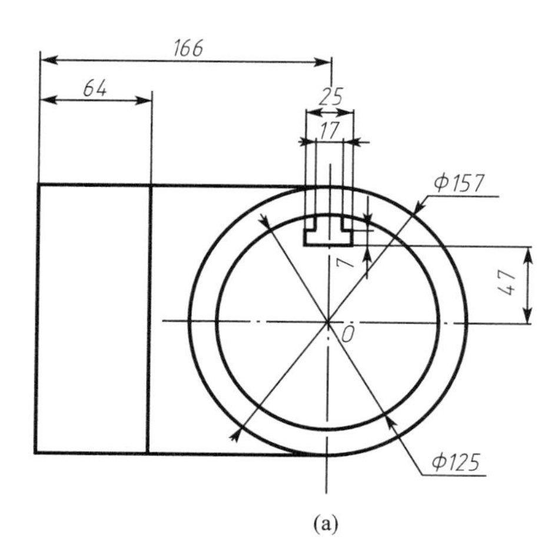

(a)

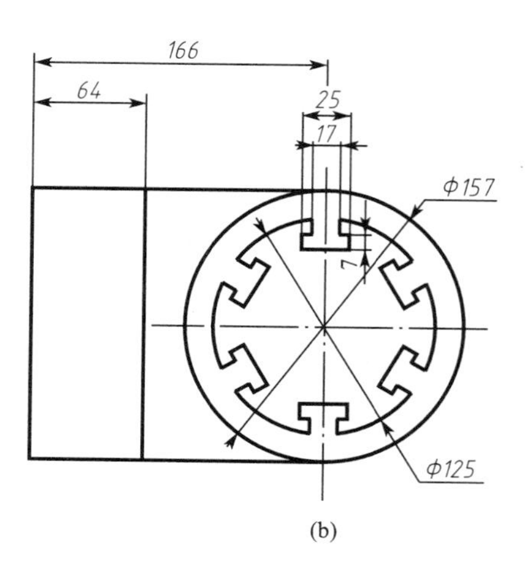

(b)

图 2.96

(3) 绘制图中半径为 7mm 的圆，如图 2.97 所示。然后对半径为 7 的圆矩形阵列，行数为 5，列数为 2，行间距为 30，列间距为 36，完成得到全图。

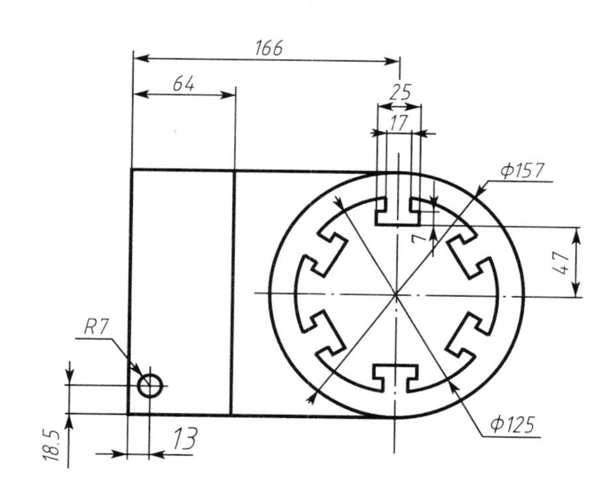

图 2.97

2.8.4 实训项目

1. 实训目的

阵列命令。

2. 实训内容

绘制图 2.98。

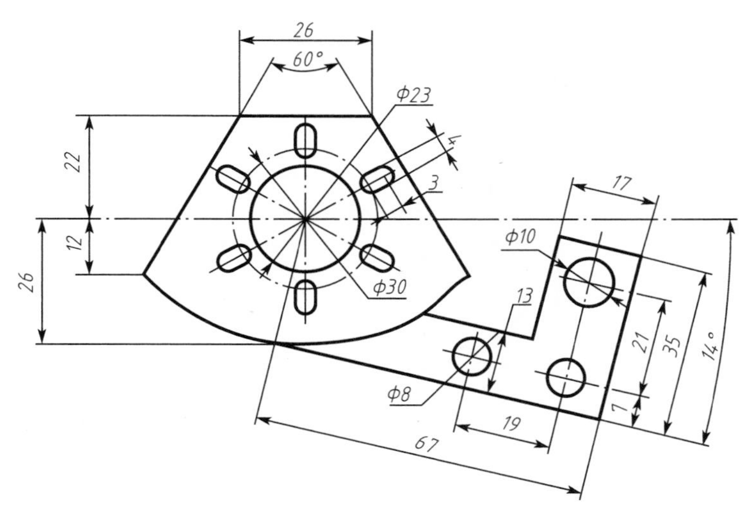

图 2.98

项目小结

1. AutoCAD 软件中有非常多的命令，如何才能掌握主要的命令，并且合理地运用呢？我们先来看看 AutoCAD 中有哪些命令？我们可以把它们分为几类：一是绘图类，二是编辑类，三是设置类，四是其他类，包括标注、视图等。

2. 绘图类命令是 AutoCAD 的基础部分，也是在实际应用当中用得最多的命令之一，因为任何一张无论如何复杂的二维图形，都是由一些点、线、圆、弧、椭圆等简单的图元组合而成的，为此 AutoCAD 系统提供了一系列画基本图元的命令，利用这些命令的组合并通过一些编辑命令的修改和补充，就可以很轻松、方便地完成我们所需的任何复杂的二维图形，当然如何快速、准确、灵活地绘制图形，关键在于是否熟练掌握并理解了绘图命令、编辑命令的使用方法和技巧。

3. 掌握了绘图命令之后，就可以进行二维绘图了，但还必须熟练地掌握基本的编辑类命令，才能提高绘图效率。其实，在二维绘图工作中，大量的工作需要编辑命令来完成。我们在绘制中，一般来说，能用编辑命令完成的，就不要用绘图命令完成。在 AutoCAD 软件的使用过程中，虽然一直说是画图，但实际上大部分都是在编辑图。因为编辑图元可以大量减少绘制图元不准确的概率，并且可以在一定程度上提高效率。

4. 绘图类常用的命令有：line 直线，xline 构造线(用来画辅助线)，mline 多线(在画墙线时常用到，也可自己定义使用其他线型)，pline 多段线，rectang 矩形，arc 圆弧，circle 圆，hatch 图案填充，block 定义块，insert 插入块。

5. 编辑类常用的命令有：erase 擦除，copy 复制，mirror 镜像，offset 平移，array 阵列，move 移动，rotate 旋转，scale 缩放，stretch 拉伸，lengthen 拉长，trim 裁减，extend 延伸，break 打断，fillet 倒圆角，align 对齐。

技 能 训 练

绘制图 2.99～图 2.120。

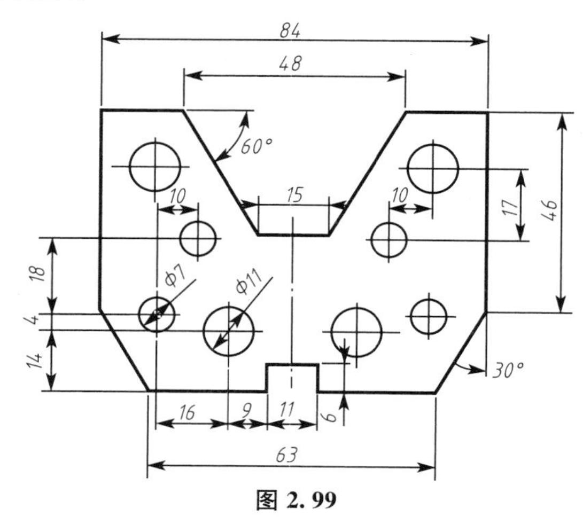

图 2.99

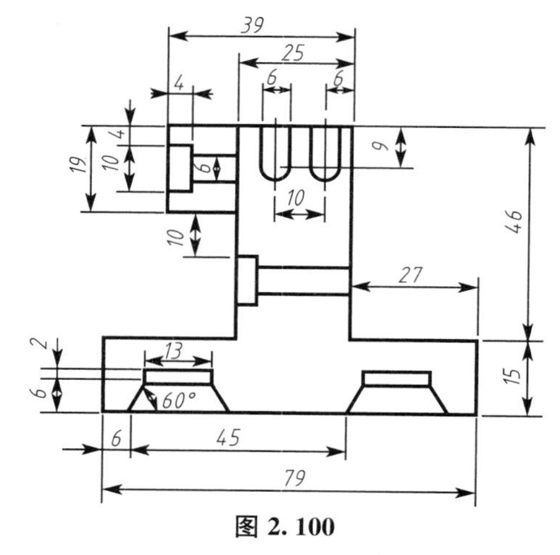

图 2.100

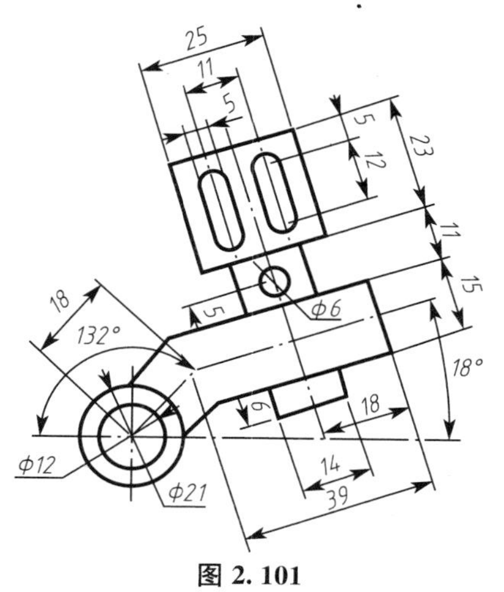

图 2.101

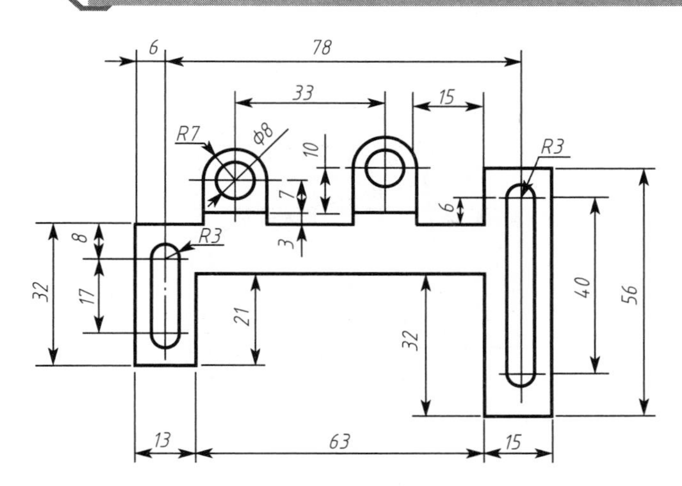

图 2. 102

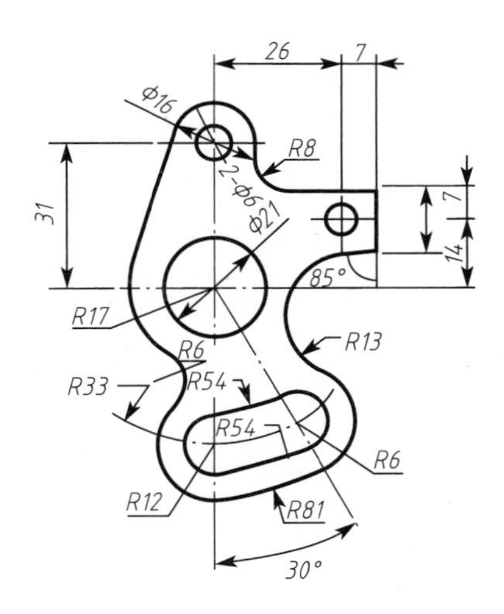

图 2. 103

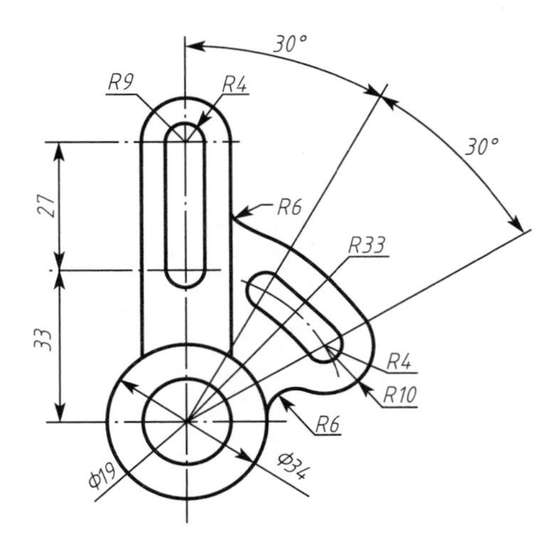

图 2. 104

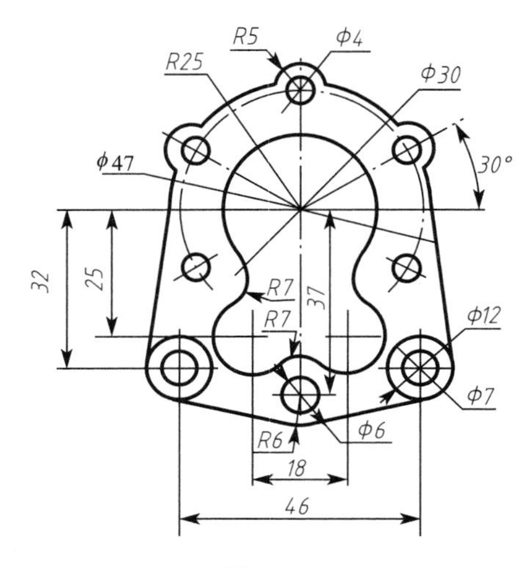

图 2.105

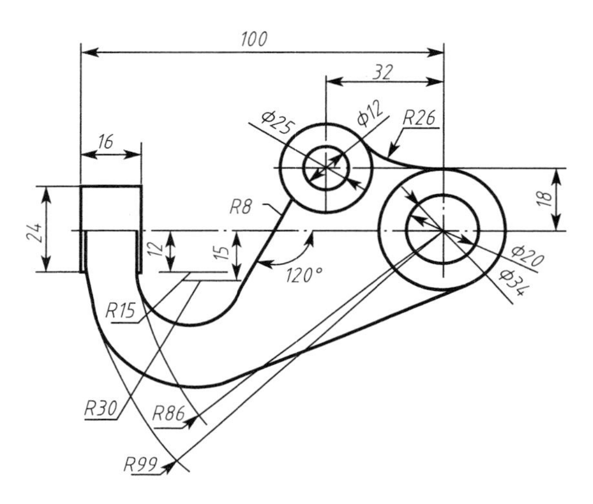

图 2.106

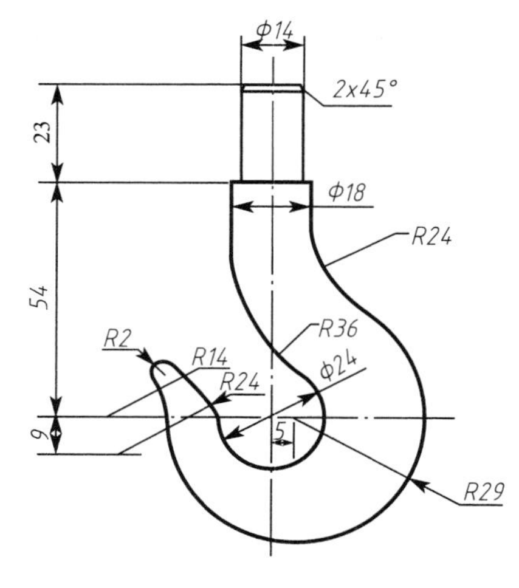

图 2.107

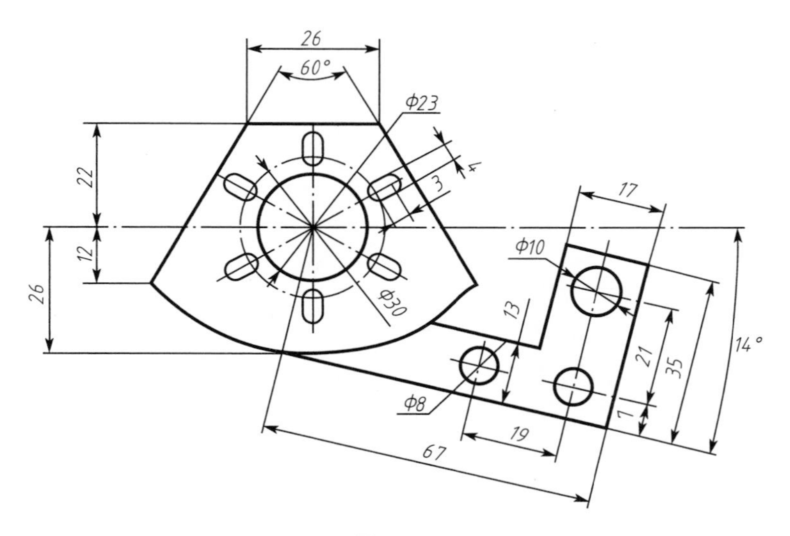

图 2.108

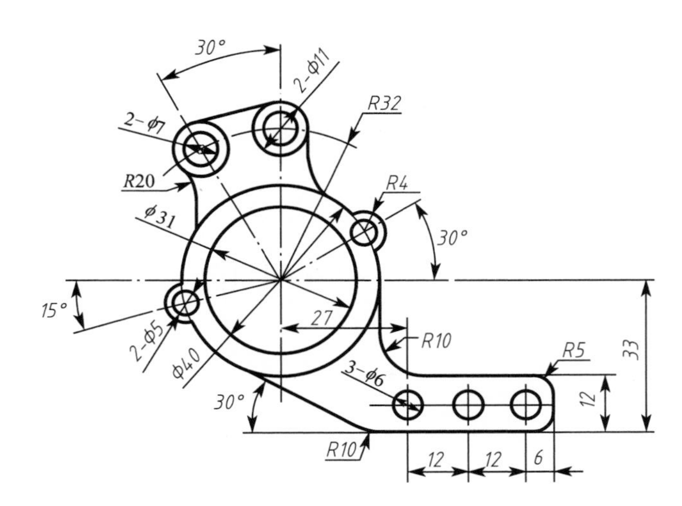

图 2.109

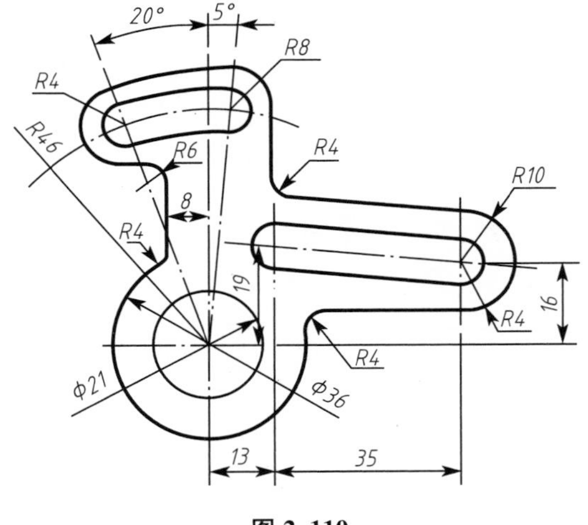

图 2.110

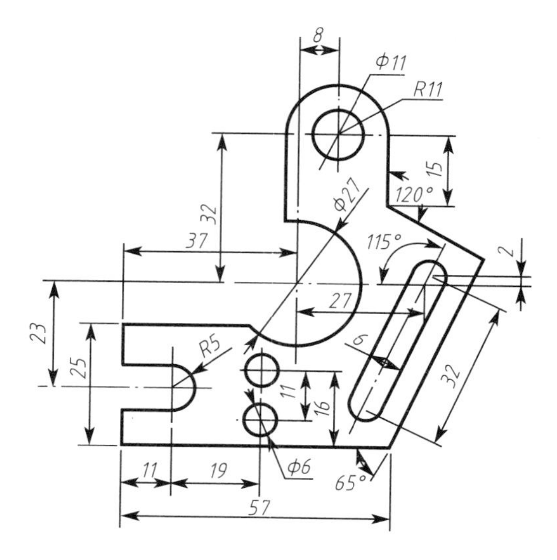

图 2.111

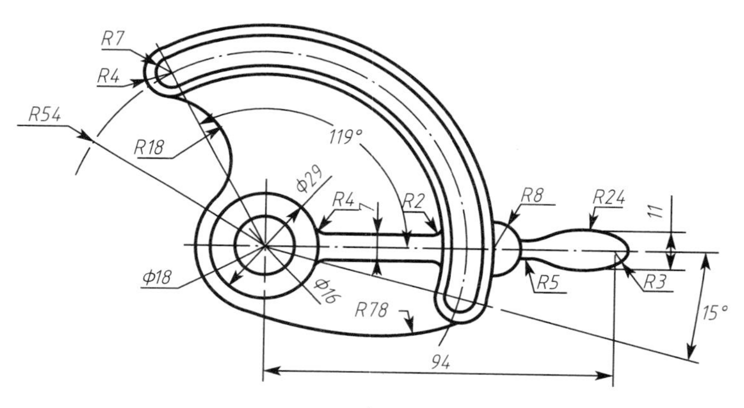

图 2.112

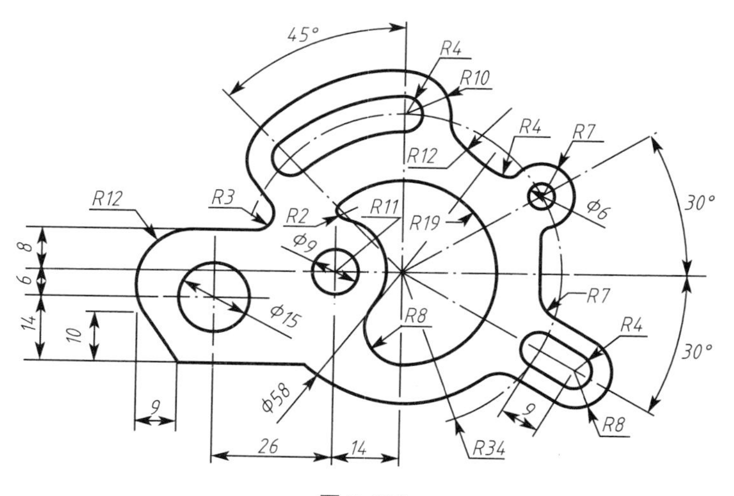

图 2.113

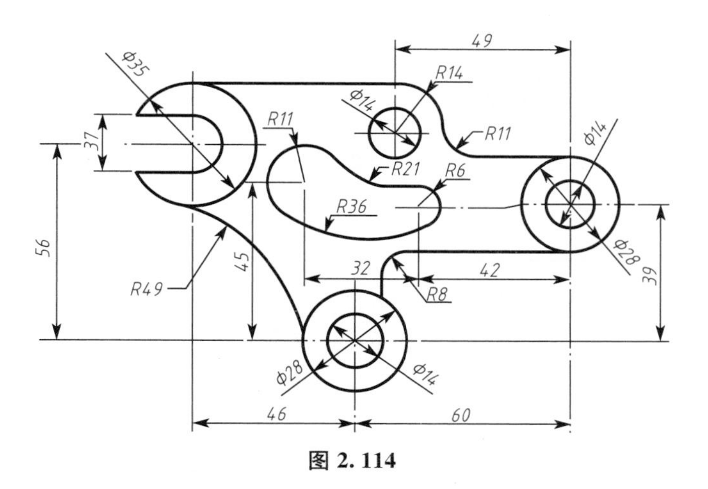

图 2. 114

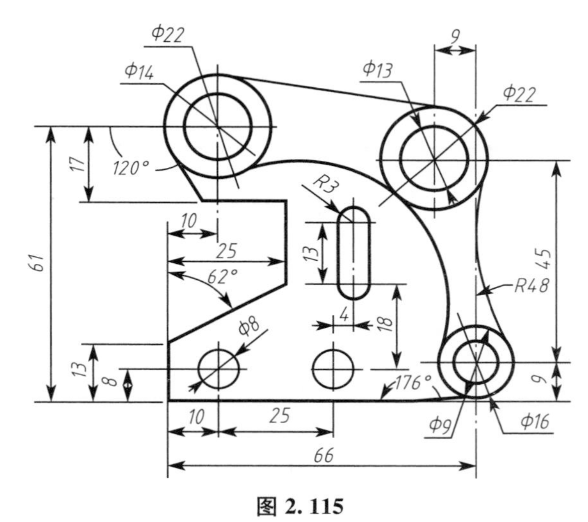

图 2. 115

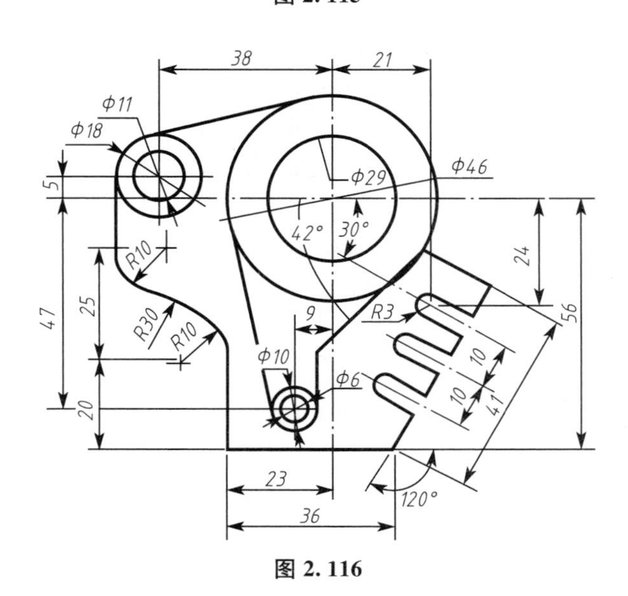

图 2. 116

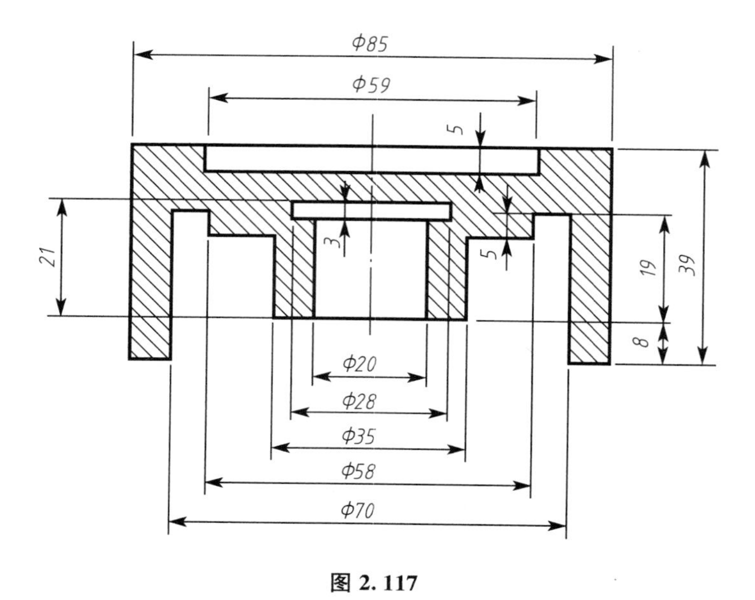
Φ85
Φ59
5
3
5
21
19
39
8
Φ20
Φ28
Φ35
Φ58
Φ70

图 2. 117

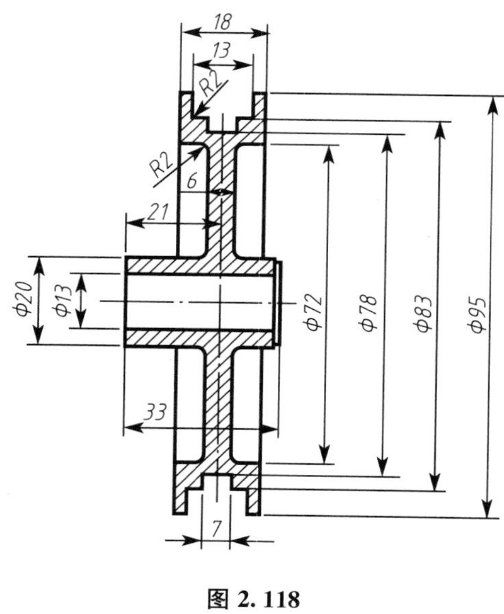
18
13
R2
R2
6
21
Φ20
Φ13
33
7
Φ72
Φ78
Φ83
Φ95

图 2. 118

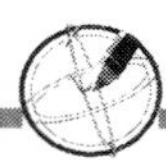

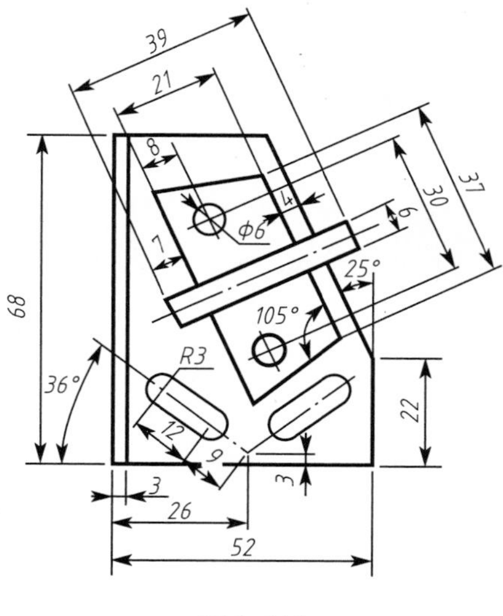
39
21
8
4
φ6
7
30
37
9
25°
105°
68
R3
36°
12
9
3
22
3
26
52

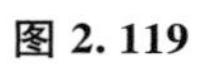

图 2. 119

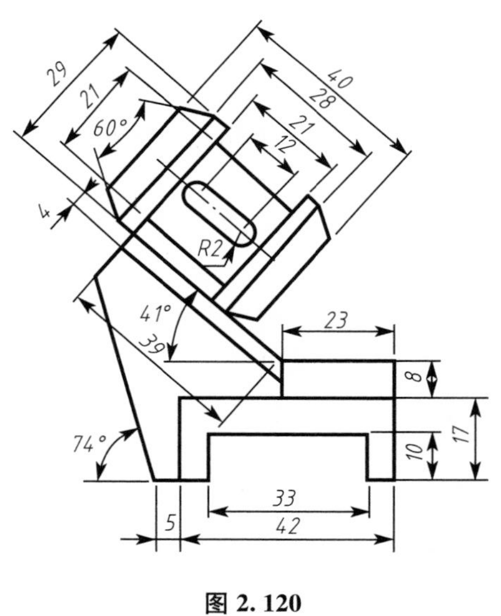
29
21
60°
40
28
21
12
4
R2
41°
39
23
8
17
10
74°
5
33
42

图 2. 120

项目3

文本输入、尺寸标注和块操作

知识目标

- 掌握文字样式的设置、文字书写和编辑的方法。
- 掌握表格创建和编辑的方法。
- 掌握尺寸样式设置和修改的方法。
- 掌握基本尺寸标注和编辑的方法。
- 掌握尺寸公差标注、几何公差标注和编辑的方法。
- 掌握创建块与定义属性块的方法及表面结构代号标注和基准符号标注的方法。

能力目标

- 熟练运用创建表格及文本输入的命令，创建标题栏和明细栏。
- 熟练运用尺寸标注的命令，能够顺利完成一般零件视图基本尺寸的标注。
- 熟练完成零件图中尺寸公差、符号的标注。

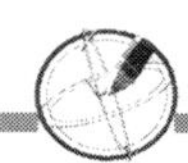

任务 3.1　表格绘制及文本输入

3.1.1　任务描述

绘制如图 3.1 所示的零件图标题栏，并填写标题栏内的文字，掌握文字样式设置、文字创建和编辑的方法，其中“齿轮轴”用 7 号长仿宋字，宽度因子为 0.7；其余字体为 gbenor.shx 和大字体 gbcbig.shx，字号为 3.5。

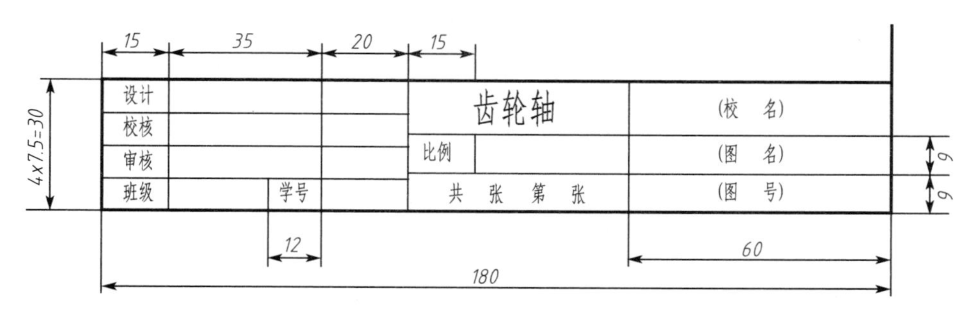

图 3.1　零件图标题栏

3.1.2　知识准备

1. AutoCAD 的字体要求

1）机械制图文字标准

（1）文字中的汉字应采用长仿宋体。字体的号数即为字体的高度 h，公称尺寸系列为 1.8mm、2.5mm、3.5mm、5mm、7mm、10mm、14mm、20mm。汉字字高 h 不应小于 3.5mm，宽度一般为字高的 2/3；尺寸标注的数字和字母，一般采用 3.5 号、5 号或 7 号字。

（2）数字和字母有直体和斜体两种。一般采用斜体，斜体字字头向右倾斜，与水平线约成 75°。在同一图样上，只允许选用一种形式的字体。

2）AutoCAD 的字体

（1）一般使用 AutoCAD 中的 SHX 字体和大字体，SHX 字体选择 gbeitc.shx，大字体选择 gbcbig.shx。该字体写出的汉字为直体字，英文和数字为斜体字。

（2）长仿宋体在 AutoCAD 中可用“仿宋 GB2312”，将宽度因子设为 0.7 来书写。

特 别 提 示

如果设置 SHX 字体选择 gbenor.shx，大字体选择 gbcbig.shx。该字体写出的英文和数字均为正体字。

2. 文字样式

在工程图样的绘制过程中，注写文字或标注尺寸前应设置所需的文字样式，在应用中选择所需样式。

1）启动“文字样式”命令的方法

（1）在命令行输入“style”或“st”，按Enter键。

（2）选择下拉菜单中的“格式”→“文字样式”命令。

（3）单击“样式”工具栏中的“文字样式”按钮。

2）“文字样式”对话框中选项说明

打开如图3.2所示的“文字样式”对话框，可在该对话框中新建文字样式，也可以修改或删除已有的文字样式。对话框中常用项说明如下。

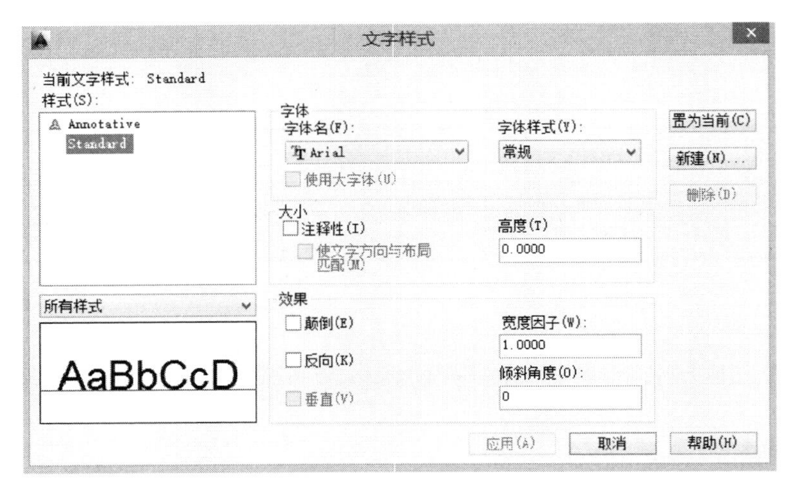

图3.2 “文字样式”对话框

（1）“样式”文本框：显示当前已有的文字样式，Standard为默认文字样式。

（2）“置为当前”按钮：可以将选择的文字样式置为当前文字样式。

（3）“新建”按钮：单击该按钮可出现如图3.3所示的“新建文字样式”对话框，在“样式名”文本框中输入新样式名。

（4）“删除”按钮：可以删除所选的文字样式，但默认文字样式和已经被使用的文字样式不能删除。

（5）“字体”选项组：可在“SHX字体”列表框中选取所需字形，当选中“使用大字体”复选框时，也可在“大字体”列表中选取所需字形。

（6）“大小”选项组：在“高度”文本框中输入所需的文字高度。

（7）“效果”选项组：宽度因子可设置字符的宽高比；倾斜角度可设置文字的倾斜角度。

（8）左下角“预览”区：可以预览设置的文字样式效果。

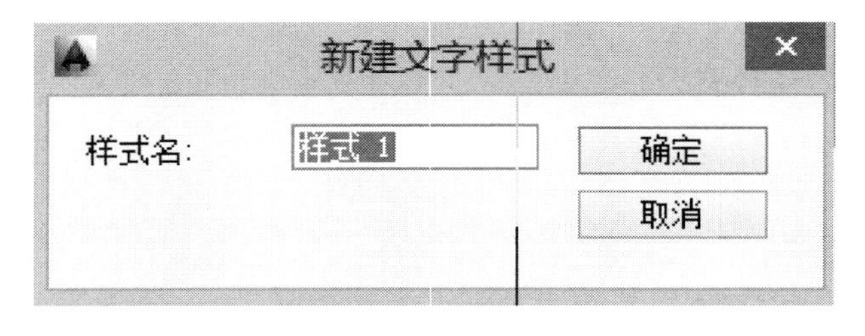

图3.3 “新建文字样式”对话框

特别提示

如果在“文字样式”的“高度”项中设置了字高数值，在“标注样式”中使用这种文字样式时对字高为固定的设置值，不可再设置。若使用默认值为0，则在“标注样式”中使用此文字样式时可根据绘图需要调整文字高度。

3. 多行文字

AutoCAD提供了两种创建文字的方法：单行文字和多行文字。由于多行文字编辑性更强，因此建议采用多行文字来创建文字。

1）启动“多行文字”命令的方法

（1）在命令行输入“mtext”或“mt”，按Enter键。

（2）选择下拉菜单中的“绘图”→“文字”→“多行文字”命令。

（3）单击“绘图”或“文字”工具栏中的“多行文字”按钮A。

2）功能

可使用多行文字来创建单行文字、多行文字或段落，所有文字为一个整体，可对其进行复制、旋转等操作。在机械图样中常用多行文字来创建标题栏、明细表内的文字、文字说明和技术要求等。

3）多行文字编辑器

（1）启动“多行文字”命令，命令行操作显示如下。

命令：_ mtext
当前文字样式：“Standard”；文字高度：3.5；注释性：否
指定第一点：（指定多行文字矩形边界框的第一个角点）
指定对角点或[高度(H)/对正(J)/行距(L)/旋转(R)/样式(S)/宽度(W)/栏(C)]：（指定多行文字矩形边界框的第二个角点）

确定多行文字矩形边界框，该边界宽度即为段落文本的宽度。

（2）弹出如图3.4所示的多行文字编辑器，它由多行文字编辑框和“文字格式”工具栏组成。在多行文字编辑框中输入文字，选择文字，可在“文字格式”工具栏中选择文字样式，修改文字高度、宽度等。

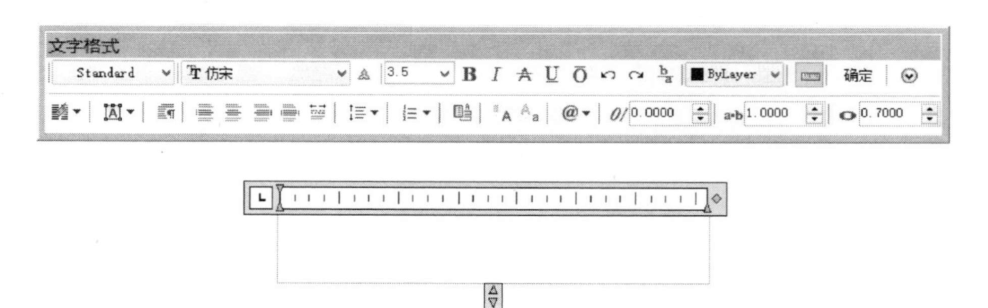

图3.4 多行文字编辑器

(3) 常用图标选项说明。

①“样式”列表框 Standard ：用来选择文字样式。

②“多行文字对正”按钮：可选择文字的排列方式。

③“段落”按钮：设置文本段落格式。

④“行距”按钮：设置行与行之间的距离。

⑤“符号”按钮@：可选择需要的符号，如角度、直径、正/负号、度数等。

⑥“宽度因子”文字框 0.7000 ：设置字符的宽高比。

⑦“堆叠”按钮：堆叠文字(垂直对齐的文字和分数)，常用于分数和公差格式的创建，创建时先输入要堆叠的文字，然后在其间用符号“/”(以水平线分隔文字)“^”(垂直堆叠文字，不用直线分隔)“#”(以对角线分隔文字)等符号隔开。

举例说明：要创建如图3.5所示的堆叠文字，操作步骤如下。

① 分别在“多行文字编辑框”中输入“4/5”“13#59”“A 空格^2”“φ50 +0.012^—0.015”；

② 将光标置于要堆叠的文字前，选中要堆叠的文字“4/5”“13#59”“空格^2”“+0.012^— 0.015”，再单击“堆叠”按钮完成堆叠文字的创建。

(a) (b) (c) (d)

图3.5 堆叠文字

4) 编辑多行文字

(1) 启动“编辑多行文字”命令的方法。

① 双击文字。

② 在命令行输入“ddedit”或“ed”，按 Enter 键。

③ 选择下拉菜单中的“修改”→“对象”→“文字”→“编辑”命令。

④ 单击“文字”工具栏中的“编辑”按钮。

(2) 功能。可对已书写的文字进行如内容修改、文字格式、属性的编辑等操作。启动“编辑多行文字”后将会弹出多行文字编辑器。

3.1.3 任务实施

步骤1：按项目1的任务4设置图层。

步骤2：启动“直线”“偏移”“修剪”等命令按尺寸绘制标题栏框线，其中标题栏外框线在“粗实线层”图层上绘制，其余线在“细实线层”图层上绘制，结果如图3.6所示。

步骤3：设置两种文字样式，“长仿宋体”文字格式选用7号长仿宋体即“T 仿宋”，宽度因子为0.7；“机械”选用 gbenor.shx 和大字体 gbcbig.shx ，字号为3.5 。设置“长仿宋体”文字样式，操作步骤如下。

① 在“文字样式”对话框中新建“长仿宋体”文字样式。

② 在“文字样式”对话框中设置“长仿宋体”文字样式，选择字体名为“T 仿宋”，

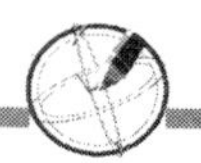

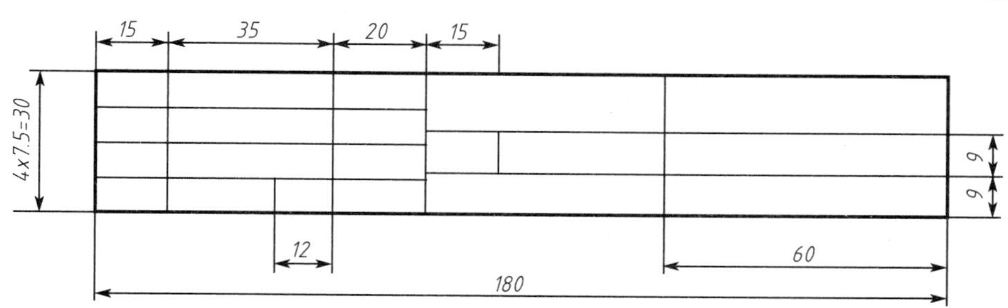

图 3.6 标题栏框线

高度设置为 7，宽度因子设置为 0.7 ，对话框如图 3.7 所示，单击“应用”按钮完成设置。

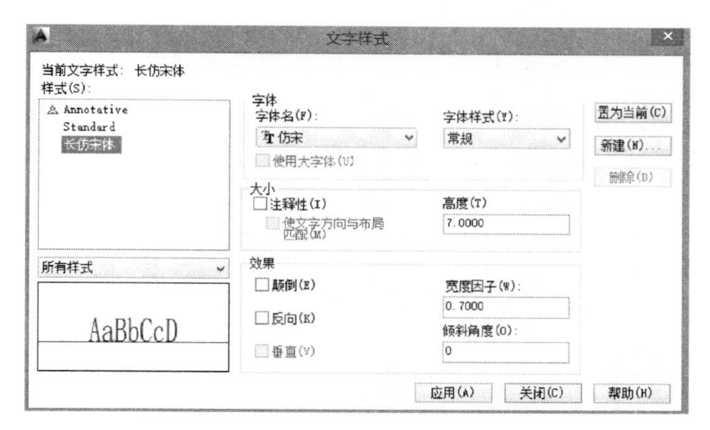

图 3.7 设置“长仿宋体”文字样式

③ 同理，新建“机械”文字样式，按要求完成设置，如图 3.8 所示。

图 3.8 设置“机械”文字样式

步骤 4：书写标题栏内文字，操作步骤如下。

① 书写“设计”文字，启动“多行文字”命令，分别以图 3.9 所示 1、2 点为多行文字矩形边界框的左上角和右下角点。

② 弹出多行文字编辑器，在“样式”下拉菜单中选择“机械”文字格式，在“多行

文字对正”下拉菜单中选择“正中”。

③ 在多行文字编辑框中输入文字“设计”，如图 3.10 所示，单击“确定”按钮，完成文字书写。

同理完成其他文字的书写。

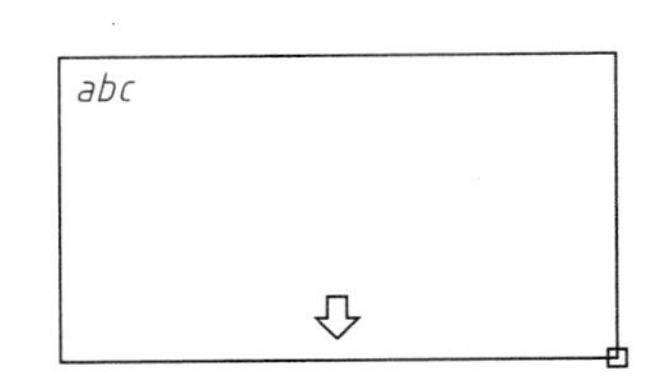

图3.9 “设计”文字矩形边界框

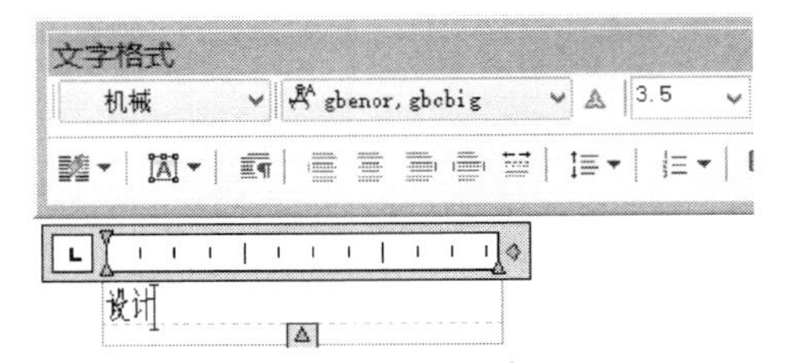

图 3.10 “设计”文字编辑

对同宽度的文字，如“审核”与“制图”，可以将书写好的“制图”文字复制到“审核”所在标题栏的位置，再启动“编辑多行文字”命令，在“多行文字编辑框”中修改文字即可。

模数 m		1.5000
齿数 z		36
齿形角 α		20°
精度等级		6FL
齿圈径向跳动 F		0.0580
公法线长度公差 F_W		0.0300
基节极限偏差 f_{pb}		0.0160
齿形公差 f_f		±0.011
公法线检验	长度	15.8900
	允许公差	$^{-0.089}_{-0.136}$
跨齿数		4

图 3.11 圆柱齿轮几何参数表

3.1.4 任务扩展

1. 任务描述

绘制如图 3.11 所示的圆柱齿轮几何参数表并书写文字，掌握表格创建和编辑的方法，其中表格行距为 7；列距分别为 20、15、15；字体为 gbeite. shx 和大字体 gbebig. shx；字号为 3.5。

2. 知识准备

1）创建表格样式

（1）启动“表格样式”命令的方法。

① 在命令行输入“tablestyle”或“ts”，按 Enter 键。

② 选择下拉菜单中的“格式”→“表格样式”命令。

③ 单击“样式”工具栏中的“表格样式”按钮。

（2）“表格样式”对话框选项说明。

启动“表格样式”命令后，系统弹出如图 3.12 所示的“表格样式”对话框，可在该对话框中新建表格样式，也可以修改或删除已有的表格样式。对话框中常用项说明如下。

①“样式”文本框：显示当前已有的表格样式，Standard 为默认表格样式。

②“置为当前”按钮：可以将选择的表格样式置为当前表格样式。

③“删除”按钮：可以删除所选的表格样式，但默认表格样式和已经被使用的表格样式不能删除。

④“新建”按钮：单击该按钮可出现图 3.13 所示的“创建新的表格样式”对话框，在“新样式名”文本框中输入新样式名，单击“继续”按钮打开如图 3.14 所示的“新建表格样式”对话框。

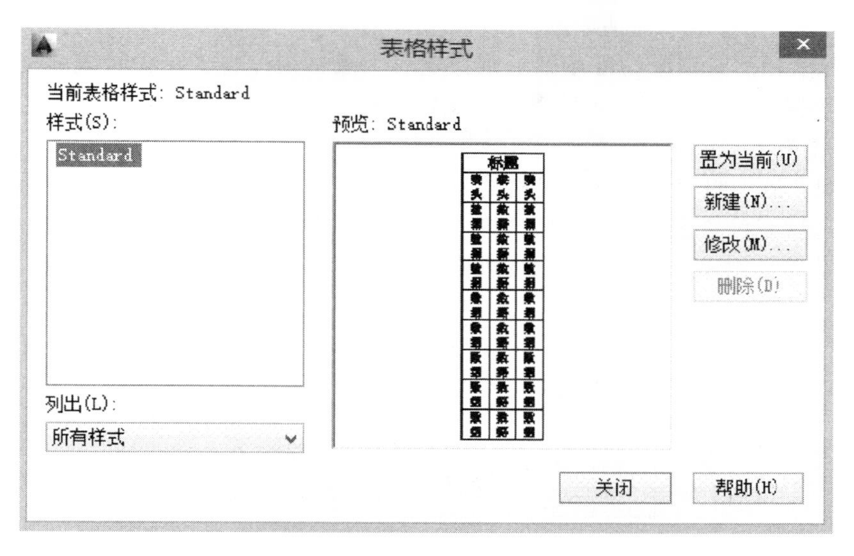

图 3.12　“表格样式”对话框

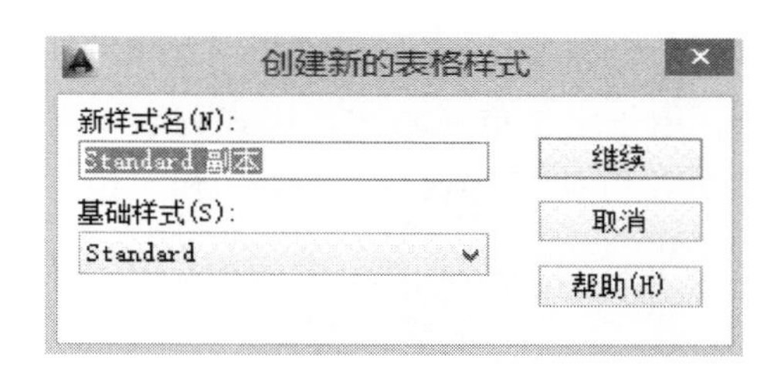

图 3.13　“创建新的表格样式”对话框

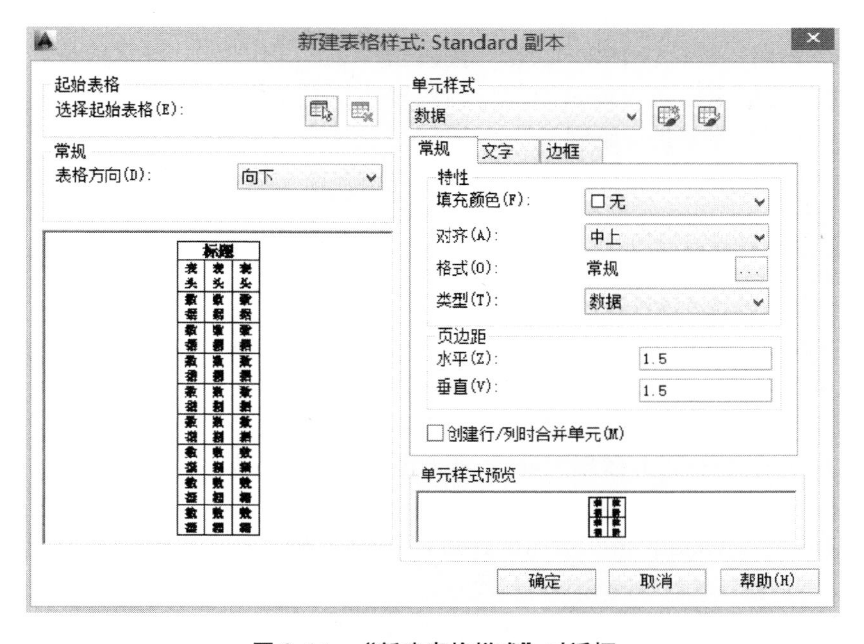

图 3.14　“新建表格样式”对话框

(3)“新建表格样式”对话框选项说明。

①“起始表格”选项组。可在图形中指定一个表格用作样例来设置表格样式的格式。单击“选择表格”按钮后进入绘图区内选择已有表格，可复制该表格的格式作为设置此表格样式的格式。

②“常规”选项组。用于改变表格的方向，可在“表格方向”列表框中选择“向上”或“向下”选项来设置表格方向，若选择“向上”选项将创建由下向上读取的表格，若选择“向下”选项将创建由上而下读取的表格，如图 3.15 所示为两种表格方向。

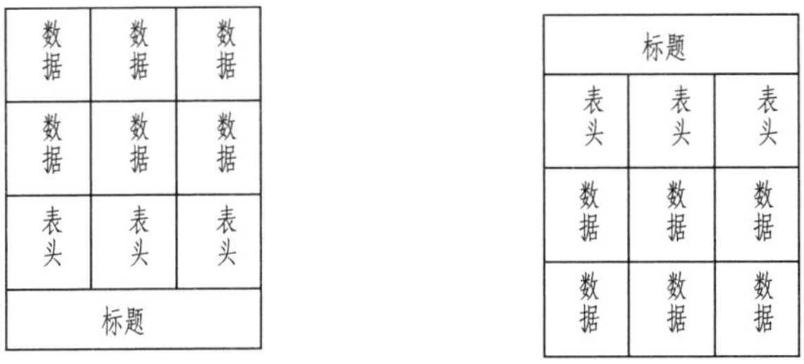

数据	数据	数据
数据	数据	数据
表头	表头	表头
标题		

标题		
表头	表头	表头
数据	数据	数据
数据	数据	数据

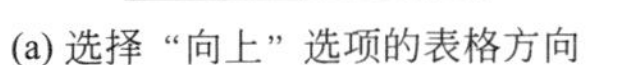

(a) 选择“向上”选项的表格方向　　(b) 选择“向下”选项的表格方向

图 3.15　表格方向

③“单元样式”选项组。用于定义单元格式。样式列表中默认有标题、表头和数据三种单元样式，选择单元样式后，可在“常规”“文字”和“边框”三个选项卡中设置相应格式。

2) 创建表格

(1) 启动“表格”命令的方法。

① 在命令行输入“table”，按 Enter 键。

② 选择下拉菜单中的“绘图”→“表格”命令。

③ 单击“绘图”工具栏中的“表格”按钮。

(2) 功能。表格主要用来展示图形相关的参数信息等，机械图样中的标题栏、明细表、参数表等可以用表格进行绘制。

(3)“插入表格”对话框选项说明。启动“表格”命令后，系统弹出如图 3.16 所示的“插入表格”对话框，对话框中各选项组说明如下。

①“表格样式”选项组。可以选择已有的表格样式，也可在单击“表格样式”按钮，启动“表格样式”对话框。

②“插入选项”选项组。

a. 从空表格开始：创建可以手动填充数据的空表格。

b. 自数据连接：从外部电子表格中的数据创建表格。

c. 自图形中的对象数据(数据提取)：从外图形中提取数据来创建表格。

③“插入方式”选项组。

a. 指定插入点：指定表格左上角的位置，若表格方向为“向上”时，则插入点是位于左下角点。

b. 指定窗口：指定表格的大小和位置，选定此项时，行数、列数、列宽和行高取决于窗口的大小及列和行设置。

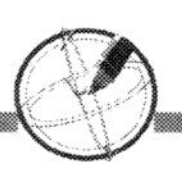

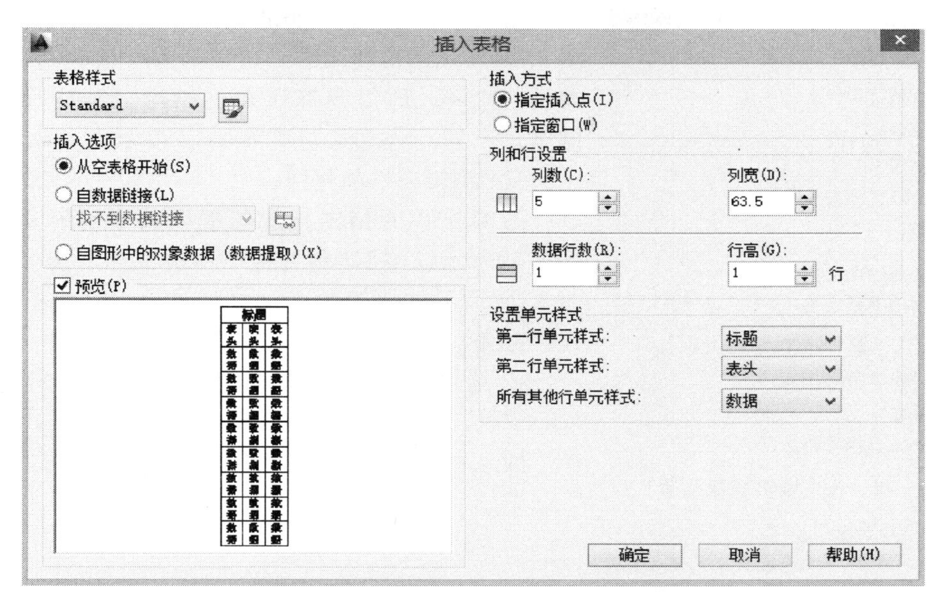

图 3.16　“插入表格”对话框

④“列和行设置”选项组。可以设置列数、列宽、数据行数和行高数值。

⑤“设置单元样式”选项组。可以设置第一行单元样式、第二行单元样式和所有其他行单元样式中的标题、表头和数据三种单元样式。

3）编辑表格

创建好表格后，还可以根据需要对表格及其单元格进行编辑操作。

（1）编辑表格。

① 单击表格任意框线或用窗口选取方式可选中整个表格，表格四周会出现许多夹点，如图 3.17 所示。

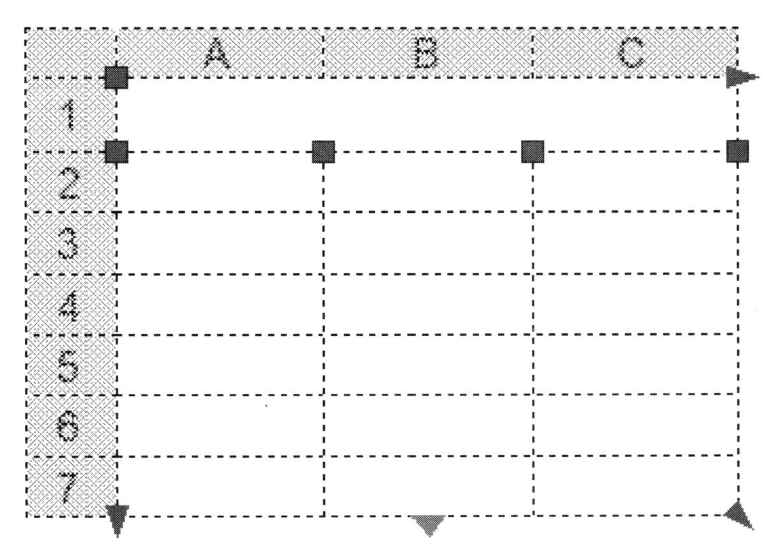

图 3.17　编辑表格的夹点功能

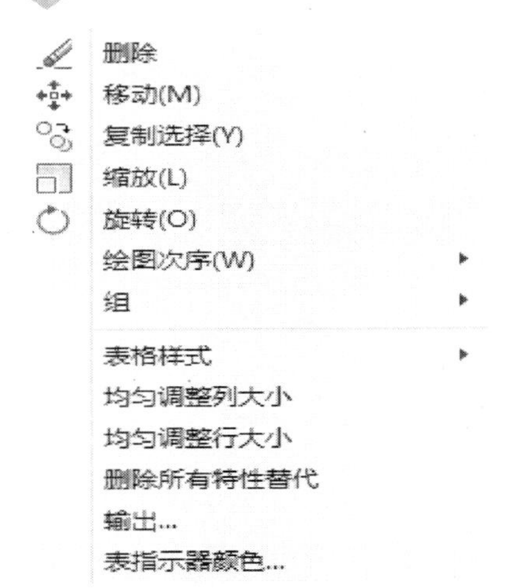

图 3.18　表格编辑快捷菜单

② 选中表格，单击鼠标右键，将弹出如图 3.18 所示的快捷菜单，可以对整个表格进行删除、缩放、选择、均匀调整列大小和均匀调整行大小等操作。

(2) 编辑表格单元格。

① 单击单元格内任意位置可选中该单元格，如图 3.19所示选中 B4 单元格，单击鼠标右键，弹出如图 3.20 所示的快捷菜单，可以对单元格进行单元样式、对齐、边框等编辑。

② 选中单元格或多个单元格，可以出现如图 3.21 所示的“表格”工具栏，可以在该工具栏中选择“插入行”“插入列”“单元边框”“合并单元格”等选项。

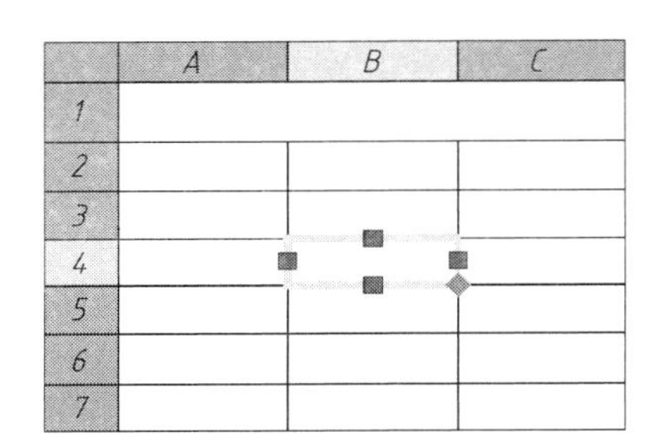

图 3.19　选中 B4 单元格

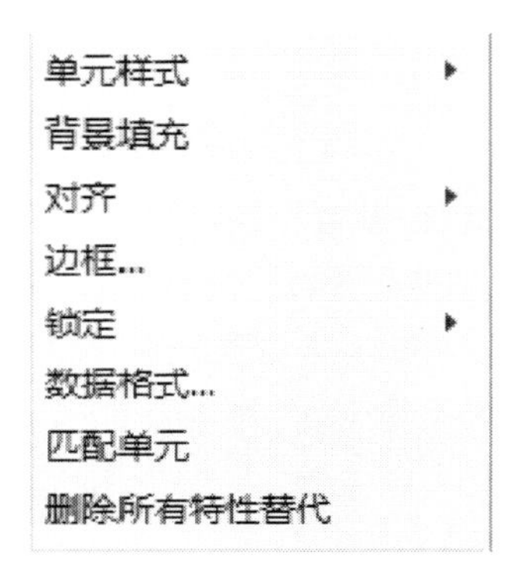

图 3.20　单元格编辑快捷菜单

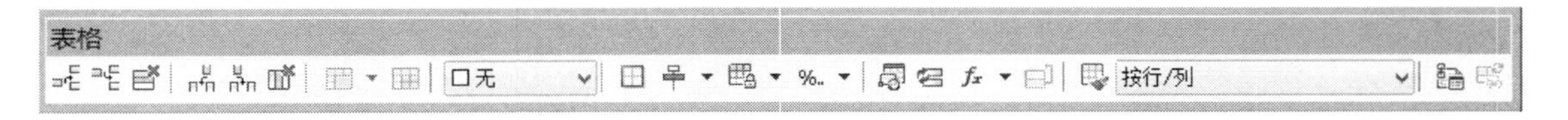

图 3.21　“表格”工具栏

注意：选择多个单元格的方法是按鼠标左键并在要选择的单元格上拖动。

③ 选中单元格，在“标准”工具栏中单击“特性”按钮，打开如图 3.22 所示的表格特性表，可以在“单元高度”选项里设置表格的行高、列宽等。

(3) 书写及编辑单元格内容。

① 书写单元格内容。

a. 双击单元格内任意位置可在该单元格输入文字，这时出现“文字格式”工具栏，如图 3.23 所示，可在“文字格式”工具栏中选择文字样式、修改文字高度或宽度等。

b. 当单元格宽度不够时，文字会自动换行，行高会随之调整。

c. 要移至其他单元格输入文字时可按 Tab 键或“上”“下”“左”“右”四个方向键来选中单元格。

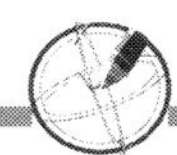

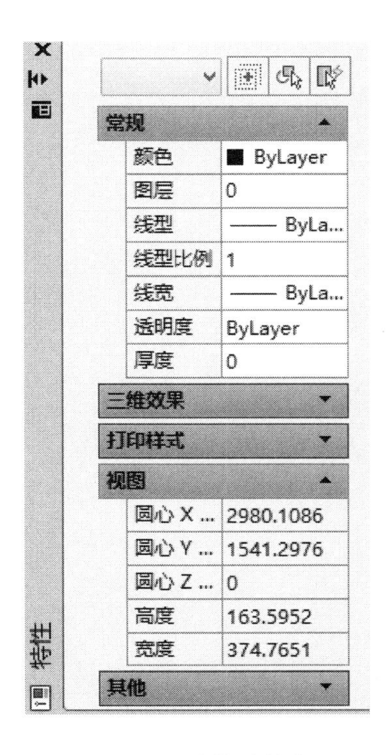

图 3.22　表格特性表

图 3.23　书写单元格内容

② 编辑单元格内容。双击单元格内任意位置激活单元格，可对已输入文字进行修改操作。

3. 任务实施

步骤 1：打开“文字样式”对话框，新建“机械样式”，选用 gbeitc. shx 和大字体 gbchbig. shx，字号为 3.5。

步骤 2：打开“表格样式”对话框，新建“几何参数表”表格样式。在弹出的新建表格样式“几何参数表”对话框中：在“常规”选项卡中设置对齐方式为“正中”，页边距水平和垂直均为 1，如图 3.24(a)所示；在“文字”选项卡中选择“机械样式”为文字样式，如图 3.24(b)所示。单击“确定”按钮，返回“表格样式”对话框，将“几何参数表”置为当前样式。

步骤 3：启动“表格”命令，设置“插入表格”对话框，如图 3.25 所示。选中“指定插入点”单选按钮；将列数、列宽、数据行数和行高分别设为 3、15、10(因表格带有标题行和表头行)和 1；第一行单元样式、第二行单元样式和所有其他行单元样式都选择数据单元样式；单击“确定”按钮后在绘图区内选取插入点，则插入如图 3.26 所示的 12 行 3 列的表格。

步骤 4：设置表格宽度和高度。选中第一列所有单元格，打开特性表，设置单元宽度和单元高度分别为 20 和 7，如图 3.27 所示。

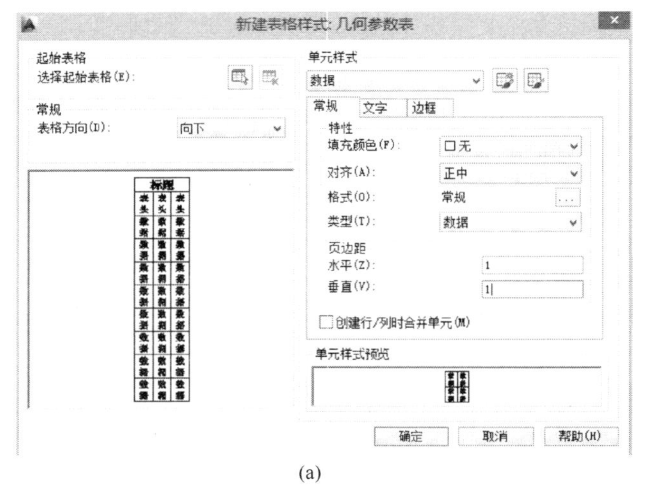

(a)

(b)

图 3.24　创建“几何参数表”表格样式

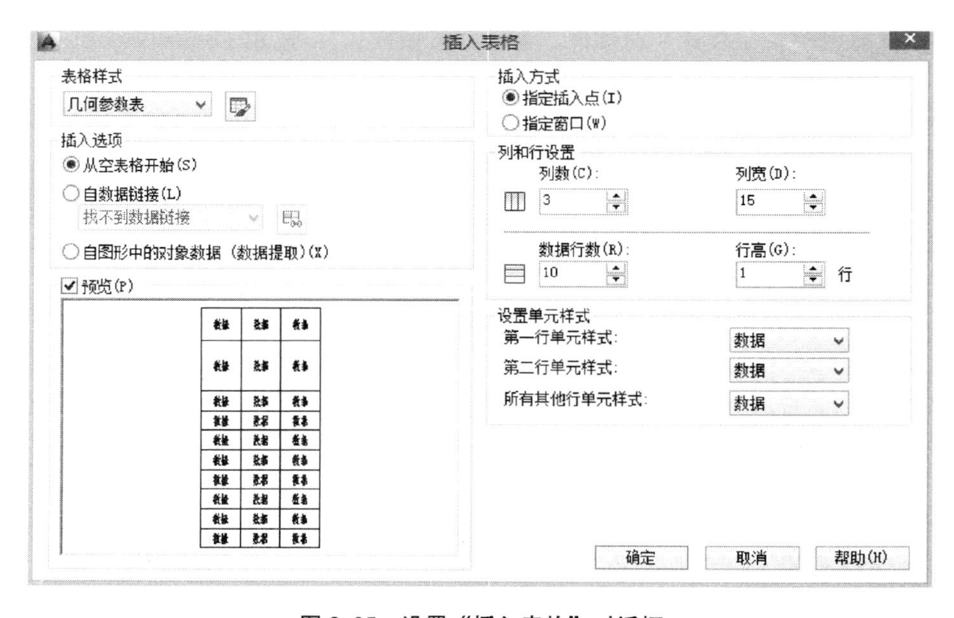

图 3.25　设置“插入表格”对话框

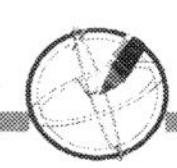

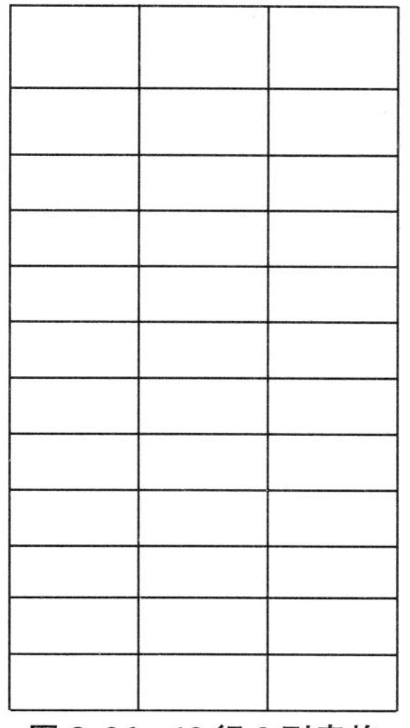

图 3.26　12 行 3 列表格

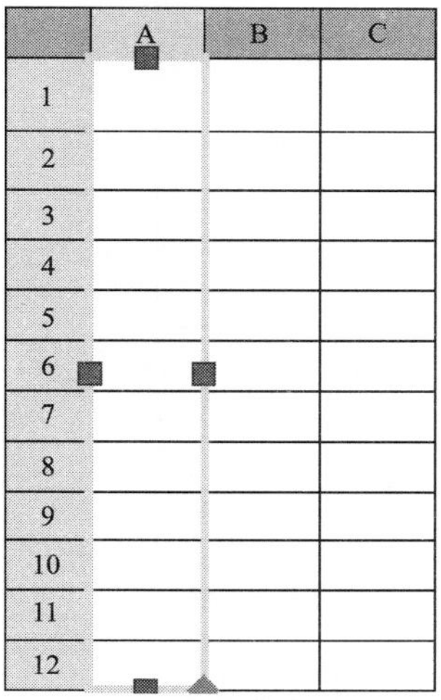

	A	B	C
1			
2			
3			
4			
5			
6			
7			
8			
9			
10			
11			
12			

图 3.27　设置列宽和行高

特别提示

如果发现在“单元高度”选项内不能精确设置行高，比如输入行高为 6，但是特性表里最多变成 6.6667 等比 6 大的数，这是因为表格所使用的文字高度太大了，可以考虑将其改小一点，然后再设置行高。

步骤 5：合并单元格操作。选中 A1 至 B8 单元格，在“合并单元格”下拉列表框中选择“按行”选项，如图 3.28所示，同理完成其他单元格合并，结果如图 3.29 所示。

步骤 6：表格边框设置。选中所有单元格，在“表格”工具栏中单击“单元边框”按钮，打开“单元边框特性”对话框，在“线宽”下拉列表框中选择“0.35mm”选项，并单击“外边框”按钮，完成表格边框的设置，结果如图 3.30 所示。

步骤 7：在各单元格内输入相应文字。如$^{-0.089}_{-0.136}$可用堆叠文字的方法来创建，再将字体高度设置为 5。完成如图 3.11 所示的圆柱齿轮几何参数表。

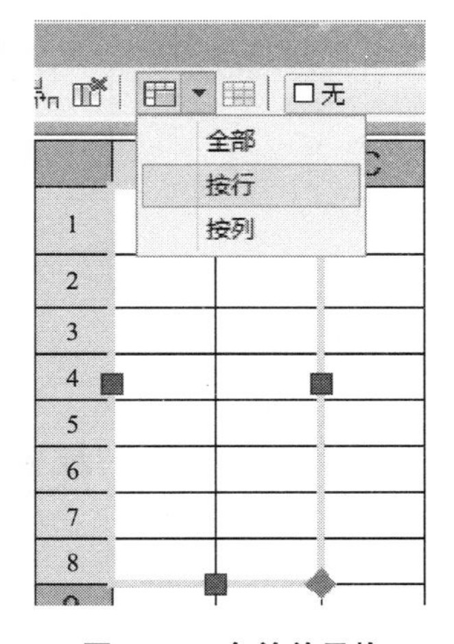

图 3.28　合并单元格

3.1.5　实训项目

1. 实训目的

熟练运用创建表格及文本输入的命令，创建标题栏、明细栏。

2. 实训内容

创建标题栏及明细栏，如图 3.31 所示。

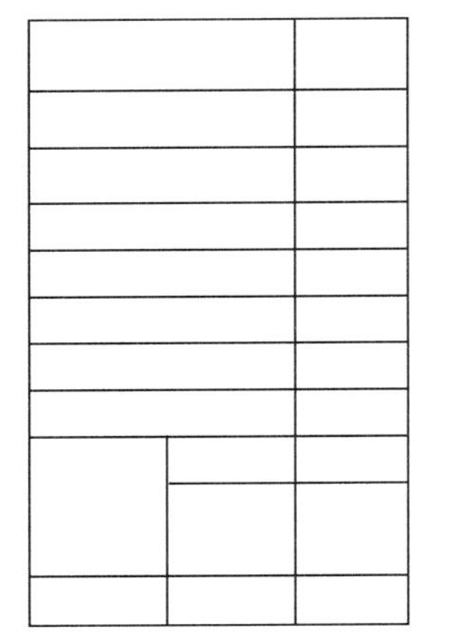

图 3.29　合并单元格结果

图 3.30　设置表格边框效果

<table>
<tr><td>9</td><td>油杯</td><td>1</td><td>HT20-40</td><td>JB/T275-79</td></tr>
<tr><td>8</td><td>螺母M12</td><td>2</td><td>A3</td><td>GB/T6176—2000</td></tr>
<tr><td>7</td><td>螺母 M12</td><td>2</td><td>A3</td><td>GB/T6170—2000</td></tr>
<tr><td>6</td><td>螺栓 M12x120</td><td>2</td><td>A3</td><td>GB/T5782—2000</td></tr>
<tr><td>5</td><td>轴衬固定套</td><td>1</td><td>A3</td><td></td></tr>
<tr><td>4</td><td>上轴瓦</td><td>1</td><td>青铜</td><td></td></tr>
<tr><td>3</td><td>轴承盖</td><td>1</td><td>HT12-28</td><td></td></tr>
<tr><td>2</td><td>下轴瓦</td><td>2</td><td>青铜</td><td></td></tr>
<tr><td>1</td><td>轴承座</td><td>1</td><td>HT12-28</td><td></td></tr>
<tr><td>序号</td><td>名称</td><td>数量</td><td>材料</td><td>附注</td></tr>
<tr><td colspan="3" rowspan="2">滑动轴承</td><td>比例</td><td>1:1</td></tr>
<tr><td>共 1 张</td><td>第 1 张</td></tr>
<tr><td>制图</td><td></td><td></td><td colspan="2" rowspan="2"></td></tr>
<tr><td>审核</td><td></td><td></td></tr>
</table>

图 3.31　设置表格边框效果

任务 3.2　阶梯轴绘制及尺寸标注

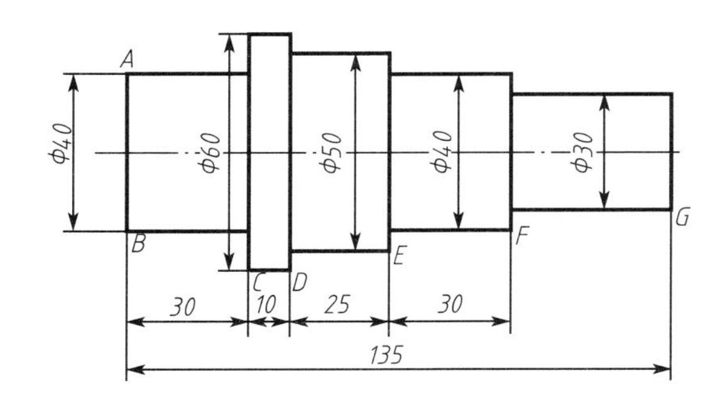

图 3.32　阶梯轴主视图

3.2.1　任务描述

绘制如图 3.32 所示的阶梯轴主视图(此图省略绘制退刀槽和倒角)，并标注尺寸。掌握尺寸样式、线性标注、基线标注、连续标注等操作方法。

3.2.2　知识准备

1. 标注尺寸的要素

图形只能表示物体的形状，其大小是

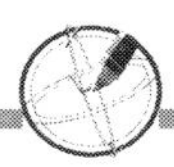

由标注的尺寸决定的。尺寸是图样中重要的内容之一。尺寸标注由尺寸界线、尺寸线和尺寸数字三个要素组成。

1）尺寸界线

尺寸界线用细实线绘制。尺寸界线从图形的轮廓线、轴线或对称中心线处引出，也可将轮廓线、轴线或对称中心线作为尺寸界线。尺寸界线一般应与尺寸线垂直，必要时可以倾斜，如图3.32所示的$\phi60$尺寸。尺寸界线应超出尺寸线2～3mm。

2）尺寸线

尺寸线用细实线绘制。尺寸线不得与其他图线重合或画在其他线的延长线上。在标注线性尺寸时，尺寸线应与标注线段平行。标注角度时，尺寸线是一段圆弧。机械图样中的尺寸线终端常为剪头形式。

3）尺寸数字

线性尺寸的尺寸数字一般标注在尺寸线的上方或尺寸线中断处。同一图样内尺寸数字的高度应相同。尺寸数字不可被任何线通过，否则必须将该图线断开。

2. 创建尺寸标注样式

1）启动“标注样式管理器”命令的方法

(1) 在命令行输入“dimstyle”或“d”，按Enter键。

(2) 选择下拉菜单中的“格式”→“标注样式”命令。

(3) 单击“标注”工具栏中的“标注样式”按钮。

启动“标注样式管理器”命令后，弹出如图3.33所示的对话框。可以在该对话框中新建标注样式，也可以修改已有的标注样式。

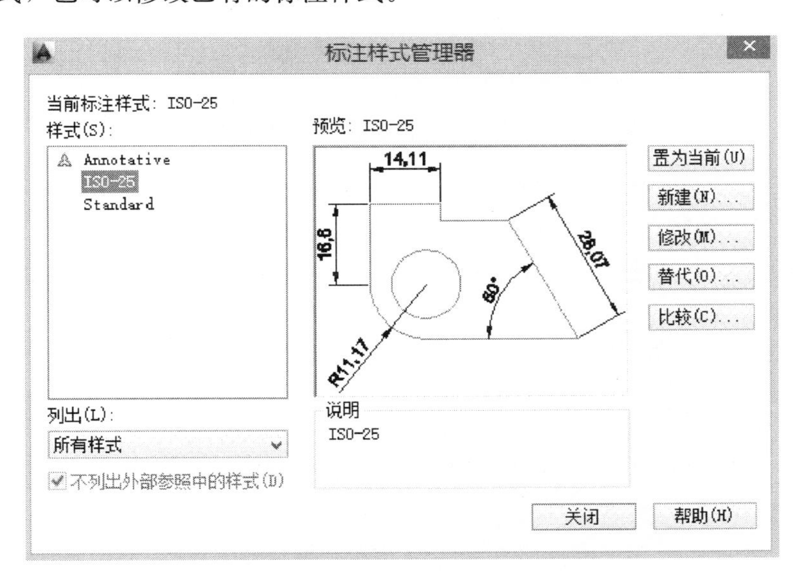

图3.33　“标注样式管理器”对话框

对话框中常用项说明如下。

(1)“样式”列表：显示当前已有的标注样式，Standard为默认标注样式。

(2)“置为当前”按钮：可以将选择的标注样式置为当前标注样式。

图 3.34 “创建新标注样式”对话框

(3)“修改”按钮：可对所选标注样式进行修改。

(4)“新建”按钮：单击该按钮可出现如图 3.34 所示的“创建新标注样式”对话框，在“新样式名”文本框中输入新样式名“机械标注”。单击“继续”按钮打开如图 3.35 所示的“新建标注样式：机械标注”对话框。

2)“新建标注样式”对话框各选项卡说明

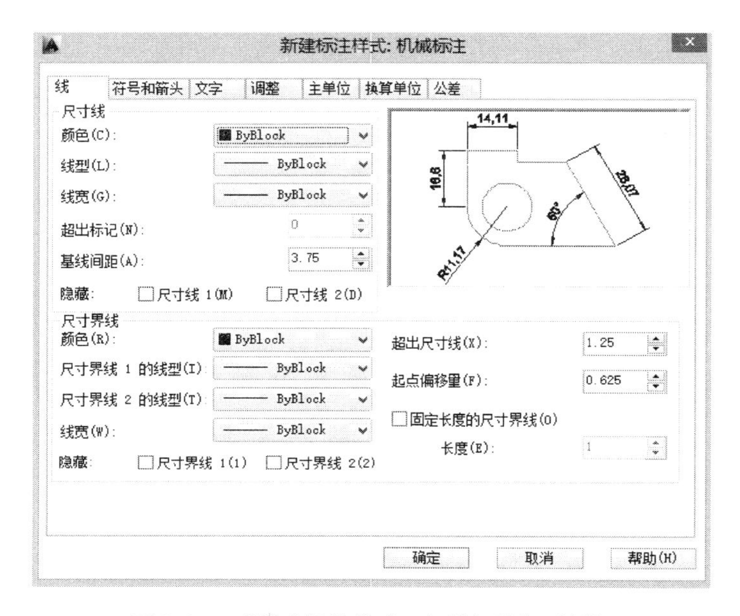

图 3.35 “新建标注样式：机械标注”对话框

(1)“线”选项卡。本选项卡有“尺寸线”和“尺寸界线”两个选项组，它可以设置尺寸线和尺寸界线的特性。各选项组中常用选项说明如下。

① 基线间距：用于设置基线标注中尺寸线之间的距离，在机械图样标注中，一般取值为 7～10，这里取值 7。

② 超出尺寸线：设置尺寸界线超过尺寸线的距离，在机械图样标注中，一般取值为 2。

③ 起点偏移量：设置尺寸界线起点对于图形中标注起点的距离，在机械图样标注中，一般取值为 0。

④ 隐藏尺寸线(尺寸界线)：设置隐藏尺寸线或尺寸界线，常用于对半剖视图图形的标注。

(2)“符号和箭头”选项卡。本选项卡有“箭头”“圆心标记”和“折断标注”“弧长符号”“半径折弯标注”和“线性折弯标注”共六个选项组，如图 3.36 所示。

各选项组中常用选项说明如下。

“箭头大小”文本框：设置尺寸标注中箭头的大小。

(3)“文字”选项卡。本选项卡有“文字外观”“文字位置”和“文字对齐”三个选项组，如图 3.37 所示。

①“文字外观”选项组常用选项说明如下。

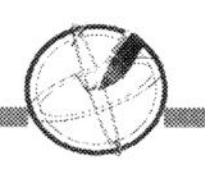

图 3.36　“符号和箭头”选项卡

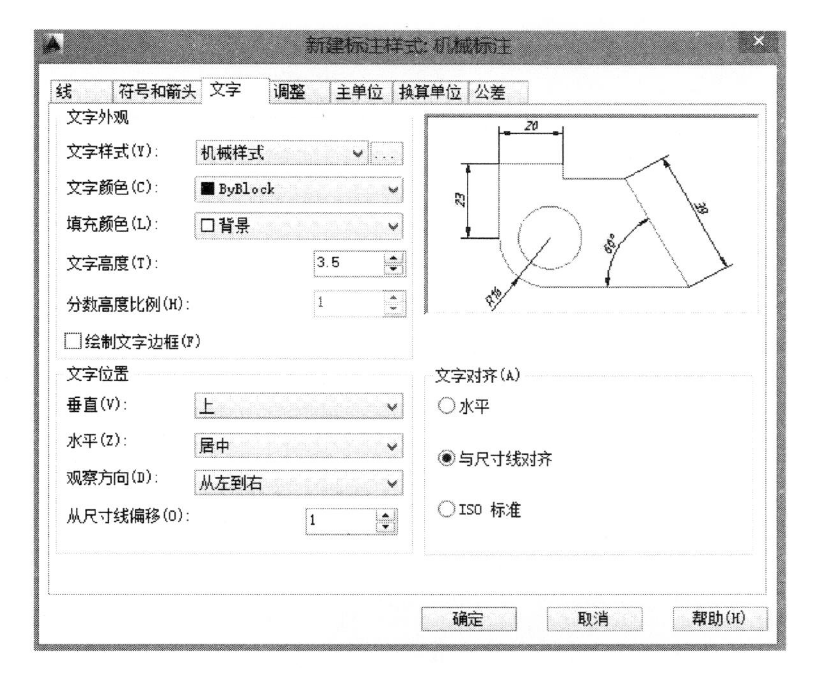

图 3.37　“文字”选项卡

a. 文字样式：选择尺寸文字的样式。

b. 文字高度：设置尺寸文字的字高，如果在所选择的文字样式中已设置了大于 0 的字高，此处不能再设置数值。

②“文字位置”选项组常用选项说明如下。

a. 垂直：设置尺寸文字在垂直方向上相对于尺寸线的位置，选择“上”选项。

b. 水平：设置尺寸文字在水平方向上相对于尺寸界线的位置，常用“居中”设置。

c. 从尺寸线偏移：设置尺寸文字与尺寸线间的距离。

③“文字对齐”选项组常用选项说明如下。

a. 水平：文字水平放置。

b. 与尺寸线对齐：文字与尺寸线平行。

c. ISO 标准：当文字在尺寸界线内时，文字与尺寸线对齐；当文字在尺寸界线外时，文字水平放置。

(4)“调整”选项卡。本选项卡有“调整选项”“文字位置”“标注特征比例”和“优化”四个选项组，如图 3. 38 所示。

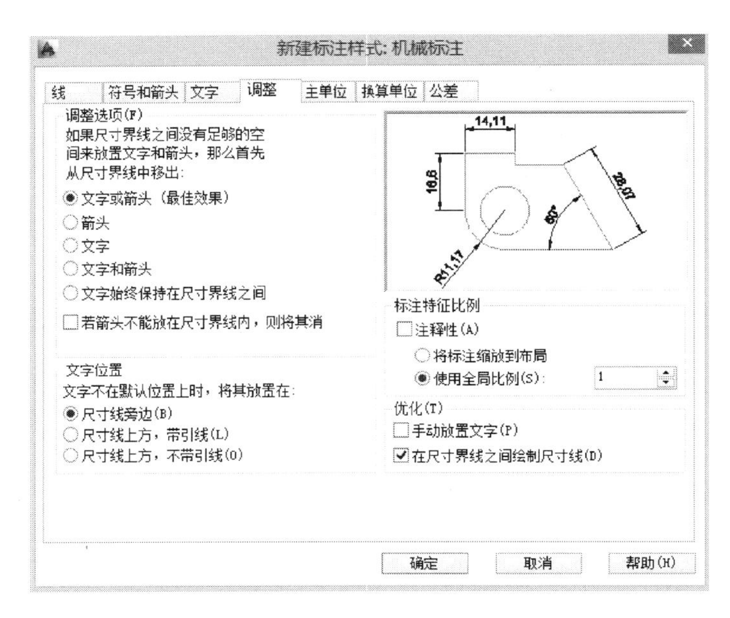

图 3. 38 “调整”选项卡

①“调整选项”选项组：当尺寸界线之间没有足够空间来放置文字和箭头时，控制文字和箭头的位置关系。

②“文字位置”选项组：设置当标注文字不在默认位置时应放置的位置。

③“标注特征比例”选项组：设置全局标注比例或图纸空间比例。

④“优化”选项组常用选项说明如下。

a. 手动放置文字：忽略所有水平对正设置，标注时可手动放置文字。

b. 在尺寸界线之间绘制尺寸线：箭头放在测量点之外，也可在测量点之间绘制尺寸线。

(5)“主单位”选项卡。本选项卡有“线性标注”和“角度标注”两个选项组，如图 3. 39 所示。

①“线性标注”选项组常用选项说明如下。

a. 单位格式：设置线性标注的单元格式。

b. 精度：设置线性标注的小数位数。

c. 前缀(后缀)：在标注文字前添加一个前缀或后缀，如直径或度等。

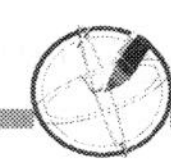

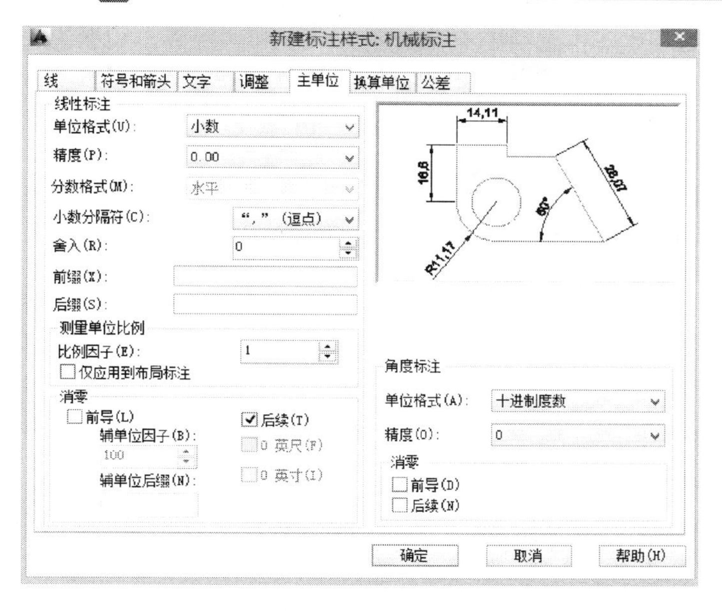

图 3.39　“主单位”选项卡

d. 比例因子：设置线性测量值的比例因子。例如，当该比例因子为 2 时，实际测量值为 10 时，显示标注数值应为 20。

e. 消零：可以消除所有小数标注中的前导或后续的零。

②“角度标注”选项组：设置角度标注的单位样式、标注精度等。

(6)“换算单位”选项卡。该选项卡有“显示换算单位”复选框，当选中该复选框时才能对“换算单位”“消零”和“位置”三个选项组内容进行设置。“换算单位”选项卡如图 3.40 所示。

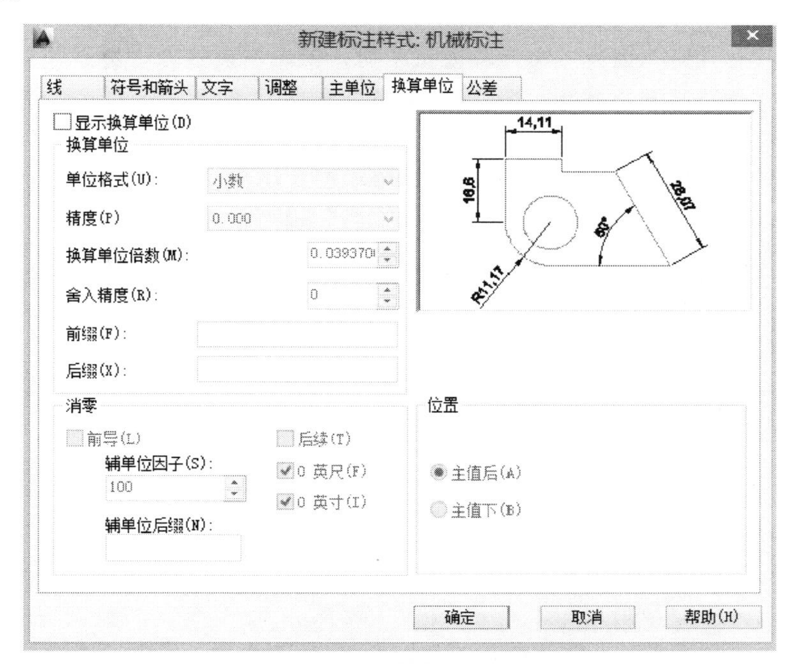

图 3.40　“换算单位”选项卡

(7) “公差”选项卡。本选项卡有“公差格式”和“换算单位公差”两个选项组，如图 3.41 所示。在“公差格式”选项组中可以设置公差的方式、精度、公差数值及位置等参数。

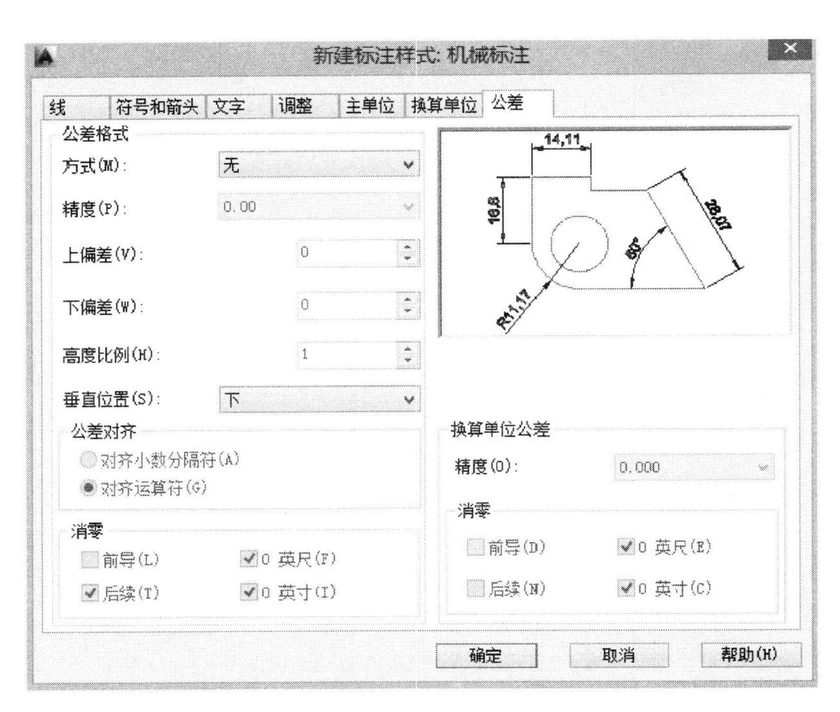

图 3.41 “公差”选项卡

特别提示

在尺寸公差标注时，因为各尺寸公差值不同，因此一般不在“公差”选项卡中设置，而是在注出尺寸数值后利用“特性”“文字格式”等方法来注写公差，此内容在本项目的任务 3.3 中会详细讲解。

3. “标注”工具栏

按标注对象的不同，尺寸标注可分为线性、径向、角度、坐标和弧长五种类型。图 3.42所示的“标注”工具栏中提供了线性、对齐、直径、角度等尺寸标注方式。

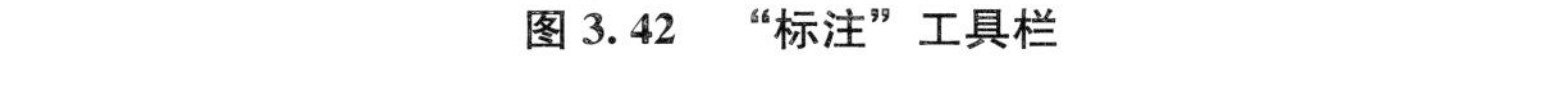

图 3.42 “标注”工具栏

4. 线性标注

1) 启动“线性”标注命令的方法

(1) 在命令行输入“dimlineap”或“dil”，按 Enter 键。

(2) 选择下拉菜单中的“标注”→“线性”命令。

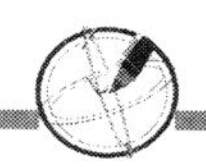

(3) 单击“标注”工具栏中的“线性”按钮。

2) 功能

线性标注可用于标注两点之间水平或垂直方向上的长度尺寸。

3) 操作说明

以标注图 3.43 中线性尺寸 20 为例，启动“线性”标注，命令行操作显示如下。

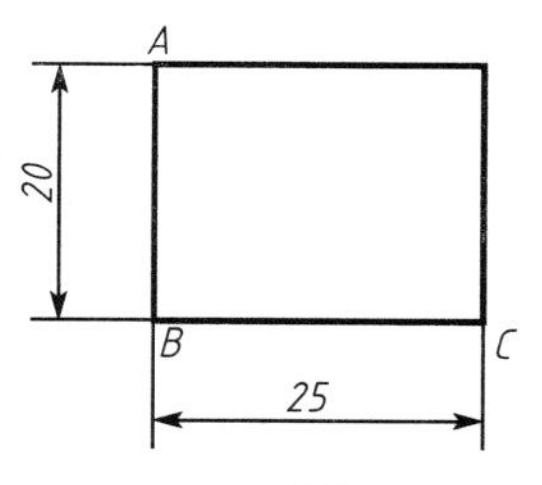

图 3.43　线性标注

命令：_ dimlinear
指定第一条尺寸界线原点或<选择对象>：(单击点 A 位置)
指定第二条尺寸界线原点(单击点 B 位置)
指定尺寸线位置或 [多行文字(M)/文字(T)/角度(A)/水平(H)/垂直(V)/旋转(R)]：(拖动尺寸线至适合位置后单击鼠标)

同理分别以 B、C 两点为尺寸界线的原点，完成线性尺寸 25 的标注。

5. 基线标注

1) 启动“基线”标注命令的方法

(1) 在命令行输入“dimbaseline”，按 Enter 键。

(2) 选择下拉菜单中的“标注”→“基线”命令。

(3) 单击“标注”工具栏中的“基线”按钮。

2) 功能

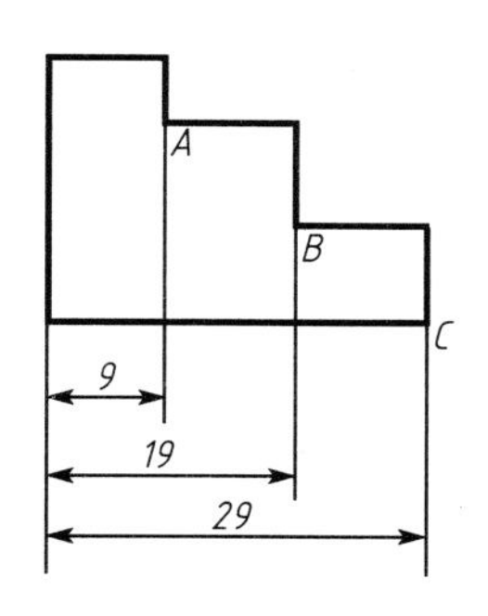

图 3.44　基线标注

基线标注可用于与前一标注或选定标注有相同第一条尺寸界线的一系列尺寸。

3) 常用选项说明

选择(S)：使用基线标注时，系统会默认前一个尺寸标注的尺寸界线起点为基线标注的起点，输入“S”可重新选择基准标注尺寸。

4) 操作说明

以标注图 3.44 中线性尺寸 9、19、29 为例，操作如下。

步骤 1：启动“线性”标注命令，标注线性尺寸 9。

步骤 2：启动“基线”标注命令，命令行操作显示如下。

命令：_ dimbaselime
指定第二条尺寸界线原点或 [放弃(U)/选择(S)] <选择>：点 B
指定第三条尺寸界线原点或 [放弃(U)/选择(S)] <选择>：点 C

标注好与线性尺寸 9 有相同第一条尺寸界线的线性尺寸 19，同理标注尺寸 29。

6. 连续标注

1) 启动“连续”标注命令的方法

(1) 在命令行输入“dimcontinue”，按 Enter 键。

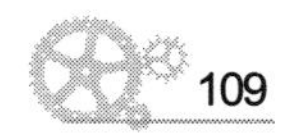

(2) 选择下拉菜单中“标注”→“连续”命令。

(3) 单击“标注”工具栏中的“连续”按钮。

2) 功能

连续标注可用于与前一标注或选定标注的某一尺寸界线连接的一系列尺寸。

3) 常用选项说明

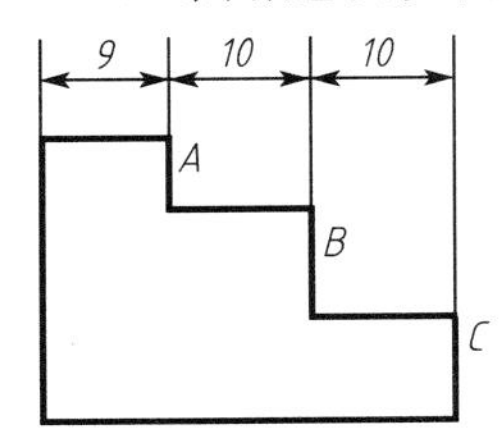

图 3.45 连续标注

选择(S)：使用基线标注时，系统会将前一个尺寸标注的尺寸界线终点作为连续标的起点，输入“S”可重新选择基准标注尺寸。

4) 操作说明

以标注图 3.45 中两个线性尺寸 10 为例，操作如下。

步骤 1：启动“线性”标注命令，标注线性尺寸 9。

步骤 2：启动“线性”标注命令，命令行操作显示如下。

> 命令：_dimcontinue
> 指定第二条尺寸界线原点或［放弃(U)/选择(S)］<选择>：点 B
> 指定第二条尺寸界线原点或［放弃(U)/选择(S)］<选择>：点 C

标注好与线性尺寸 9 相连的线性尺寸。同理标注第二个尺寸 10。

3.2.3 任务实施

步骤 1：按项目 1 的任务 4 设置图层。

步骤 2：启动“直线”“修剪”“镜像”等命令按尺寸绘制出输出轴主视图。

步骤 3：打开“文字样式”对话框，新建“机械样式”样式，选用 gbeitc.shx 和大字体 gbchig.shx。

步骤 4：打开“标注样式管理器”对话框，新建“机械标注”样式。

① 在线选项卡中设置基线间距为 7；超出尺寸线为 2；起点偏移量为 0。

② 在“符号和箭头”选项卡中设置箭头大小为 3，圆心标记为 3。

③ 在“文字”选项卡中设置文字样式为已建立的“机械样式”样式，文字高度为 3.5。文字位置在垂直方向上为上；水平方向上为居中；文字对齐方式与尺寸线对齐。

④ 在“主单位”选项卡中设置线性标注中精度为 0。

⑤ 在“换算单位”选项卡中不选中“显示换算单位”复选框。

⑥ 在“公差”选项卡中设置方式为无。

单击“确定”按钮，完成“机械标注”样式的设置，并将该样式设置为当前样式。

步骤 5：标注输出轴的径向尺寸 ϕ40。启动“线性”标注命令，命令行操作显示如下。

> 命令：_dimlinear
> 指定第一个尺寸界线原点或<选择对象>：(单击图 3.32 中的端点 A)
> 指定第二条尺寸界线原点：(单击图 3.32 中的端点 B)
> 指定尺寸线位置或［多行文字(M)/文字(T)/角度(A)/水平(H)/垂直(V)/旋转(R)］：m(因标注文字 40 前有 ϕ 符号，输入“m”并按 Enter 键，打开“文字格式”工具栏)

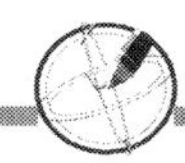

在编辑器内显示的文字“40”前输入“文字格式”工具栏的“直径”符号，单击“确定”按钮完成尺寸 ϕ40 的标注。

同理标注其他径向尺寸 ϕ30、ϕ50、ϕ60，结果如图 3.32 所示。

步骤 6：标注阶梯轴的轴向尺寸 30。启动“线性”标注命令，轴的两端点 B、C 作为第一条、第二条尺寸界线的原点，标注出尺寸 30。

步骤 7：应用连续标注命令标注轴向尺寸 10、25、30。启动“连续标注”命令，选择步骤 6 标注的 30 尺寸界线，然后选择下个阶梯的端点(点 D、E、F)即可标出。

步骤 8：应用基线标注命令标注轴向尺寸 135。选择步骤 6 标注的 30 尺寸界线，然后选择最后一个阶梯的端点 G 即可标出。

特别提示

注意：也可以先标注不带符号的线性尺寸，再用以下三种方法给尺寸添加符号。

方法 1：双击该尺寸文字打开“文字格式”工具栏，再添加符号。

方法 2：选择该尺寸，在“特性”对话框中“主单位”列表中添加符号代号。

方法 3：选择该尺寸，输入“ddedit”或“ed”，打开“文字格式”工具栏再添加符号。

在标注 ϕ40 尺寸时，会出现中心线通过尺寸数字，可以通过在“修改标注样式：机械标注”对话框中的“文字”选项卡中设置填充颜色为背景，如图 3.46 所示，从而解决这一问题。

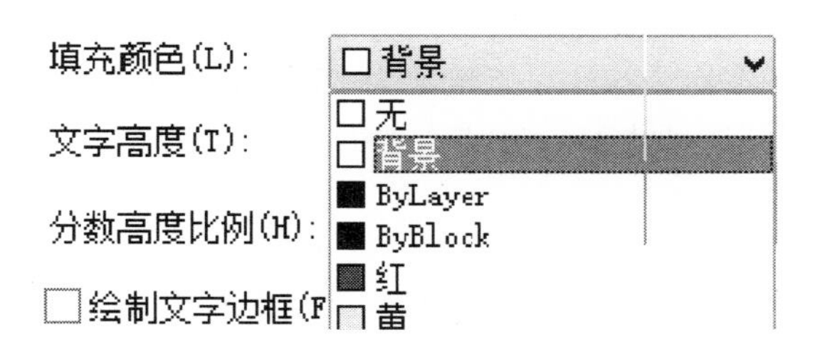

图 3.46　设置尺寸文字背景

3.2.4　任务扩展 1

1. 任务描述

绘制如图 3.47 所示的卡槽并标注尺寸(除角度标注以外)，掌握对齐标注的操作方法。

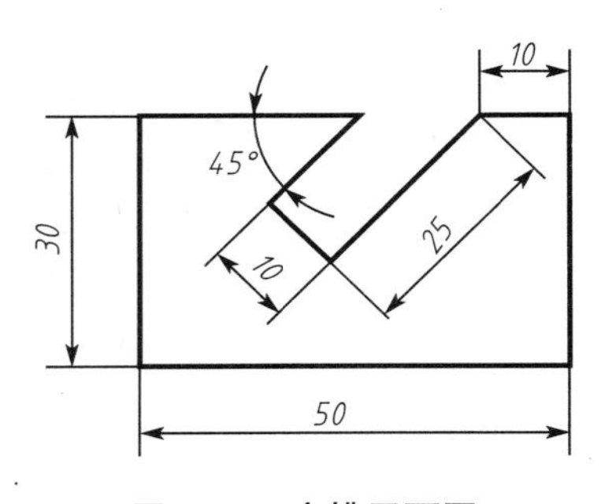

图 3.47　卡槽平面图

2. 知识准备

1）对齐标注

(1) 启动“对齐”标注命令的方法

① 在命令行输入“dimaligned”或“dal”，按 Enter 键。

② 选择下拉菜单中的“标注”→“对齐”命令。

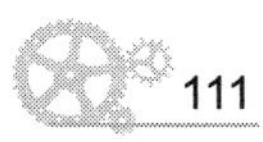

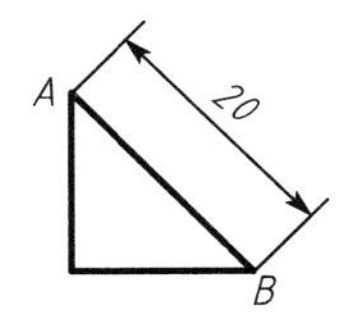

图 3.48　对齐标注

③ 单击“标注”工具栏中的“对齐”按钮。

(2) 功能

对齐标注可用于标注倾斜线段的平行尺寸标注。

(3) 操作说明

以标注图 3.48 中线性尺寸 20 为例，操作如下。

启动“对齐”标注命令，命令行操作如下。

命令：_ dimaligned
指定第一条尺寸界线原点或<选择对象>：(单击点 A 位置)
指定第二条尺寸界线原点：(单击点 B 位置)
指定尺寸线位置或 [多行文字(M)/文字(T)/角度(A)]：(拖动尺寸线至适合位置后单击鼠标)

3. 任务实施

步骤 1：按项目 1 的任务 4 设置图层。

步骤 2：启动“直线”命令，打开“极轴追踪”功能按尺寸绘制出卡槽。

步骤 3：新建“机械样式”文字样式，方法同前。

步骤 4：新建“机械标注”标注样式，方法同本项任务 2 的步骤 4，将“机械标注”样式置为当前样式。

步骤 5：启动“线性”标注命令，标注尺寸 30、50 和 10。

步骤 6：启动“对齐”命令标注，以尺寸为 25 的线段两端点为敌、第二条尺寸界线原点标注出尺寸 25，同理标注尺寸 10；完成卡槽的尺寸标注。

3.2.5 任务扩展 2

1. 任务描述

绘制如图 3.49 所示的平面图，并标注尺寸；掌握直径、半径、折弯标注和尺寸样式的设置等操作方法。

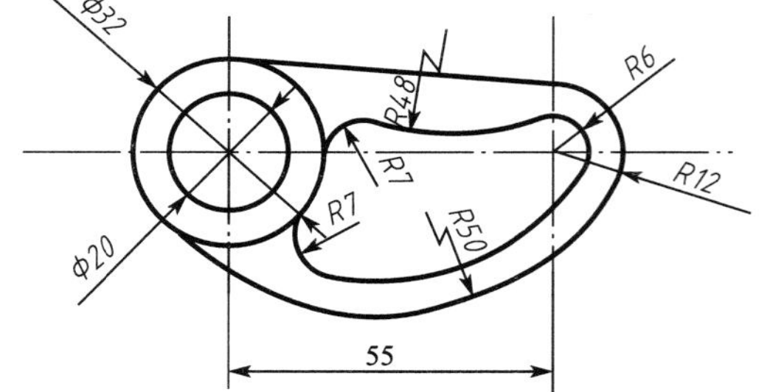

图 3.49　平面图

2. 知识准备

1) 创建标注样式子样式

在已设置的某尺寸样式基础上可以创建子样式，子样式的大部分选项可与基础样式相同，只需设置个别选项来达到满足尺寸标注的需要。创建尺寸子样式的步骤如下。

(1) 新建“机械标注”尺寸样式，选项设置及新建方法前面已介绍，这里不再重复。

(2) 打开“标注样式管理器”对话框，在“样式”列表中选中“机械样式”，单击“新建”按钮，打开如图 3.50 所示的“创建新标注样式”对话框，在“用于”下拉列表框中选择标注类型，如角度标注，直径标注，半径标注等。

(3) 单击“继续”按钮，打开“新建标注样式”对话框，可在各选项卡中设置个别选项。

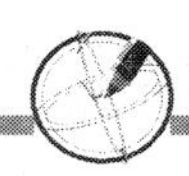

(4) 单击“确定”按钮，返回“标注样式管理器”对话框，在“样式”列表中可见如图 3.51 所示的“机械样式”的子样式。

图 3.50　“创建新标注样式”对话框

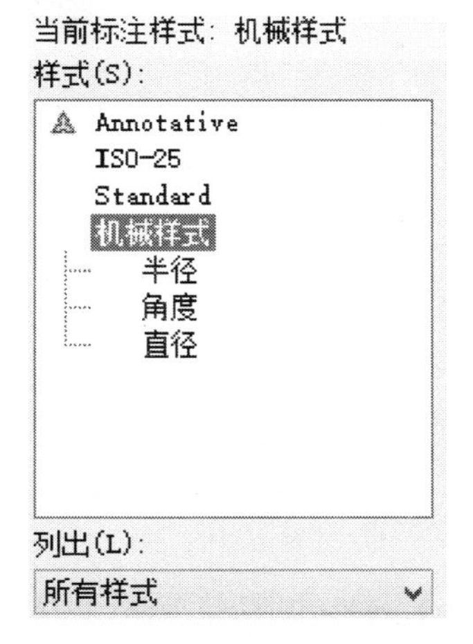

图 3.51　“样式”列表

2) 直径标注

(1) 启动“直径”标注命令的方法。

① 在命令行输入“dimdiameter”，按 Enter 键。

② 选择下拉菜单中“标注”→“直径”命令。

③ 单击“标注”工具栏中的“直径”按钮。

(2) 功能。直径标注用于整圆或大于半圆的圆弧的标注。

(3) 操作说明。以标注图 3.52(a)中直径尺寸 $\phi28$ 和 $\phi16$ 为例，启动“直径”标注命令，命令行操作显示如下。

```
命令：_dimdiameter
选择圆弧或圆：(单击 φ28 圆周的任意位置)
指定尺寸线位置或 {多行文字(M)/文字(T)/角度(A)}：(在合适的位置单击)
```

完成直径尺寸 $\phi28$ 的标注，同理标注直径尺寸 $\phi16$。

(4) 说明。

① 当设置标注样式的文字对齐方式为水平时，对两圆直径的标注结果如图 3.52(b)所示。

② 当设置标注样式的“调整”选项卡中不选中“在尺寸界线之间绘制尺寸线”复选框时，尺寸线将在圆外，对两圆直径的标注结果如图 3.52(c)所示。

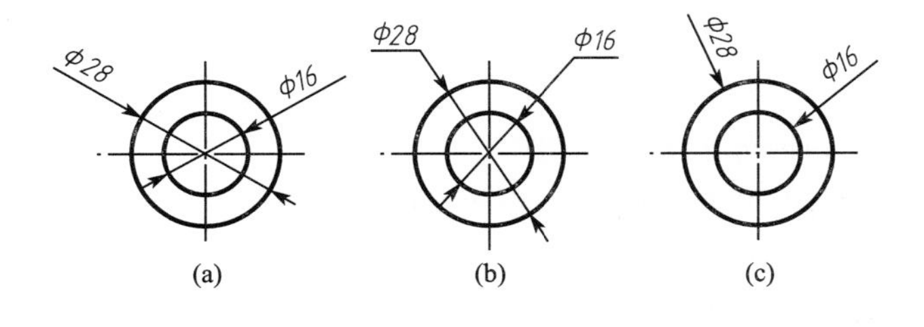

图 3.52　直径标注

3）半径标注

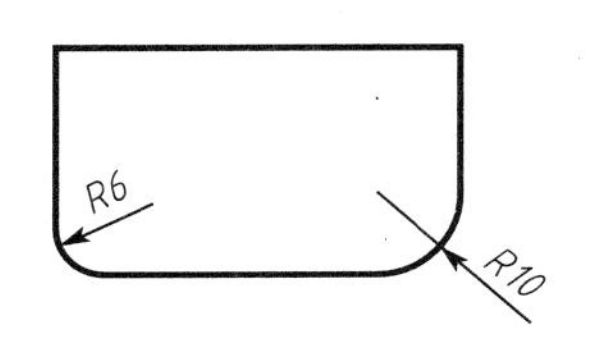

图 3.53　半径标注

（1）启动“半径”标注命令的方法。

① 在命令行输入“dimradius”或“dra”，按 Enter 键。

② 选择下拉菜单中的“标注”→“半径”命令。

③ 单击“标注”工具栏中“半径”按钮。

（2）功能。半径标注用于等于或小于半圆的圆弧的标注。

（3）操作说明。以标注图 3.53 中半径尺寸 R10 和 R6 为例，启动“半径”标注命令，命令行操作显示如下。

> 命令：_ dimradius
> 选择圆弧或圆：（单击 R10 圆弧任意位置）
> 指定尺寸线位置或｛多行文字(M)/文字(T)/角度(A)｝：（在圆弧内合适的位置单击，则尺寸在圆弧内标注）

同理标注尺寸 R6，当要求指定尺寸线位置时在圆弧外侧合适的位置单击，则在圆弧外标注，完成半径的标注。

4）折弯标注

（1）启动“折弯”标注命令的方法。

① 在命令行输入“dimjogged”，按 Enter 键。

② 选择下拉菜单中“标注”→“折弯”命令。

③ 单击“标注”工具栏中的“折弯”按钮。

（2）功能。折弯标注用于大圆弧的折弯半径标注，也称为缩放半径标注。该命令常用于当圆和圆弧的中心位于图纸尺寸之外而无法显示其实际位置时。

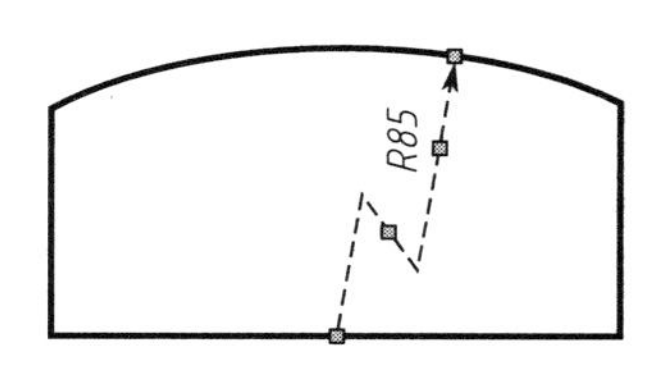

图 3.54　折弯标注

（3）操作说明。以标注图 3.54 中半径尺寸为例，启动“折弯”标注命令，命令行操作显示如下。

> 命令：_ dimjogged
> 选择圆弧或圆
> 指定图示中心位置
> 指定尺寸线位置或｛多行文字(M)/文字(T)/角度(A)｝
> 指定折弯位置

（4）说明。如果创建的折弯标注形状不合适时，可选中折弯标注，标注会出现四个夹点，拖动夹点可调整折弯形状。

3. 任务实施

步骤 1：按项目 1 的任务 1.4 设置图层。

步骤 2：启动“直线”“圆”“圆角”和“修剪”等命令按尺寸绘制出启瓶器。

步骤 3：新建“机械样式”文字样式，方法同前。

步骤 4：新建“机械标注”标注样式，方法同任务 3.2 中步骤 4，创建基于“机械标注”标注样式的“直径”子样式，设置文字的对齐方式为水平。将“机械标注”标注样式

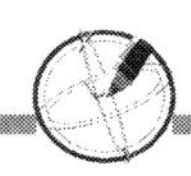

设置为当前。

步骤 5：启动“线性”标注命令，标注尺寸 55。

步骤 6：启动“直径”标注命令，标注尺寸 ϕ32 和 ϕ20。

步骤 7：启动“半径”标注命令，标注两个尺寸 R7、R6 和 R12。

步骤 8：启动“折弯”标注命令，标注两个尺寸 R48 和 R50。

3.2.6　实训项目

1. 实训目的

熟练运用基本尺寸标注和编辑的方法。

2. 实训内容

尺寸标注练习如图 3.55 所示。

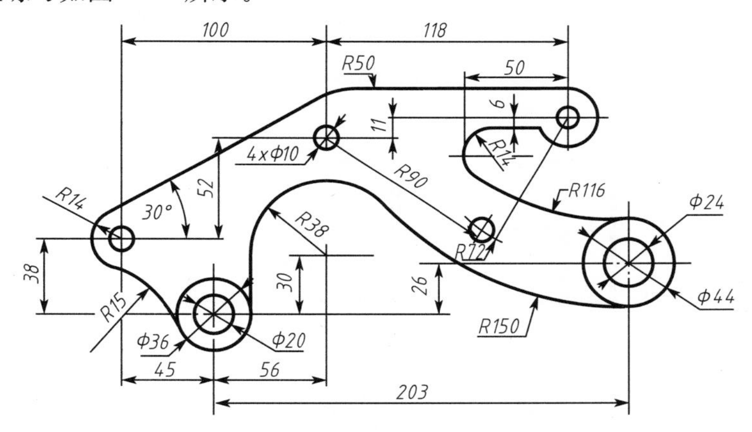

图 3.55　尺寸标注练习

任务 3.3　尺寸公差标注、块操作

3.3.1　任务描述

绘制如图 3.56 所示的齿轮零件并标注尺寸。

3.3.2　知识准备

1. 尺寸公差标注

1）尺寸公差的标注形式

在实际生产中，零件的尺寸允许在一个合理的范围内变动，这个允许尺寸的变动量称为尺寸公差。在零件图上标注尺寸公差有三种形式。

形式 1：在基本尺寸后面标注上极限偏差，下极限偏差，如图 3.57(a)所示。

形式 2：在基本尺寸后面标注公差代号，如图 3.57(b)所示。

形式 3：在基本尺寸后面同时标注公差代号，上极限偏差和下极限偏差，如图 3.57(c)所示。

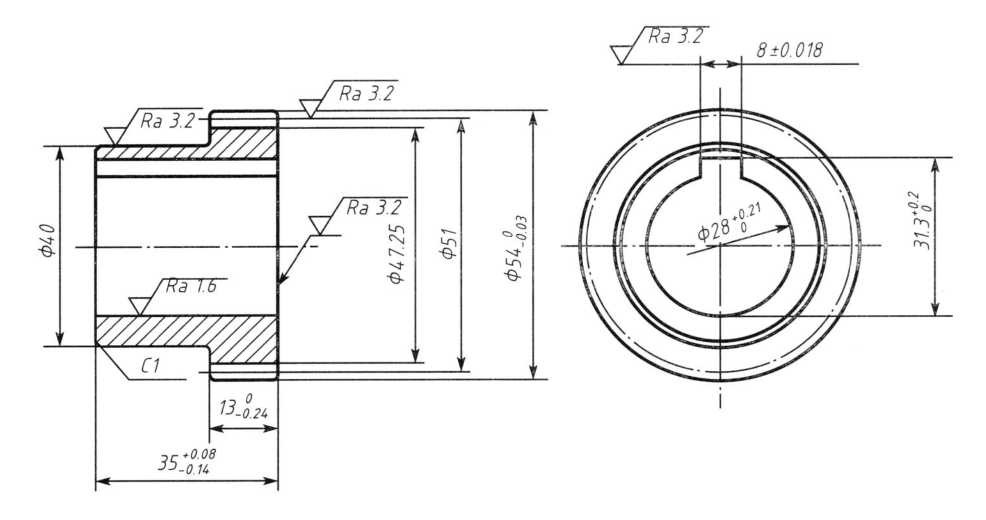

图 3.56 齿轮零件

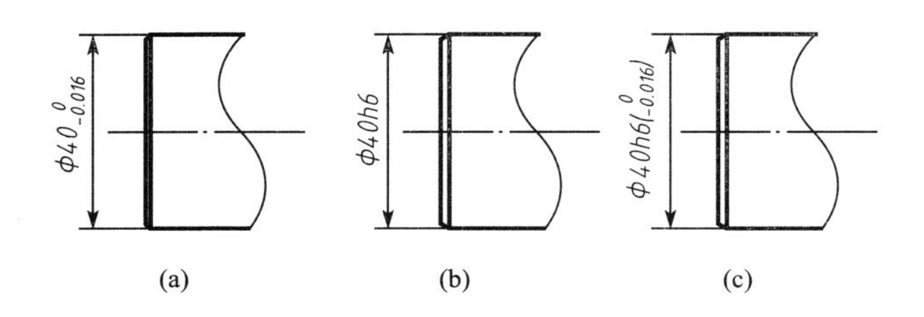

图 3.57 尺寸公差的标注形式

2）尺寸公差的标注方法

常用两种方法进行尺寸公差的标注。

方法 1：在“多行文字编辑器”中设置尺寸公差，以标注图 3.57(c)中的尺寸公差为例，操作步骤如下。

(1) 启动“线性”标注命令，选择要标注的对象后，命令提示“指定尺寸线位置或{多行文字(M)/文字(T)/角度(A)/水平(H)/垂直(V)/旋转(R)}”，输入“M”打开多行文字编辑器。

(2) 在多行文字编辑器中输入文字，在默认标注值“40”前插入直径符号 ϕ，在“40”后输入“h6(0^—0.016)”。

(3) 选中括弧中的文字“0^—0.016”，单击“堆叠”按钮。

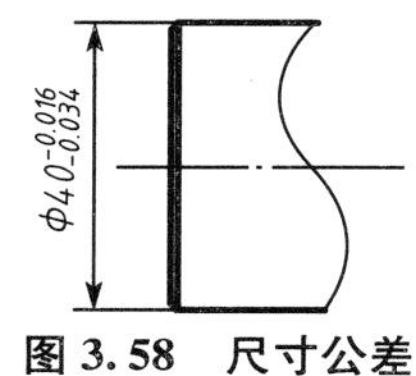

图 3.58 尺寸公差标注

(4) 单击“确定”按钮，将尺寸标注放于合适位置，完成尺寸公差的标注。

方法 2：在“特性”选项板中设置尺寸公差，以标注图 3.58 的尺寸公差为例，操作步骤如下。

(1) 启动“线性”标注命令，先标注尺寸“40”，选中该尺寸，单击“特性”按钮，打开“特性”对话框。

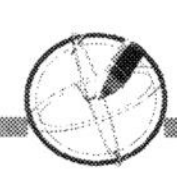

（2）在“主单位”列表中的“标注前缀”文本框中输入直径代号“%%c”，在“公差”列表中的“显示公差”下拉列表框中选择“极限偏差”选项，在“公差下偏差”文本框中输入“0.034”，在“公差上偏差”文本框中输入“－0.016”，“水平放置公差”下拉列表框中选择“中”选项，“公差精度”下拉列表框中选择“0.000”选项，“公差文字高度”文本框中输入“0.7”，如图3.58所示。完成在“特性”对话框中设置尺寸公差。

特别提示

在“特性”选项板“公差”选项区的“公差下偏差”中，系统会在输入的数字前加“－”号，“公差上偏差”中，系统会在输入的数字前加“＋”号，因此要输入正值的下偏差或负值的上偏差时，需在数字前输入“－”号。

2. 块操作

在机械绘图的过程中，常需要一些反复使用的图形，为方便使用，可以将其定义成块。块是由一个或多个对象组成的对象集合，当块创建后，可作为单一的对象插入到零件图或装配图中。它具有提高绘图速度、节省储存空间、便于数据管理等特点。

块分为内部块和外部块两种。

1）创建内部块

（1）启动“创建内部块”命令的方法。

① 在命令行输入“block”或“b”，按 Enter 键。

② 选择下拉菜单中的“绘图”→“块”→“创建”命令。

③ 单击“绘图”工具栏中的“创建块”按钮。

（2）功能。内部块只能在创建它的图形文件中使用。

（3）“块定义”对话框主要选项说明。启动创建内部块命令，打开如图3.59所示的“块定义”对话框，该对话框有“名称”文本框及“基点”“对象”“方式”“设置”和“说明”五个选项组。

图3.59　“块定义”对话框

①“名称”文本框：输入块的名称。

②“基点”选项组：设置块的插入点位置。单击“拾取点”按钮，切换到绘图窗口拾取一点作为基点。也可以在 X、Y、Z 文本框输入基点坐标值。

③“对象”选项组：设置组成块的图形对象。单击“选择对象”按钮，切换到绘图窗口选择要创建块的对象。

a. 保留：创建块后将选定对象保留在图形中，不作为块。

b. 转换为块：创建块后，将选定对象转换成块。

c. 删除：创建块后，将选定对象从图形中删除。

2）创建外部块

(1) 启动“创建外部块”命令的方法。在命令行输入“wblock”，按 Enter 键。

(2) 功能。外部块是将图块以图形文本的形式来保存，它可以被其他图形文本调用。

(3)“块定义”对话框主要选项说明。启动“创建外部块”命令，打开如图 3.60 所示的“写块”对话框。

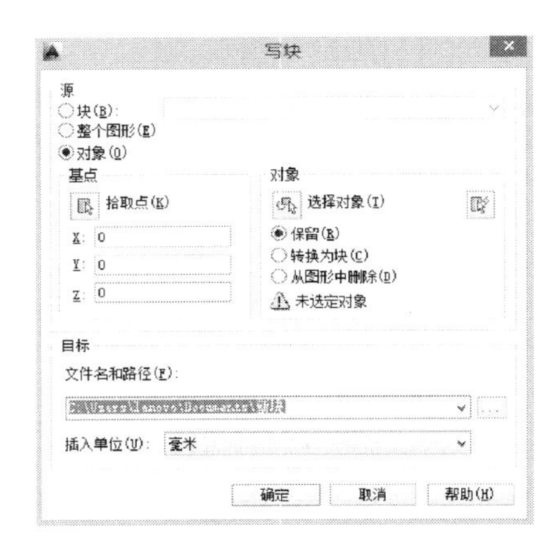

图 3.60 “写块”对话框

①“源”选项组：设置组成外部块的对象。

a. 块：从列表中选择已创建的块，另存为外部块。

b. 整个图形：将绘图窗口中全部图形创建为外部块。

c. 对象：在绘图窗口中选中图形对象创建为外部块。选中本单选按钮时，“基点”“对象”选项组变为可用状态，其用法与创建内部块相同。

②“目标”选项组：设置外部块的文件名称和保存路径。

3）定义块属性

(1) 启动“定义属性”命令的方法。

① 在命令行输入“attdef”或“att”，按 Enter 键。

② 选择下拉菜单中的“绘图”→“块”→“定义属性”命令。

(2) 功能。块属性是属于块的非图形信息，是块的组成部分。块属性描述块的标记、提示、值、文本格式及位置等。如果要创建成块的对象包括需要变化的文本信息时，先要将文本信息定义属性，再与其他图形创建成块。

(3)“属性定义”对话框主要选项说明。启动“属性定义”命令，打开如图 3.61 所示的“属性定义”对话框。

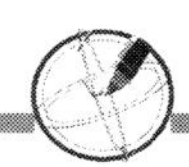

图 3.61　“属性定义”对话框

①“模式”选项组：设置属性模式。

a. 不可见：设置插入块时不显示属性值。

b. 固定：设置插入块时赋予属性固定值。

c. 锁定位置：锁定块参照中属性的位置。

②“属性”选项组：设置属性参数。

a. “标记”文本框：输入标识图形中每次出现的属性。

b. “提示”文本框：输入在插入包含属性定义的块时显示的提示。

c. “默认”文本框：输入默认属性值。

③“文本设置”选项组：设置属性文字的格式。

a. 对正：设置属性文字的对正形式。

b. 文字样式：在下拉列表中选择属性文字的样式。

④“插入点”选项组：设置属性文字的插入点。

4）插入块

(1) 启动“插入块”命令的方法。

① 在命令行输入“insert”或“i”，按 Enter 键。

② 选择下拉菜单中的“插入”→“块”命令。

③ 单击“绘图”工具栏中的“插入块”按钮。

(2) 功能。将已创建的块插入到其他图形文件，作为块插入到图形中。

(3)“插入”对话框主要选项说明。启动“插入块”命令，打开如图 3.62 所示的“插入”对话框。

① 名称：在列表中选择已有的块名称或单击“浏览”按钮选择图形文件。

②“插入点”选项组：设置块的插入点。

5）修改属性定义

(1) 启动“修改属性定义”命令的方法。

① 双击已插入的块。

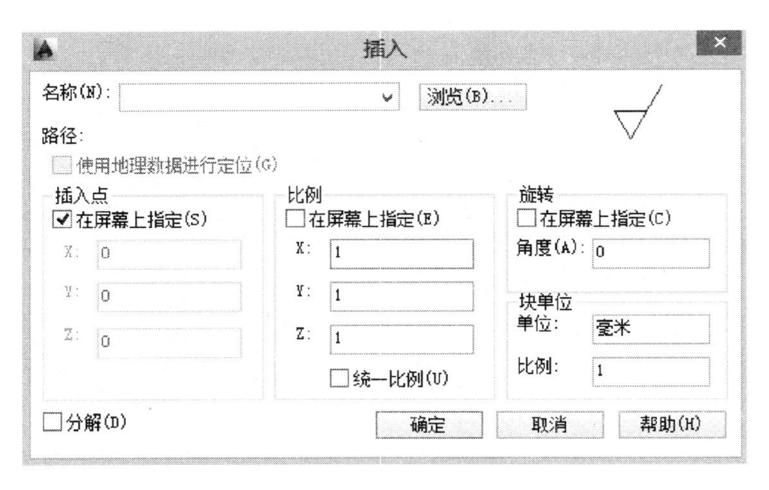

图 3.62 “插入”对话框

② 在命令行输入“eattedtt”或“eat”，按 Enter 键。

③ 选择下拉菜单中的“修改”→“对象”→“属性”→“单个”命令。

(2) 功能。修改已创建块的属性值。

(3)“增值属性编辑器”对话框主要选项说明。启动“修改属性定义”命令，打开如图 3.63(a)所示的“增强属性编辑器”对话框。

该对话框有“属性”“文字选项”和“特性”三个选项卡。

①“属性”选项卡：在“值”文本框中输入新的参数。

②“文本选项”选项卡：设置属性文字的格式，如图 3.63(b)所示。

③“特性”选项组：设置块属性的图层、线性等要素。

(a)“增强属性编辑器”对话框

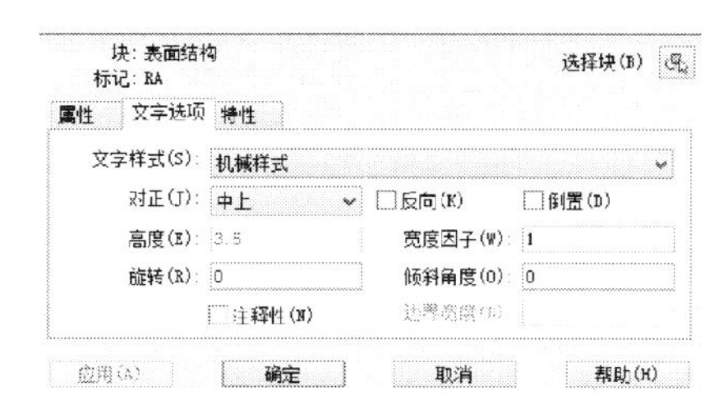

(b)“文本选项”选项卡

图 3.63

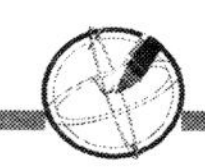

3. 打断标注

1）启动“打断标注”命令的方法

(1) 在命令行输入“dimbreak”，按 Enter 键。

(2) 选择下拉菜单中的“标注”→“标注打断”命令。

(3) 单击“标注”工具栏中的“折断标注”按钮。

2）功能

打断标注可以在尺寸标注的尺寸线、尺寸界限或引线与尺寸标注或图形中线段的交点处形成隔断，可以提高尺寸标注的清晰度和准确度。

3）操作说明

如图 3.64(a)中两尺寸标注的尺寸界限相交，启动“打断标注”命令，命令行操作显示如下。

```
命令：_dimbreak：
选择要添加/删除折断的标注或 [多个(M)]：(选择尺寸 26)
选择要折断标注的对象或 [自动(A)/手动(M)/删除(R)] <自动>：(选择尺寸 35)
选择要折断标注的对象：(按 Enter 键结束选取)
```

完成打断标注，结果如图 3.64(b)所示。

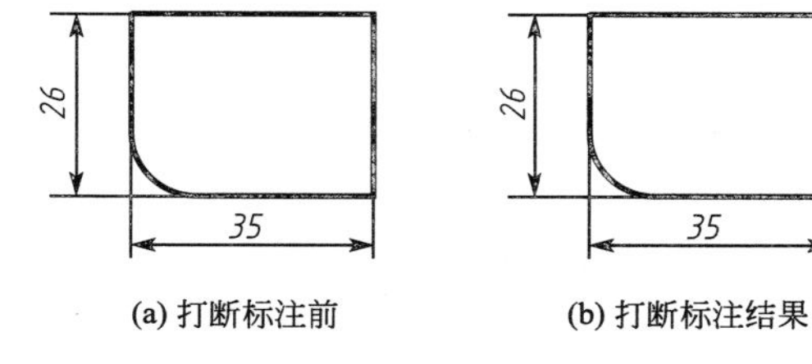

(a) 打断标注前　　(b) 打断标注结果

图 3.64　打断标注

3.3.3　任务实施

步骤 1：按项目 1 的任务 4 设置图层。

步骤 2：启动“直线”“圆”“镜像”“圆角”及“图案填充”等命令按尺寸绘制出齿轮零件的主视图和左视图。

步骤 3：新建“机械样式”文字样式，方法同前。

步骤 4：新建“机械标注”标注样式，方法同任务 3.2 中步骤 4. 创建于“机械标注”标注样式的“直径”子样式，其中在“直径”子样式中的“调整”选项卡中设置调整选项为文字和箭头。将“机械标注”标注样式设置当前。

步骤 5：启动“线性”标注命令，标注尺寸 $\phi40$、$\phi47.25$ 和 $\phi51$。

步骤 6：标注尺寸公差。在多行文字编辑器中设置尺寸公差，以标注 $35^{+0.08}_{-0.14}$尺寸公差为例，操作步骤如下。

① 启动“线性”标注命令，选择要标注的对象后，输入“M”打开多行文字编辑器。

② 在多行文字编辑器中输入文字，在“35”后输入“+0.08^-0.14”，选中“+0.08^-0.14”，单击“堆叠”按钮。

③ 单击“确定”按钮，将尺寸标注放置于合适位置，完成尺寸公差标注。

同理完成其他尺寸公差标注。

步骤 7：标注尺寸公差 $\phi28^{+0.21}_{0}$。启动“直径”标注命令，利用多行文字编辑器编辑尺寸公差，操作步骤同步骤 6。

步骤 8：启动“引线”标注命令，标注倒角 C1。

步骤 9：创建带属性的表面结构符号块。

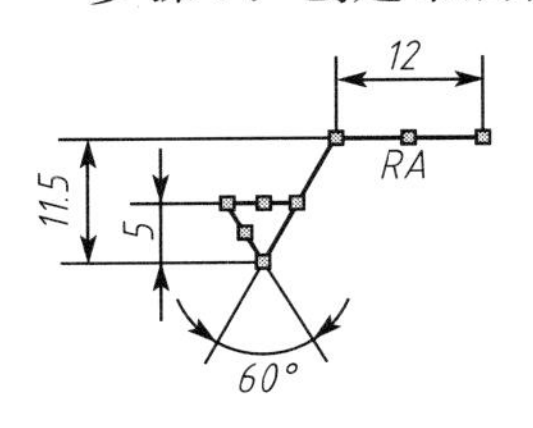

图 3.65　表面结构符号

(1) 在“细实线层”图层中绘制表面结构符号，如图 3.65 所示。

(2) 定义表面结构代号的属性。

① 启动“定义属性”命令，打开“属性定义”对话框，分别在“标记”“提示”“默认”文本框中输入“RA”“表面结构”“Ra3.2”；设置对正方式为中上，文字样式为机械样式，如图 3.66 所示。

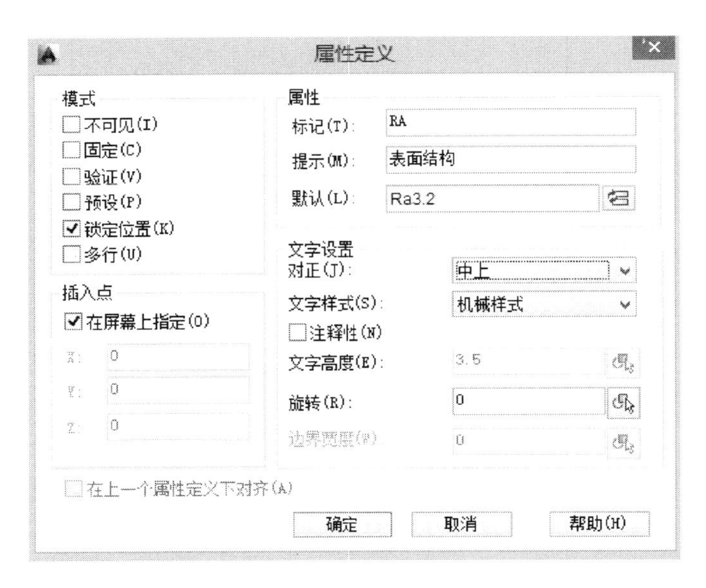

图 3.66　“属性定义”对话框

② 单击“确定”按钮，在绘图区绘制的表面结构代号上横线的中点处单击，如图 3.67(a)所示。结果如图 3.67(b)所示。

(3) 创建带属性的表面结构代号块。

① 启动“创建块”命令，打开“块定义”对话框，在“名称”文本框内输入“表面结构”。

② 单击“基点”选项组中的“拾取点”按钮，在绘图区内单击表面结构代号三角下端点，如图 3.68(a)所示。

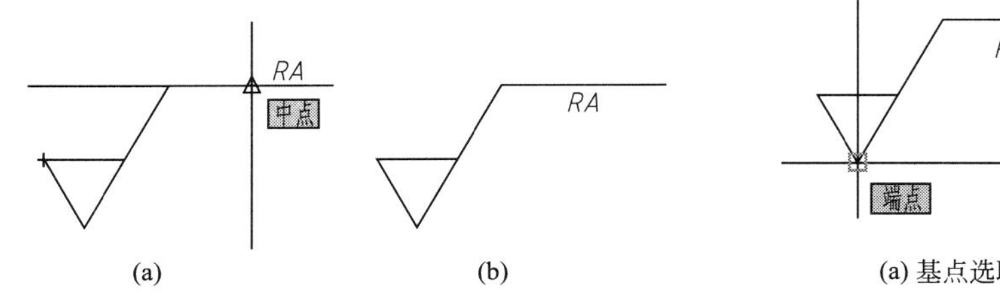

图 3.67　定义表面结构代号的属性

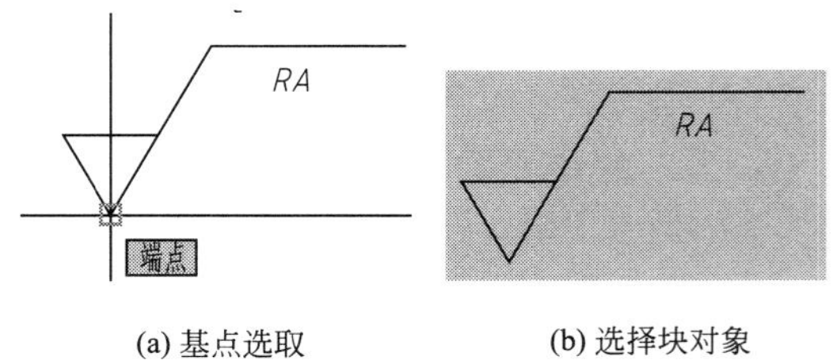

图 3.68　创建表面结构代号块

③ 单击“对象”选项组中的“选择对象”按钮，在绘图区内选择对象如图 3.68(b)所示。“块定义”对话框设置如图 3.69 所示。

图 3.69　创建带属性的表面结构“块定义”对话框

④ 单击“确定”按钮，弹出如图 3.70 所示的“编辑属性”对话框，单击“确定”按钮，完成表面结构代号块的创建。

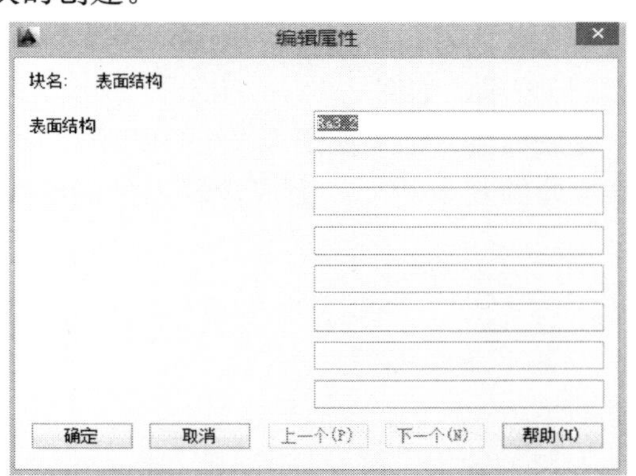

图 3.70　　“编辑属性”对话框

步骤 10：标注表面结构代号。

(1) 标注图中 $\phi40$ 轴，$\phi51$ 处和尺寸 8 ± 0.018 处的表面结构代号。操作步骤如下。

① 启动“插入块”命令，打开“插入”对话框，在“名称”列表框中选择“表面结构”选项，单击“确定”按钮。

② 在绘图区 $\phi40$ 轴上合适位置处单击，如图 3.71(a)所示命令行出现“输入属性值表面结构＜Ra3.2＞:”时按 Enter 键完成对 $\phi40$ 轴的表面结构代号标注。

③ 同理完成尺寸 8 ± 0.018 处的表面结构代号标注。

④ 同理完成 $\phi51$ 处的表面结构调号标注，结果如图 3.71(b)所示。因该表面结构代号与 $\phi54^{0}_{-0.03}$ 尺寸界线相交，启动“打断标注”命令将其在交点处形成隔断，结果如图 3.71(c)所示。

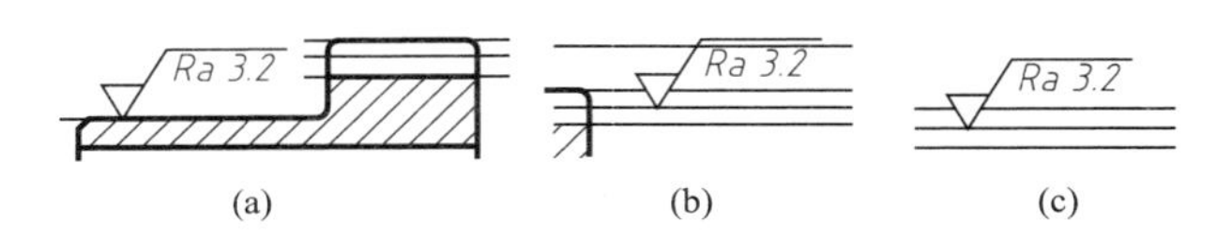

图 3.71　标注表面结构代号

(2) 标注主视图中√Ra1.6表面结构代号。步骤同标注√Ra3.2，当命令行出现“输入属性值表面结构＜Ra3.2＞：”时，输入“Ra1.6”，按 Enter 键完成标注。

(3) 标注主视图右端面的表面结构代号。

① 启动“引线”标注命令，输入“S”打开“引线设置”对话框，选择注释类型为块参照，如图 3.72(a)所示。

② 在绘图区合适位置绘制引线，如图 3.72(b)所示，命令行出现“输入块名域［?］＜表面结构＞：”时，按 Enter 键。

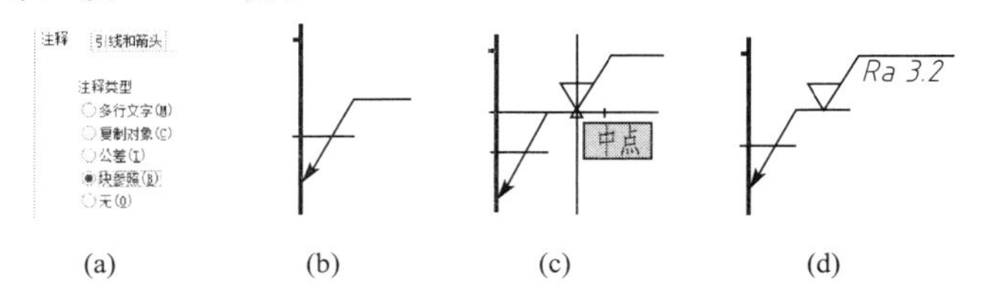

图 3.72　标注表面结构代号

③ 命令行出现“指定插入点或［基点(B)/比例(S)/X/Y/Z/旋转(R)：]”时在绘图区内引线上横线中点处单击鼠标左键，如图 3.72(c)所示。

④ 按命令行提示操作完成标注，结果如图 3.72(d)所示。

步骤 11：绘制技术要求处的其余√Ra3.2，完成齿轮零件的绘制及尺寸、表面结构代号标注。

3.3.4　任务扩展

1. 任务描述

绘制如图 3.73 所示的套筒剖视图，并标注尺寸、基准符号、几何公差，掌握基准符号和几何公差标注的方法。

2. 知识准备

1) 几何公差标注

(1) 启动“几何公差”标注的方法。

① 启动“引线”标注命令，输入“S”，在打开的“引线设置”对话框的“注释”选项卡中选择注释类型为公差。

② 单击“确定”按钮，按命令行提示绘制出引线，按 Enter 键弹出如图 3.74(a)所示的“形位公差”对话框。

(2)“形位公差”对话框常用项说明。

①“符号”选项组：单击小黑框，弹出如图 3.74(b)所示的“特征符号”对话框，可选择几何公差特征符号。

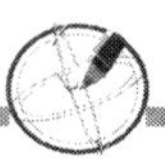

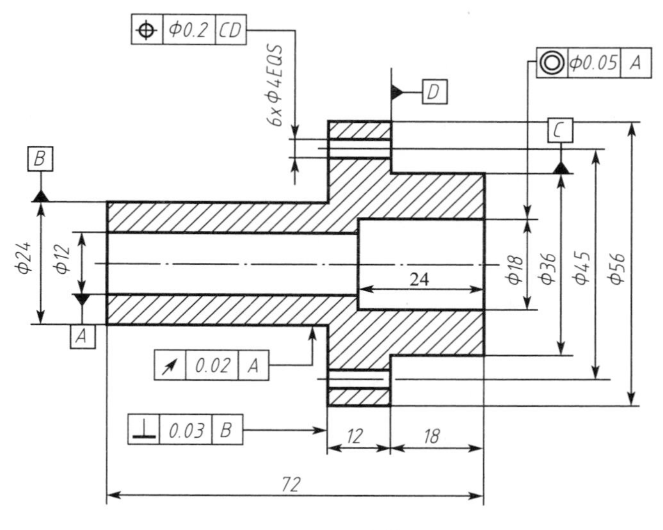

图 3.73　套筒

②“公差”选项组：单击左边小黑框可插入直径符号 φ；在中间文本框中输入公差值；在右边小黑框中选择附加符号。

③“基准”选项组：在文本框中输入基准参考值；在右边小黑框中选择附加符号。

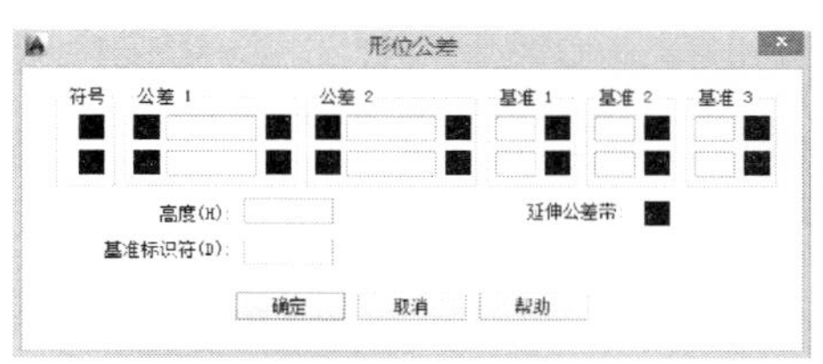

(a)“形位公差”对话框

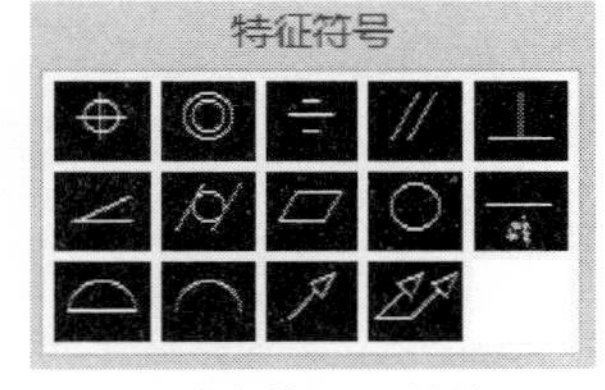

(b)“特征符号”对话框

图 3.74　形位公差

特别提示

启动“引线”命令标注几何公差的方法可以标注带有引线的几何公差。而标注用工具栏中的“公差”按钮可标注不带引线的几何公差，引线还需启动“引线”命令进行绘制，因此启动“引线”命令标注几何公差的方法更为方便。

2）基准符号标注

（1）基准符号的画法。基准符号由基准字母表示。字母标注在基准方格内，字母一定要水平书写，用一条细实线与一个涂黑或空白的三角形相连接。图 3.75(a)中的 h 为字高，图 3.75(b)所示为 $h=3.5$ 时的尺寸，本例中用此尺寸。

（2）基准符号的标注。在绘制机械工程图时，可先将基准符号创建为带属性的块，再用插入块的方法来标注。具体的方法在本例的任务实施中将详细讲解。

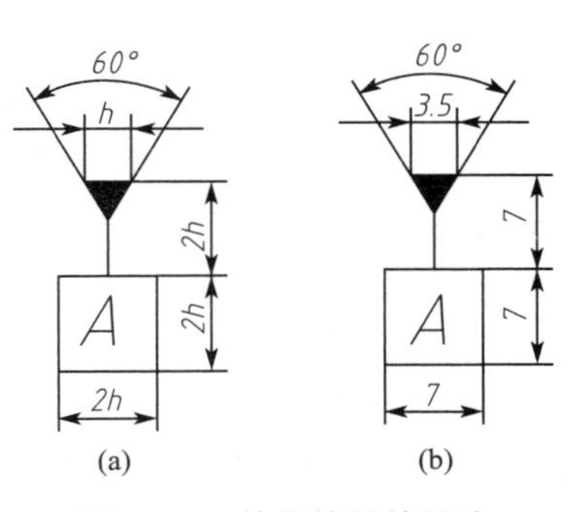

(a)　　(b)

图 3.75　基准符号的画法

3. 任务实施

步骤 1：按项目 1 的任务 1.4 设置图层。

步骤 2：启动“直线”“镜像”和“图案填充”等命令按尺寸绘制出套筒图形。

步骤 3：新建“机械样式”文字样式，方法同前。

步骤 4：新建“机械标注”标注样式，方法同任务 3.2 中的步骤 4。

步骤 5：启动“线性”标注命令，标注出所有的线性尺寸。

步骤 6：创建带属性的基准符号块。

(1) 在“细实线层”中绘制如图 3.76(a)所示的基准符号。

(2) 定义基准符号的属性。

① 启动“定义属性”命令，打开“属性定义”对话框，分别在“标记”“提示”“默认”文本框中输入“A”：设置“对正”方式为“正中”，“文字样式”为“机械样式”，如图 3.76(b)所示。

② 单击“确定”按钮，在绘图绘制的基准符号的方格中处单击鼠标左键，如图 3.76(c)所示。结果如图 3.76(d)所示。

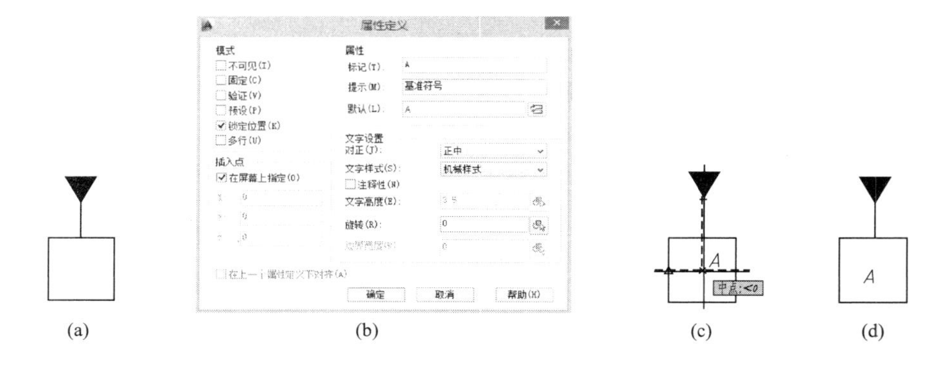

图 3.76　定义基准符号的属性

(3) 创建带属性的基准块。

① 启动“创建块”命令，打开“块定义”对话框，在“名称”文本框内输入“基准符号”。

② 单击“基点”选项组中的“拾取点”按钮，在绘图区内单击基准符号三角块顶边中点，如图 3.77(a)所示。

③ 单击“对象”选项组中的“选择对象”按钮，在绘图区内选择如图 3.77(b)所示的对象。“块定义”对话框设置如图 3.77(c)所示。

④ 单击“确定”按钮，弹出“编辑属性”对话框，单击“确定”按钮，完成基准符号块的创建。

步骤 7：标注基准符号。

(1) 标注图中基准 A、B、C、D。

① 启动“插入块”命令，打开“插入”对话框，在“名称”列表框中选择“基准符号”选项，单击“确定”按钮。

② 将插入点与 $\phi12$ 尺寸线箭头端点重合，如图 3.78(a)所示，当命令行出现“基准符

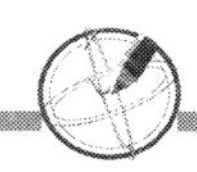

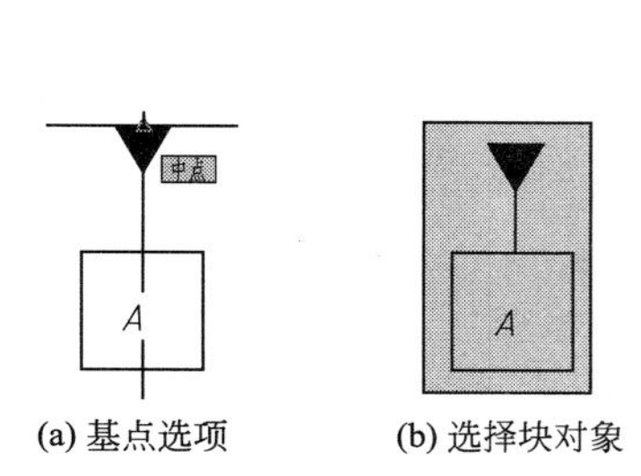

(a) 基点选项　　(b) 选择块对象

(c) “块定义”对话框

图 3.77　创建基准符号块

号<A>:”时，按 Enter 键，完成基准 A 的标注，用“打断标注”将基准 A 与其他尺寸寸线在交点处形成隔断。

(2) 标注图中基准 B 和基准 C。启动“插入块”命令，命令行操作显示如下。

```
命令: _insert
指定插入点或 {基点(b)/比例(S)/X/Y/Z 旋转(R)}: R(输入“R”并按 Enter 键)
指定旋转角度<0>: 180(输入块的旋转角度)
指定插入点或 {基点(B)/比例(S)/X/Y/Z 旋转(R)}: (单击 24 尺寸线箭头端点)
输入属性值　　基准符号<A>: B(输入“B”并按 Enter 键)
```

标注结果如图 3.78(b)所示。符号“B”倒置，不符合要求。双击基准 B，打开“增强属性编辑器”对话框，在“文字选项”选项卡的“旋转”文本框中输入“0”，单击“确定”按钮，结果如图 3.78(d)所示。

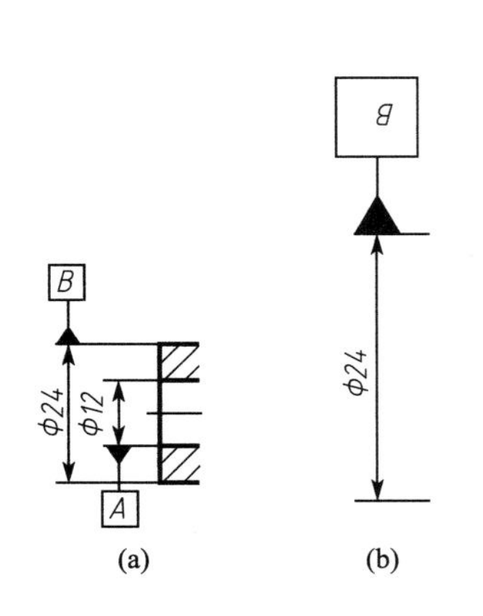

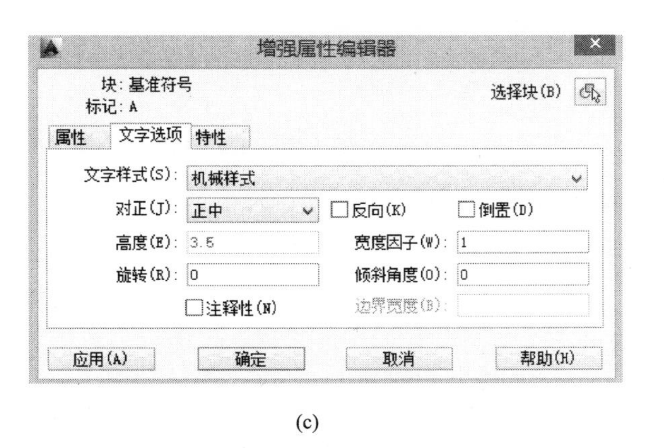

(a)　　(b)　　(c)　　(d)

图 3.78　标注基准符号

同理标注基准 C，启动“打断标注”命令将基准 C 与其他尺寸线在交点处形成隔断。

(3) 标注图中基准 D。启动“引线”标注命令，操作步骤(同基准 A、B 的标注)如下。

① 输入“S”，在打开的“引线设置”对话框中的“注释”选项卡中设置注释类型为块参照。然后在“引线和箭头”选项卡中设置箭头形式为无，并单击“确定”按钮。

② 绘制引线按 Enter 键，当命令行提示“输入块名或｛?｝＜基准符号＞：”时，按 Enter 键。

③ 当命令行提示“指定插入点或｛基点(B)/比例(S)/X/Y/Z/旋转(R)｝：”时，输入“R”并按 Enter 键，然后输入“90”按 Enter 键输入，并选取合适的插入点插入块。

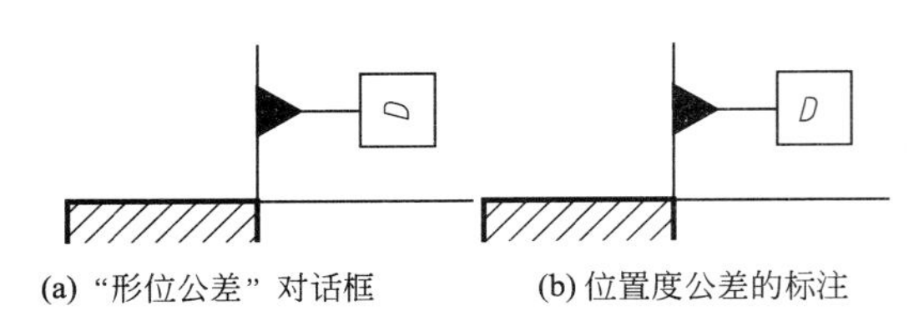

(a) “形位公差”对话框　　(b) 位置度公差的标注

图 3.79　标注位置度公差

④ 当命令行提示“输入属性值”基准符号＜A＞：”时，输入“D”并按 Enter 键，结果如图 3.79(a)所示。

⑤ 双击基准 D，将“增强属性编辑器”对话框“文字选项”选项卡的“旋转”文本框中输入“0”并单击“确定”按钮，结果如图 3.79(b)所示。

步骤 8：标注位置度公差。启动“引线”标注命令，操作步骤如下。

(1) 输入“S”在打开的“引线设置”对话框中的“注释”选项卡中设置注释类型为公差，并单击“确定”按钮。

(2) 按命令行提示给绘制引线，弹出“形位公差”对话框，在对话框中设置内容如图 3.80(a)所示。按 Enter 键，完成位置度公差的标注，结果如图 3.80(b)所示。

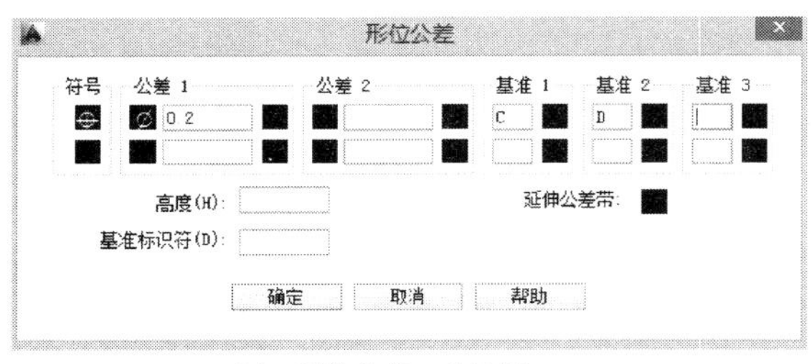

(a) “形位公差”对话框

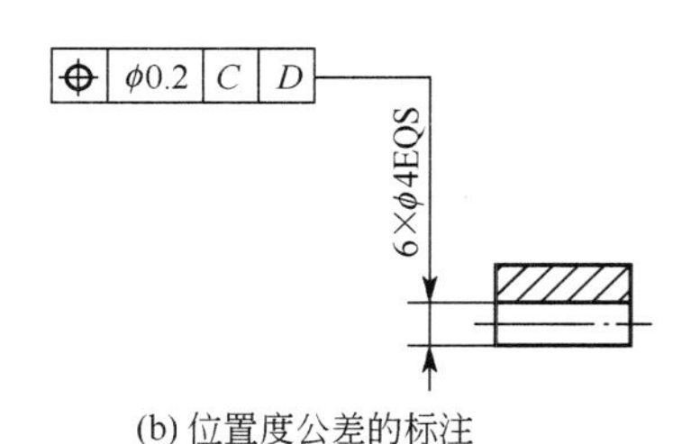

(b) 位置度公差的标注

图 3.80　标注位置度公差

步骤 9：按步骤 8 的方法，标注图中径向圆跳动公差，垂直度公差和圆柱度公差。

3.3.4　实训项目

1. 实训目的

熟练运用基本尺寸标注、尺寸公差标注、几何公差标注和编辑；熟练运用创建块与定义属性块的方法，以及表面结构代号标注和基准符号标注。

2. 实训内容

创建图 3.81 所示主动齿轮轴零件图。

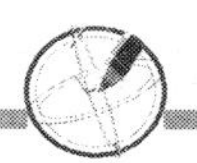

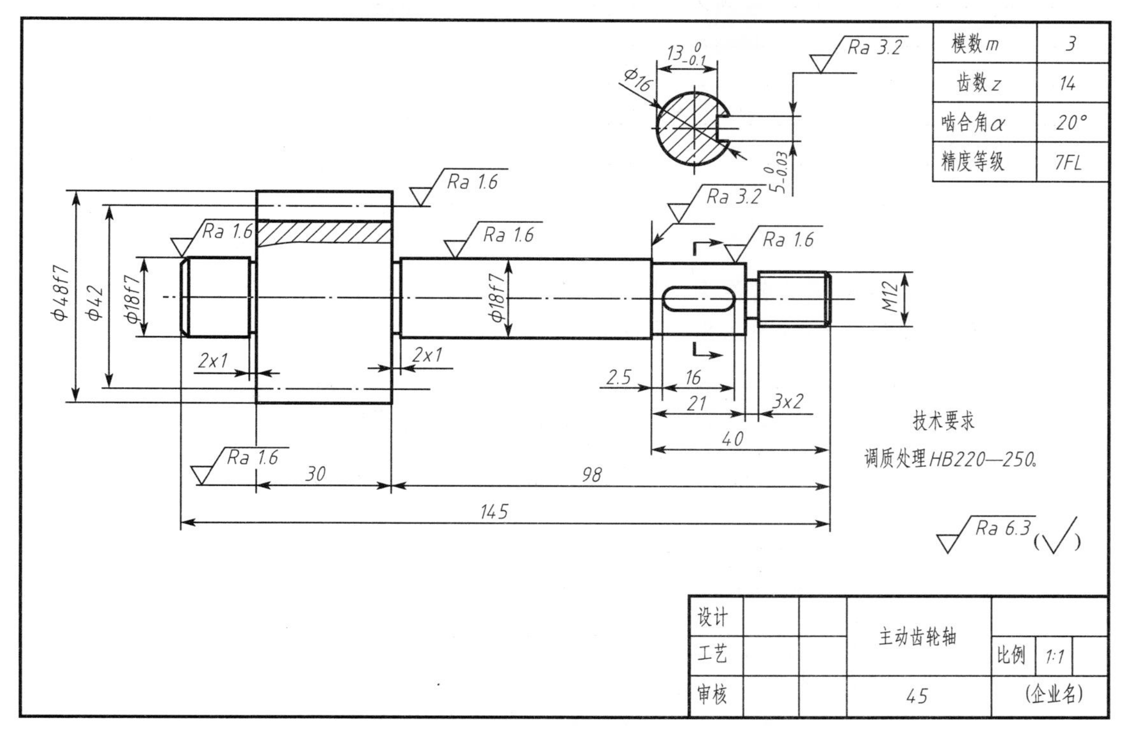

图 3.81　主动齿轮轴零件图

项 目 小 结

1. 机械制图文字中的汉字应采用长仿宋体，长仿宋体在 AutoCAD 中可用“仿宋 GB2312”，在工程图样的绘制过程中，注写文字或标注尺寸前应设置所需的文字样式，在应用中选择所需样式，文字是图样中不可缺少的内容，应掌握相关的设置和操作方法。

2. 表格主要用来展示图形相关的参数信息等，在机械图样中的标题栏、明细表、参数表等可以用表格进行绘制。创建好表格后，还可以根据需要对表格及其单元格进行编辑操作。

3. 在工程设计中，图形用以表达机件的结构形状，而机件的真实大小有尺寸确定。尺寸是工程图样中不可缺少的重要内容，必须满足正确、完整、清晰的基本要求。对图形标注实际上是测量和添加注释的过程，尺寸标注是建立在准确绘图的基础上的。尺寸标注包括尺寸标注样式的设置、尺寸标注的基本命令、尺寸标注编辑及公差配合和形位公差的标注方法等。

4. 图块的创建与应用包括图块的创建与插入、图块属性的定义、块的编辑与修改、图块编辑器的使用等。通过块操作的学习，应能够熟练掌握图块的操作。

技 能 训 练

1. 创建表格如图 3.82，要求如下：表格样式名为“新表格”，标题、表头和数据单元

序号	名称	数量	材料	备注
1	护板	4	45	发蓝
2	活动块	1	HT200	
3	螺杆	1	45	
4	方块螺母	1	Q275	

图 3.82　“新表格”

的文字样式(文字样式名为“工程字 35”，SHX 字体采用 gbenor. shx，大字体采用 gbcbig. shx，字高为 3.5，其余设置自定)，数据均采用左对齐，数据距离单元格左边界的距离为 5，与单元格上、下边界的距离均为 0.5。

2. 定义符合机械制图要求的尺寸样式，主要要求：标注样式的名称为“尺寸 35”，尺寸文字样式采用“工程字 35”，尺寸箭头为 3.5，标注如图 3.83～图 3.85 所示的尺寸。

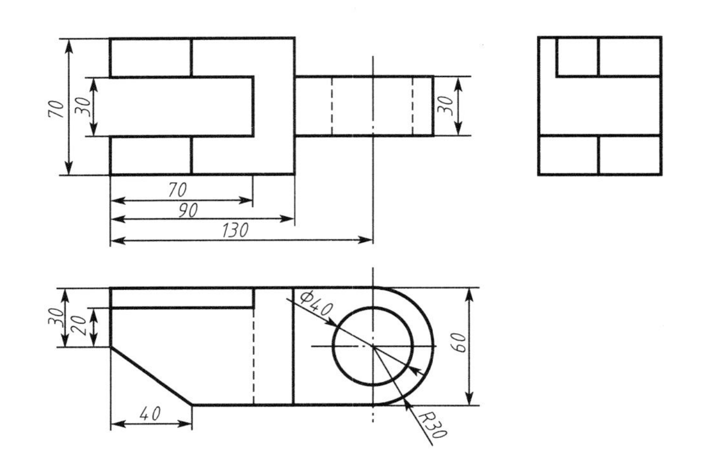

图 3.83

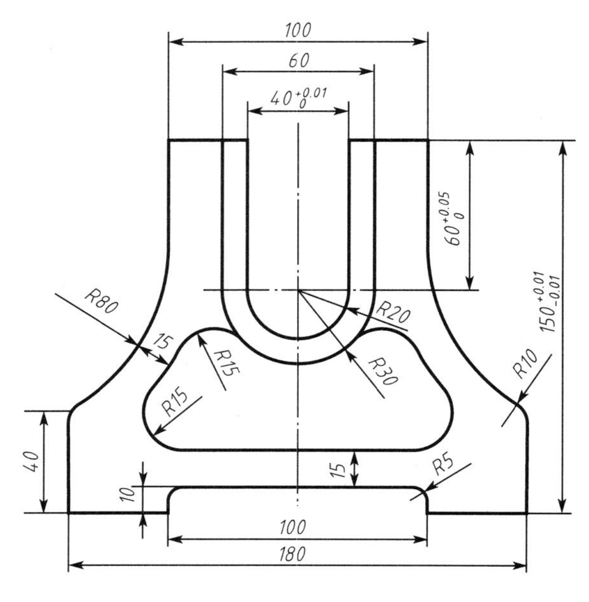

图 3.84

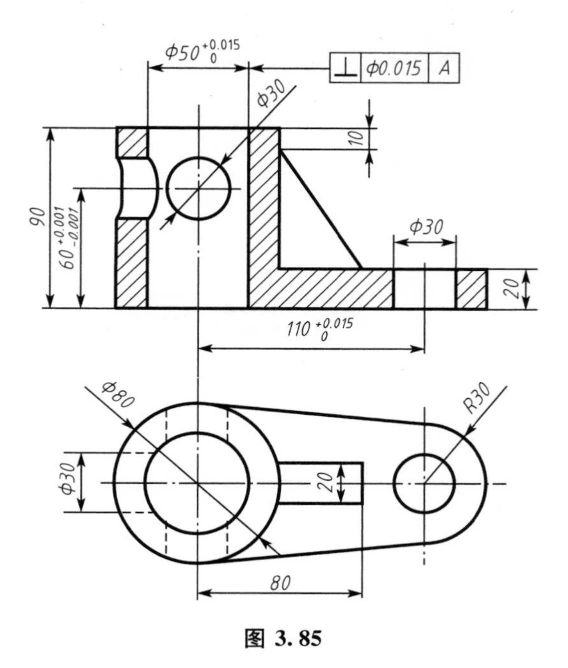
Φ50 +0.015 0
⊥ Φ0.015 A
Φ30
10
90
60 +0.001 -0.001
Φ30
20
110 +0.015 0
Φ80
R30
Φ30
20
80

图 3.85

项目 4

机械零件图绘制

知识目标

● 掌握零件图的绘制方法和步骤，在本项目学习的基础上复习二维绘图、编辑、尺寸标注和标题栏绘制等知识。

● 熟练运用零件图的各种视图的画法、尺寸标注和技术要求标注等知识。

能力目标

● 通过具体实例介绍，能综合应用前面各项目的知识，熟练绘制零件图，为后续绘制装配图打下基础。

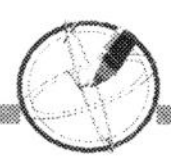

任务 4.1　绘制轴类零件图

4.1.1　任务描述

绘制如图 4.1 所示的泵轴零件图，要求创建绘图文件，设置图层、图框、标题栏等。

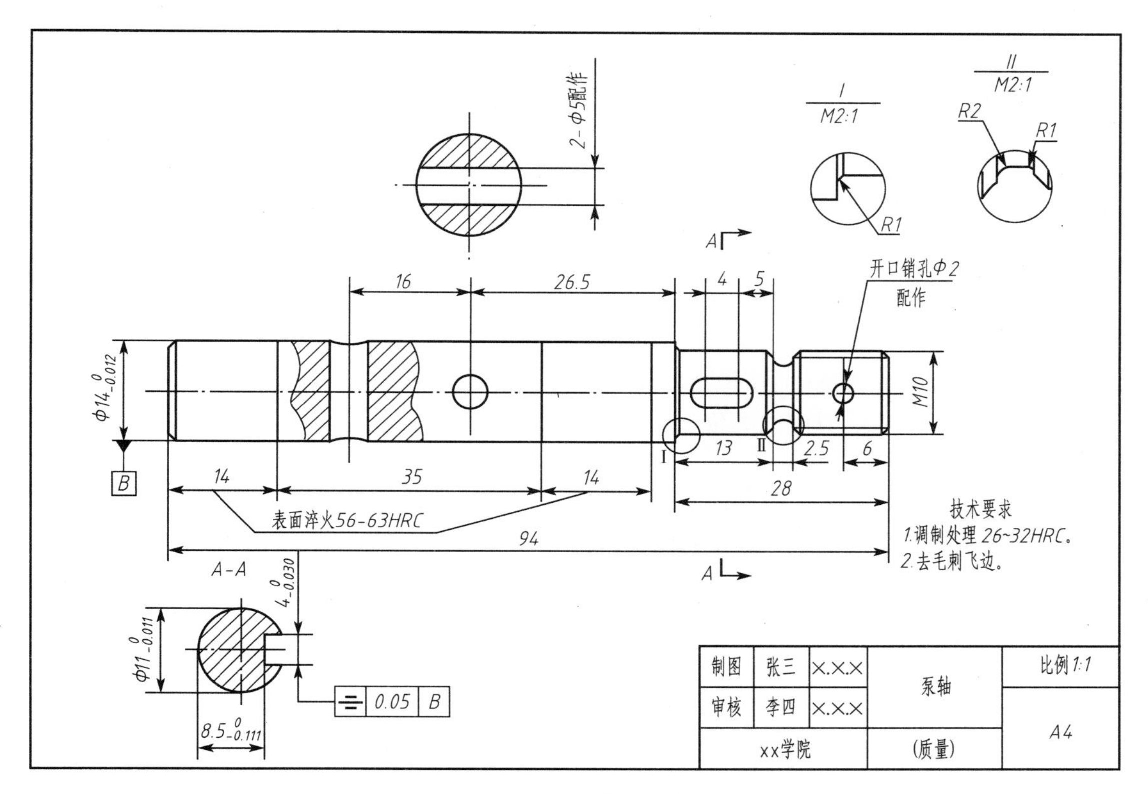

图 4.1　泵轴零件图

4.1.2　知识准备

1. 零件图概述

零件图是表示单个零件形状、结构、大小和技术要求的图样，是零件制造、检验和制定工艺规程的重要技术文件，它不仅要求反映设计者的设计意图，又要考虑到制造的合理性和可靠性。因此，绘制零件图需要有一定的机械制图基础知识，需要熟悉机械制图的相关国家标准。

零件图包含以下四方面内容。

1）图形

根据要绘制的零件的特点，利用各种视图表达方法正确、完整、清晰的表达零件的结构和形状。

2）尺寸

在零件图样当中需要完整、清晰、正确地标注零件在制造和检验时所需的全部尺寸。

3）技术要求

用一些规定的符号、代号、数字、字母和文字注解，简明、准确地表达零件在使用、制造和检验时应达到的各项技术指标和要求(包括表面粗糙度、尺寸公差、形状和位置公差、表面处理和材料处理等要求)。

4）标题栏

说明零件的名称、材料、数量、日期、图的编号、比例，以及绘制、审核人员签字等。根据国家标准，有固定形式及尺寸，制图时应按标准绘制。

2. 典型零件的种类

实际生产过程中零件的种类很多，按其结构特点可大致分为轴套类零件、轮盘类零件、叉架类零件和箱体类零件四种。

3. 轴套类零件的表达方法

1）结构分析

轴套类零件大多数是由是同轴回转体组成，轴向尺寸一般大于径向尺寸。在轴类零件上通常有键槽、螺纹退刀槽、倒角、圆角锥度等结构。

2）一般表达方法

由于轴套类零件在加工时轴线水平放置，所以这类零件按加工位置绘制主视图。对于零件上的细微结构，如键槽、孔等，通常采用移出断面图、局部剖视图方法表示；砂轮越程槽、退刀槽、中心孔等采用局部放大图表示。

4.1.3 任务实施

1. 绘制说明

由图 4.1 可以看出，泵轴图样由主视图、剖视图和局部放大图组成。主视图关于中心线上下基本对称，为了便于看图，轴线应水平放置，对于轴上的键槽、销孔等，可采用移出断面图来表达，通过这种方式既表达了它们的形状，又便于标注尺寸。对于轴上的局部结构，如砂轮越程槽、螺纹退刀槽等，可采用局部放大图来表达。

2. 绘图步骤

步骤 1：创建绘图文件。

(1) 新建空白文件，选择 acadiso. dwt 模板。

(2) 设置图形界限：297mm×210mm。

(3) 设置图形单位：长度类型为小数，长度精度为 0.00；角度类型为十进制，角度精度为 0.00。

(4) 设置图层。绘制机械零件图通常需要设置八个图层，设置的图层包括：中心线(CENTER)、粗实线(THICK)、细实线(THIN)、文字(TEXT)、标注尺寸(DIMENSION)、虚线(DASHED)、双点画线(DIVIDE)，各图层颜色线型设置如图 4.2 所示。

(5) 新建“机械制图”字体样式，选用 gbenor. shx 和大字体 gbcbig. shx，字号为 3.5。

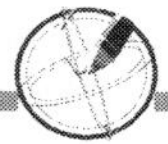

状	名称	开.	冻结	锁...	颜色	线型	线宽	透明度	打印...	打.	新.	说明
✓	0				白	Continu...	默认	0	Color_7			
	CENTER				红	CENTER	0.1...	0	Color_1			
	DASHED				白	HIDDEN	0.1...	0	Color_7			
	Defpoints				白	Continu...	默认	0	Color_7			
	DIMENSI...				白	Continu...	0.1...	0	Color_7			
	DIVIDE				白	JIS_09_15	0.1...	0	Color_7			
	TEXT				白	Continu...	0.1...	0	Color_7			
	THICK				白	Continu...	0.3...	0	Color_7			
	THIN				白	Continu...	0.1...	0	Color_7			

图 4.2　图层设置

（6）新建“机械标注”标注样式，通过样式工具栏或通过菜单栏“格式-标注样式”打开标注样式管理器，新建名为“机械标注”的标注样式，通过修改“线”“符号和箭头”“文字”和“调整”等选项卡建立符合机械制图国家标准的标注样式，并以此样式为基础创建“线性”“角度”“半径”和“直径”等子样式。

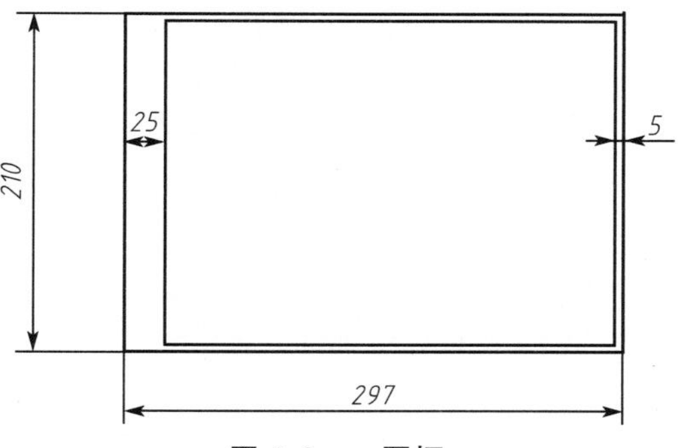

图 4.3　图框

（7）保存图形，选择保存路径，文件名为“泵轴零件图”。完成绘图文件的创建。

步骤 2：绘制图框。切换至“THICK”图层，使用“直线”命令分别绘制图纸的外框和内框，边框尺寸及结果如图 4.3 所示。

步骤 3：绘制标题栏，并书写文字，结果如图 4.4 所示。

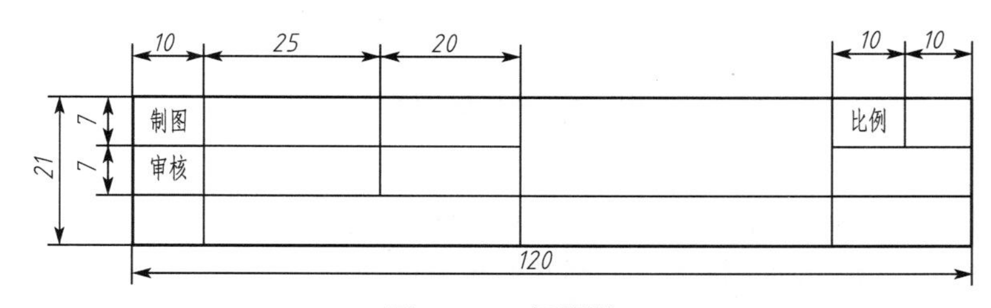

图 4.4　标题栏

步骤 4：绘制泵轴的中心线。选择“CENTER”图层，使用“直线”命令在图纸中部绘制主视图点画线。

步骤 5：绘制泵轴的主视图外形。切换至“THICK”图层，使用“直线”“偏移”“修剪”和“倒角”命令画泵轴的外形。

（1）绘制上下轮廓线和左右端面线。使用“直线”命令和“偏移”命令，绘制 ϕ14mm、ϕ11mm、ϕ7mm 及 M10 轮廓线和左右端面线。

（2）使用“偏移”命令和“倒角”命令画泵轴各端面处倒角。经上述步骤，得绘图结果如图 4.5 所示。

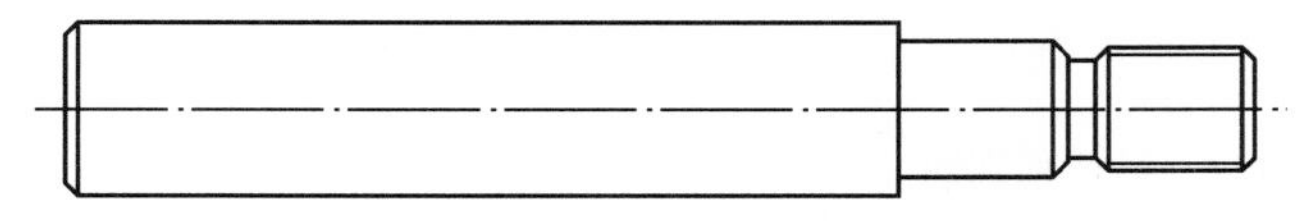

图 4.5　绘制轮廓线

步骤 6：绘制泵轴上的键槽和孔。

(1) 绘制左端垂直 ϕ5mm 圆孔。

① 将轴 ϕ14mm 段的右端面向左偏移 42.5mm。

② 以偏移线为基准，左右分别偏移 2.5mm。

③ 将中心偏移线线型改为点画线，并延伸超出轮廓线 3～5mm。

④ 绘制圆孔与泵轴的相贯线，删除相贯线区域的轮廓线。

(2) 绘制水平 ϕ5mm 圆孔。

① 将垂直圆孔的中心线向右偏移 16mm。

② 用"圆"命令画 ϕ5mm 圆孔。

(3) 绘制右端 ϕ2mm 圆孔。

① 将右端面线向左偏移 6mm。

② 用"圆"命令画 ϕ2mm 圆孔。

(4) 绘制键槽。

① 将 ϕ11mm 左端面线分别向右偏移 5mm 和 9mm，并把线型更改为点画线。

② 将 ϕ11mm 上轮廓线向下偏移 3.5mm，下轮廓线向上偏移 3.5mm。

③ 作键槽两端半圆线。

④ 使用修剪命令去除多余图线，使用延伸命令调整图线至合适位置。经上述步骤，得绘图结果如图 4.6 所示。

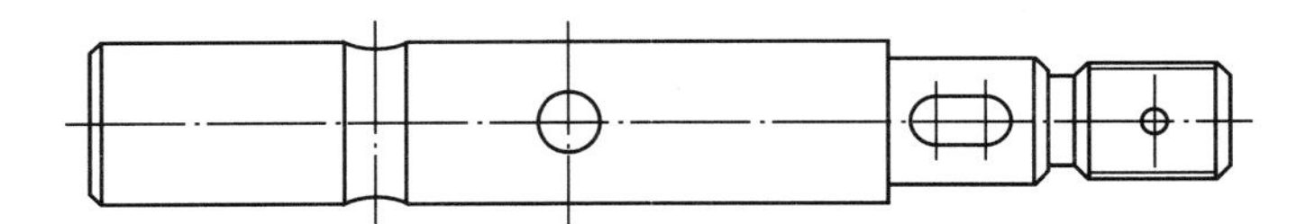

图 4.6　绘制键槽和孔

步骤 7：绘制剖面图。

(1) 在绘图区域的适当位置绘制键槽的剖面图。

(2) 在泵轴水平 ϕ5mm 孔正上方绘制其移出断面图。

(3) 使用"图案填充"命令绘制剖面线。

① 打开"图案填充"命令，弹出"图案填充和渐变色"对话框。

② 在"图案"列表中选择"ANSI31"。

③ 单击"添加：拾取点"，在需要添加剖面线的区域单击鼠标左键，按 Enter 键返回对话框，单击"确定"按钮。经上述步骤，得绘图结果如图 4.7 和图 4.8 所示。

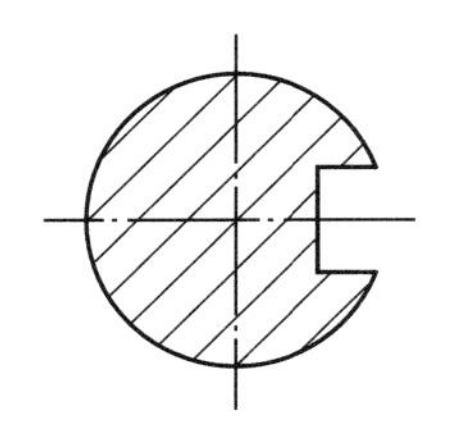

图 4.7　键槽剖视图

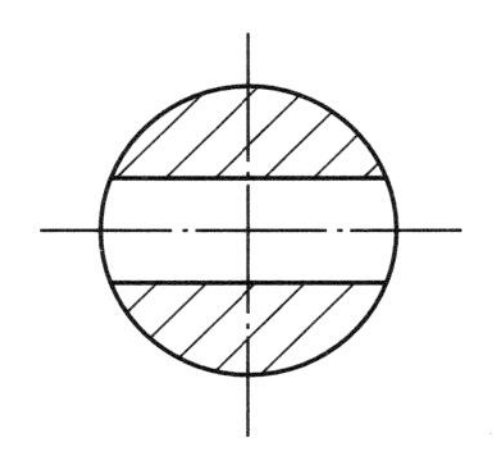

图 4.8　移出断面图

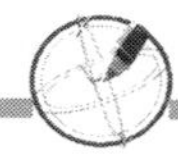

步骤 8：绘制局部放大图。

① 切换至细实线图层，用细实线圆圈将需要局部放大的图形框住。

② 复制框住的部分图形，移至主视图上方适当位置。

③ 运用“缩放”命令将移出图形放大两倍。

步骤 9：绘制局部剖视图。

① 使用“多段线”命令绘制局部视图边界的波浪线。

② 使用“图案填充”命令绘制剖面线，注意此时绘制的剖面线的样式与移出断面图剖面线的样式应该一致。经上述步骤，得绘图结果如图 4.9 所示。

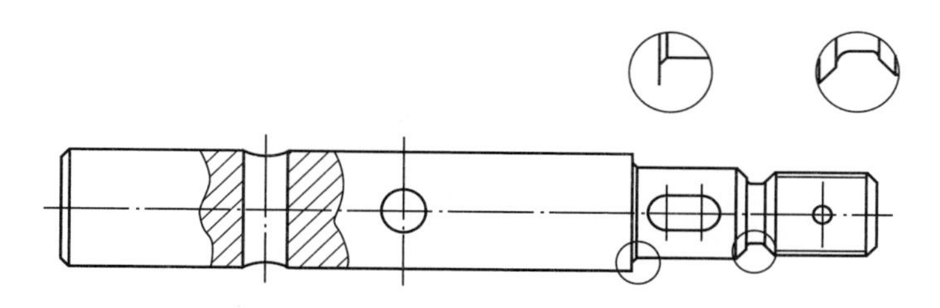

图 4.9　局部放大图和局部视图

步骤 10：标注尺寸。

切换图层至“DIMENSION”图层，标注线性尺寸：94、28、13、2.5、6、5、4、26.5、16、M10、ϕ14、4、8.5、ϕ11、ϕ5 和 ϕ2。标注半径：R1、R2。

步骤 11：标注形位公差。

① 在 $4_{-0.030}^{\ 0}$的尺寸线的延长线上绘制指引线。

② 单击菜单“标注—公差”，打开“形位公差”对话框，在“符号”框内选择“对称度”符号，“公差 1”框内输入“0.05”，“基准 1”框内输入“B”，单击“确定”按钮，完成形位公差的标注。

③ 插入“基准”块，输入块属性为名称“B”，放置“基准”块至指定位置。

经上述步骤，得绘图结果如图 4.10 所示。

步骤 12：输入文字。

使用“单行文字”和“多行文字”命令在指定位置输入文字，输入文字包括技术要求、移出断面图名称、局部放大图名称、标题栏文字等。

经上述步骤，得绘图结果如图 4.1 所示。至此绘制完成泵轴的零件图。

4.1.4　实训项目

1. 实训目的

掌握并熟练运用轴类零件图的绘图方法。

2. 实训内容

绘制如图 4.11 所示的主动轴零件图。

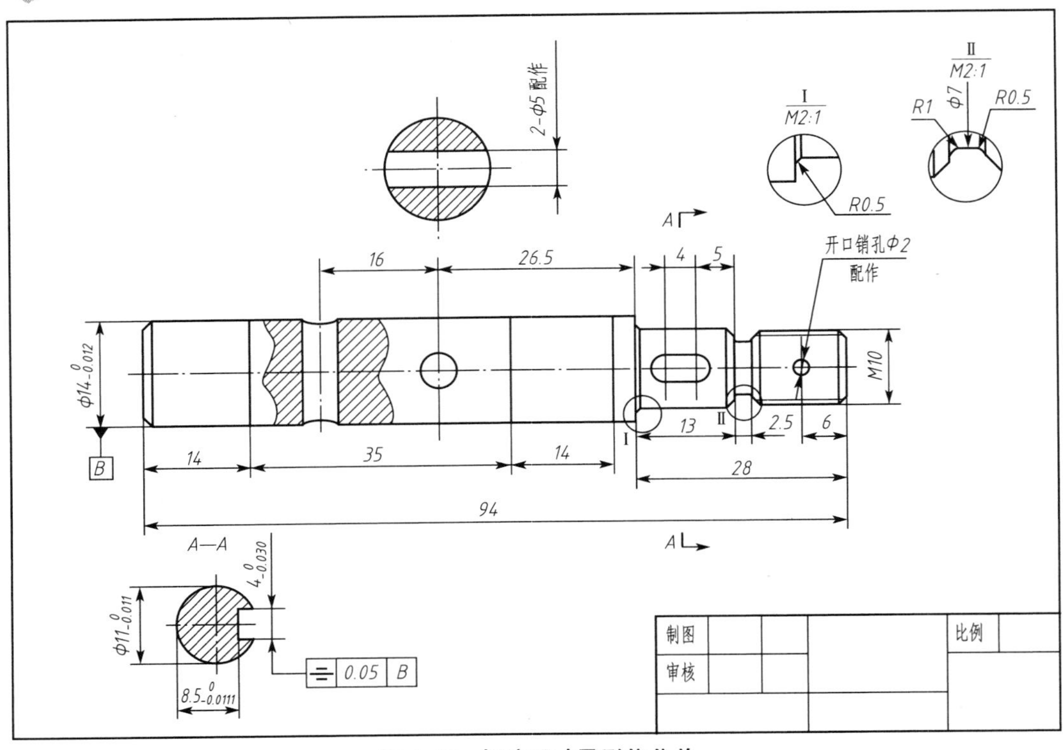

图 4.10 标注尺寸及形位公差

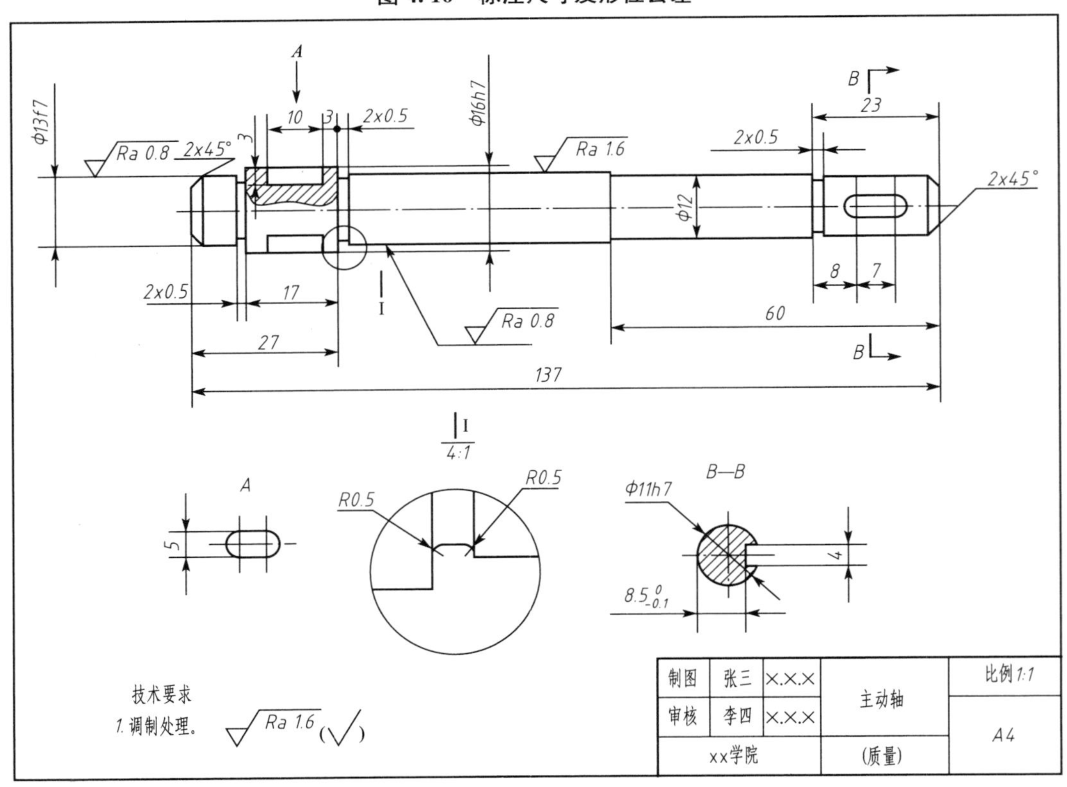

图 4.11 主动轴零件图

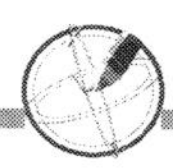

任务 4.2　绘制轮盘类零件

4.2.1　任务描述

绘制如图 4.12 所示的阀盖零件图，要求创建绘图文件，设置图层、图框、标题栏等，并完成整个图形的绘制。

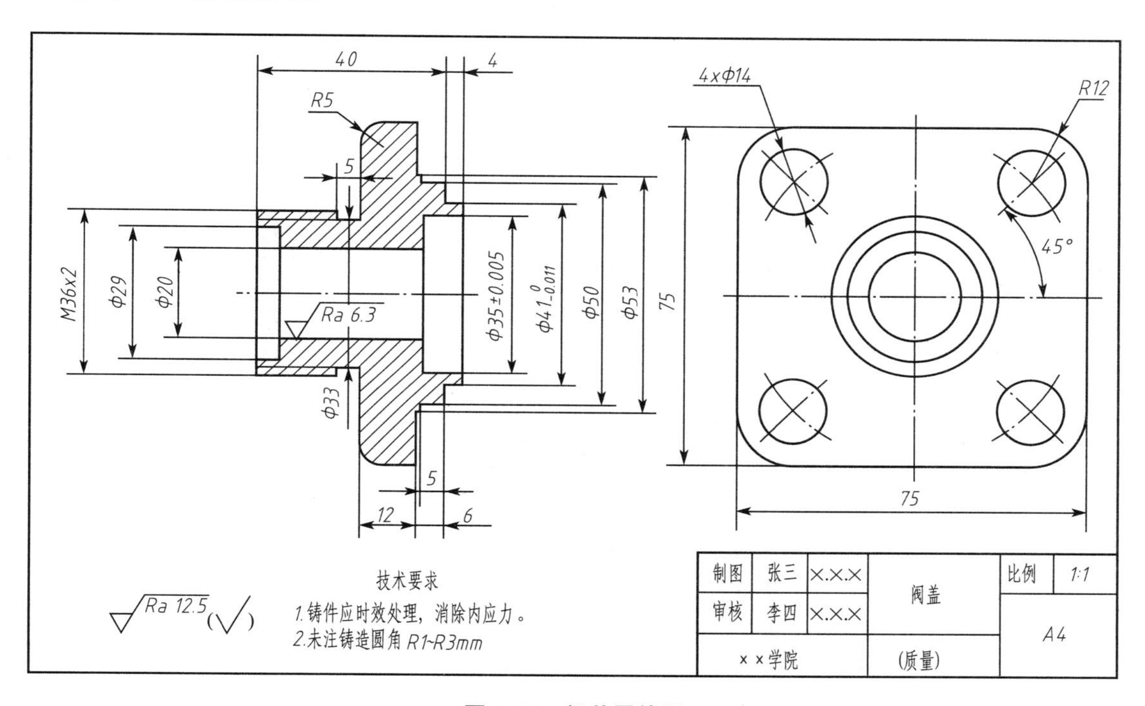

图 4.12　阀盖零件图

4.2.2　知识准备

1. 轮盘类零件的结构分析

轮盘类零件的基本形体一般是回转体或其他几何形状的扁平的盘状，通常还带有各种形状的凸缘、均布的圆孔和肋等局部结构，例如各种齿轮、带轮、手轮及端盖等都属该类零件。轮盘类零件的作用主要是轴向定位、防尘和密封。

2. 轮盘类零件的表达方法

轮盘类零件的毛坯有锻件或铸件，机械加工一般以车削为主，所以主视图一般按加工位置水平放置，但有些较复杂的盘盖，因加工工序较多，主视图也可按工作位置画出。为了表达零件内部结构，主视图常取全剖视。除主视图外，为了表示零件上均布的孔、槽、肋、轮辐等结构，还需要选用一个端面视图。此外，为了表达细小结构，有时还常采用局部放大图。

4.2.3 任务实施

1. 绘制说明

由图 4.12 可以看出阀盖左端有外螺纹 M36×2 的连接管道，右端有 75mm×75mm 的方形凸缘，装有 4×ϕ14mm 的圆柱孔，以便与阀体连接，安装四个螺柱。

2. 绘制步骤

步骤 1：创建绘图文件。

(1) 新建空白文件，选择 acadiso. dwt 模板。

(2) 设置图形界限：297mm×210mm。

(3) 设置图形单位：长度类型为小数，长度精度为 0.00；角度类型为十进制，角度精度为 0.00。

(4) 设置图层。绘制机械零件图通常需要设置八个图层，设置的图层包括：中心线(CENTER)、粗实线(THICK)、细实线(THIN)、文字(TEXT)、标注尺寸(DIMENSION)、虚线(DASHED)、双点画线(DIVIDE)及定义点 (Defpoints) 各图层颜色线型设置如图 4.2 所示。

(5) 新建“机械制图”字体样式，选用 gbenor. shx 和大字体 gbcbig. shx，字号为 3.5。

(6) 新建“机械标注”标注样式，通过样式工具栏或通过菜单栏“格式-标注样式”打开标注样式管理器，新建名为“机械标注”的标注样式，通过修改“线”“符号和箭头”“文字”和“调整”等选项卡建立符合机械制图国家标准的标注样式，并以此样式为基础创建“线性”“角度”“半径”和“直径”等子样式。

(7) 保存图形，选择保存路径，文件名为“阀盖零件图”。完成绘图文件的创建。

步骤 2：绘制图框。切换至“THICK”图层，使用“直线”命令分别绘制图纸的外框和内框，边框尺寸及结果如图 4.3 所示。

步骤 3：绘制标题栏，并书写文字。结果如图 4.4 所示。

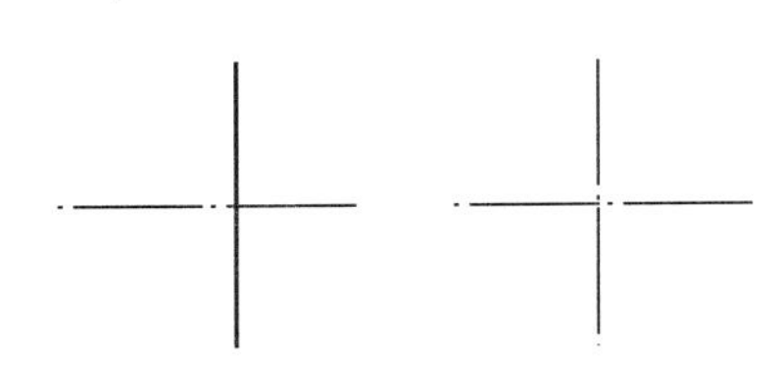

图 4.13 绘制中心线和基准线

步骤 4：绘制中心线和基准线。阀盖中心轴线和基准线的位置要安排合适，图形要安排在图纸的中间，四周要留足空间，以便标注尺寸和填写技术要求。切换至“CENTER”图层，打开正交模式，使用“直线”命令绘制主视图和左视图中心点画线。切换至“THICK”图层，用“直线”命令绘制主视图长度方向上的基准线，绘图结果如图 4.13 所示。

步骤 5：绘制左视图的轮廓。

(1) 使用“偏移”命令，将左视图水平中心点画线分别向上向下偏移 37.5mm，将左视图垂直点画线分别向左向右偏移 37.5mm，将偏移后的图线更改至“THICK”图层。

(2) 使用“圆角”命令，绘制左视图轮廓上 R12mm 的圆角。

步骤 6：绘制左视图的内孔圆。

(1) 切换至“CENTER”图层，使用“圆”和“直线”命令绘制 4×ϕ14mm 圆心的轨迹圆和角度为 45°的中心线。

(2) 切换至“THICK”图层，使用“圆”命令绘制 4×ϕ14mm 左上角的一个内孔圆。

(3) 使用“修剪”命令，修剪整理多余的点画线。

(4) 使用“阵列”命令，补齐 4×ϕ14mm 的其他三个圆。

(5) 使用“圆”命令绘制 M36、ϕ29mm 和 ϕ20mm 内孔圆。

经上述步骤，得绘图结果如图 4.14 所示。

步骤 7：绘制主视图的轮廓。主视图是一个关于中心点画线上下对称的图形，所以绘图时可以先画主视图点画线以上的部分，然后用“镜像”命令，补全主视图的点画线以下的部分。

(1) 使用“偏移”命令，将宽度方向上的基准线向左偏移绘制方板厚度 12mm，向右偏移绘制右侧凸台的厚度 6mm，凸台台阶结构距离 1mm，最右端面距离 4mm。将右端面向左偏移 44mm 绘制左端面，偏移 8mm 绘制内孔台阶面。将左端面向左偏移 5mm 绘制内孔台阶面。

(2) 由左视图引直线至主视图，分别绘制 75mm、M36、ϕ28.5mm 和 ϕ20mm 的轮廓线。

(3) 使用“直线”命令，绘制 ϕ35mm、ϕ41mm、ϕ50mm 和 ϕ53mm 的上素线和 M36 的内螺纹。

(4) 使用“直线”命令，绘制直径为 ϕ32mm 的凹槽。

(5) 使用“镜像”命令，以主视图中心线为基准绘制主视图的下半部分。

步骤 8：绘制主视图剖面线。主视图为全剖视图，所以剖面处必须用“图案填充”命令画剖面线，得绘图结果如图 4.15 所示。

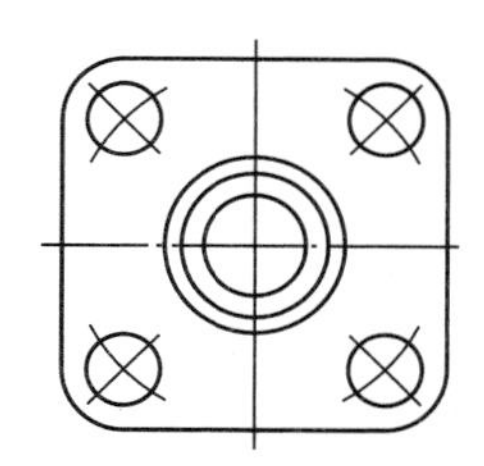

图 4.14　绘制左视图的内孔

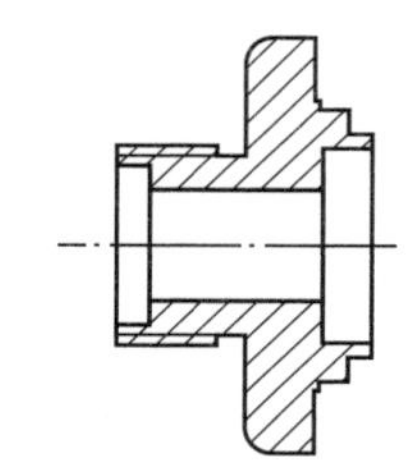

图 4.15　绘制主视图

步骤 9：标注尺寸和技术要求。

(1) 切换图层至“DIMENSION”图层，标注线性尺寸：75、40、4、5、12、6、5。

(2) 标注直径尺寸：M36×2、ϕ29、ϕ20、ϕ33、ϕ35、ϕ41、ϕ50、ϕ53、4×ϕ14、ϕ70。

(3) 标注半径：R12、R5；

(4) 输入文字。使用“单行文字”和“多行文字”命令在指定位置输入文字，输入文字包括技术要求、标题栏文字等。

(5) 标注表面粗糙度。插入“表面粗糙度”块，输入块属性，即表面粗糙度数值“6.3”，放置“表面粗糙度”块至指定位置，其余表面粗糙度数值 25 标注在图纸左下角。

经上述步骤，得绘图结果如图 4.12 所示。至此绘制完成阀盖的零件图。

4.2.4　实训项目

1. 实训目的

掌握并熟练运用轮盘类零件图的绘图方法。

2. 实训内容

绘制如图 4.16 所示的泵盖零件图。

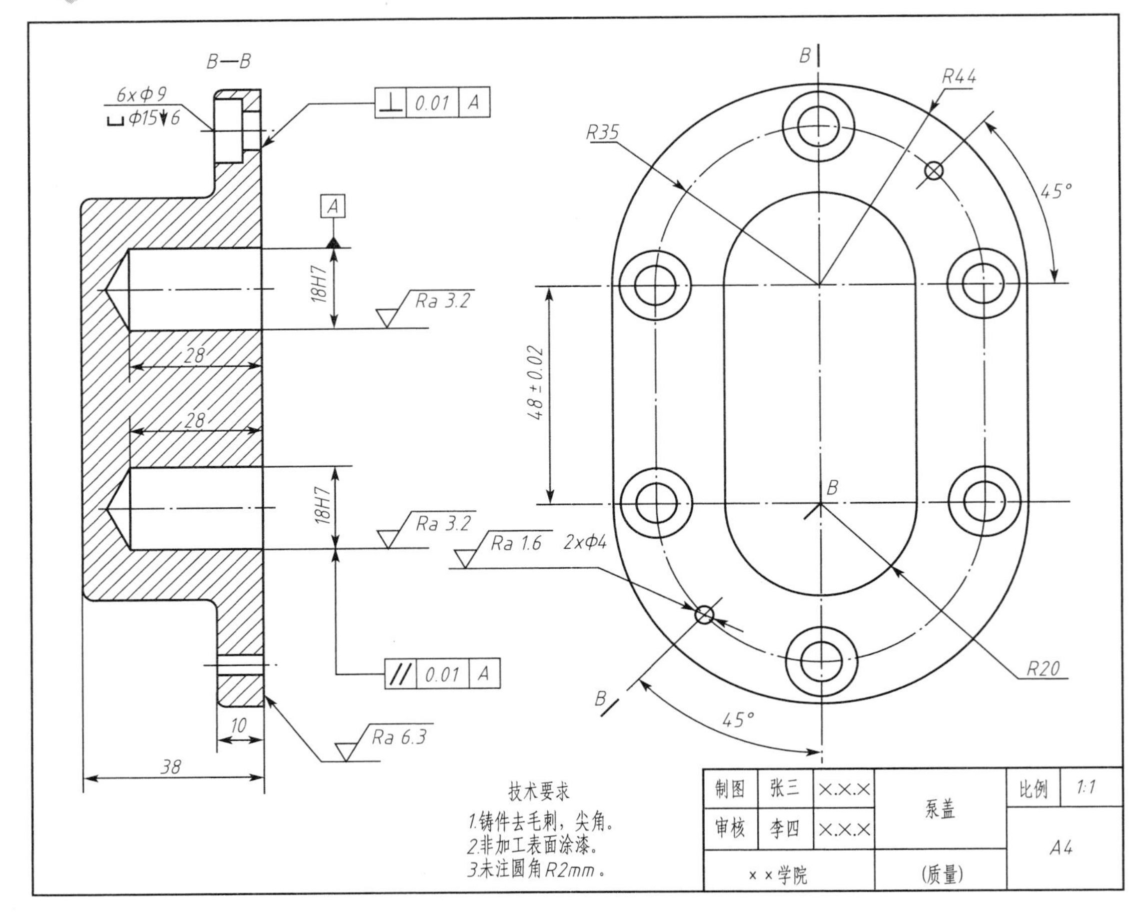

图 4.16　泵盖的零件图

任务 4.3　绘制叉架类零件

4.3.1　任务描述

绘制如图 4.17 所示的拨叉零件。要求创建 A3 绘图文件，设置图层、图框、标题栏等，并完成整个图形的绘制。

4.3.2　知识准备

1. 叉架类零件的结构分析

叉架类零件主要起连接、拨动和支承等作用，它包括叉架、连杆、支架、摇臂和杠杆等零件。叉架类零件结构形状非常多样，差别较大，但都是由支撑部分、连接部分和工作部分等组成的，多数为不对称零件，支承部分和工作部分具有凸台、凹坑、铸锻造圆角和拔模斜度等常见细部结构，连接部分多为肋板结构且形状弯曲、扭斜的较多。

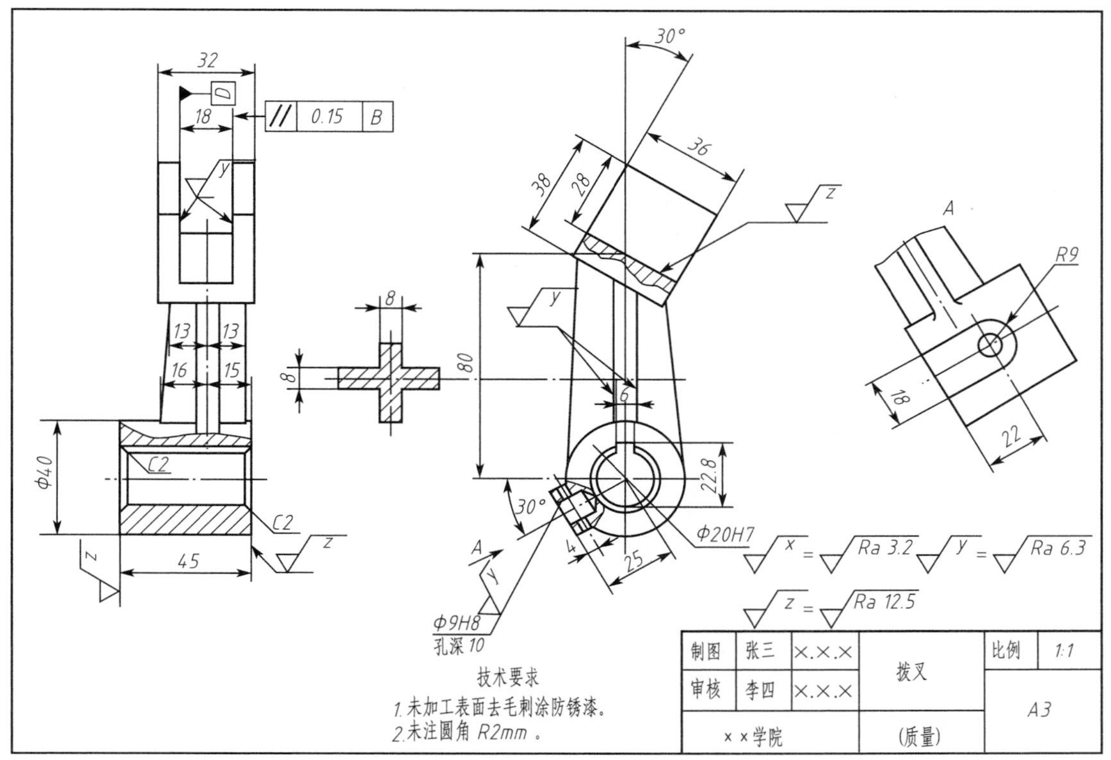

图 4.17　拨叉的零件图

2．叉架类零件的表达方法

1）主视图选择

（1）叉架类零件结构形状比较复杂，加工位置多变，有的零件工作位置也不固定，所以这类零件的主视图一般按工作位置原则和形状特征原则确定，即一般以自然放置、工作位置或按形状特征方向做主视图的方向。

（2）主视图常采用剖视图(形状不规则时用局部剖视图为多)表达主体外形和局部内形。其上肋的剖切应采用规定画法。

2）其他视图的选择

（1）叉架类零件常常需要两个或两个以上的基本视图表达其主体，再视具体情况选用向视图、局部剖视图、局部视图、断面图等表达方法来表达零件的局部结构，选择表达方案要精练、清晰。对于连接支承部分截面的形状，采用移出断面比较合适。

（2）叉架类零件的倾斜或弯曲的结构常用向视图、斜视图、旋转视图、局部视图、斜剖视图、断面图等表达方法。

4.3.3　任务实施

1．绘制说明

本拨叉零件是由主视图、右视图、移出断面图和斜视图组成。其中，主视图主要表达拨叉的外形，其中采用局部剖视图表达叉口的内部结构和圆柱孔上的销孔。右视图采用局部剖视图表达圆柱孔内部结构。移出断面图表达十字肋板的截面结构，向视图表达销孔的位置。

2. 绘制步骤

步骤 1：创建绘图文件。

（1）新建空白文件，选择 acadiso. dwt 模板。

（2）设置图形界限：420mm×297mm。

（3）设置图形单位：长度类型为小数，长度精度为 0.00；角度类型为十进制，角度精度为 0.00。

（4）设置图层。绘制机械零件图通常需要设置八个图层，设置的图层包括：中心线（CENTER）、粗实线（THICK）、细实线（THIN）、文字（TEXT）、标注尺寸（DIMENSION）、虚线（DASHED）、双点画线（DIVIDE）、各图层颜色线型设置如图 4.2 所示。

（5）新建“机械制图”字体样式，选用 gbenor. shx 和大字体 gbcbig. shx，字号为 3.5。

（6）新建“机械标注”标注样式，通过样式工具栏或通过菜单栏“格式-标注样式”打开标注样式管理器，新建名为“机械标注”的标注样式，通过修改“线”“符号和箭头”“文字”和“调整”等选项卡建立符合机械制图国家标准的标注样式，并以此样式为基础创建“线性”“角度”“半径”和“直径”等子样式。

（7）保存图形，选择保存路径，文件名为“拨叉零件图”，完成绘图文件的创建。

步骤 2：绘制图框。切换至“THICK”图层，使用“直线”命令分别绘制图纸的外框和内框，边框尺寸及结果如图 4.18 所示。

步骤 3：绘制标题栏，并书写文字，结果如图 4.4 所示。

步骤 4：切换至“CENTER”图层，绘制拨叉的主视图和右视图的中心线，结果如图 4.19 所示。

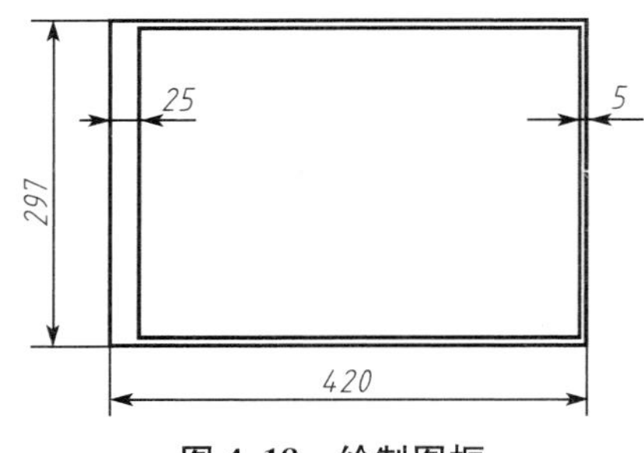

图 4.18　绘制图框

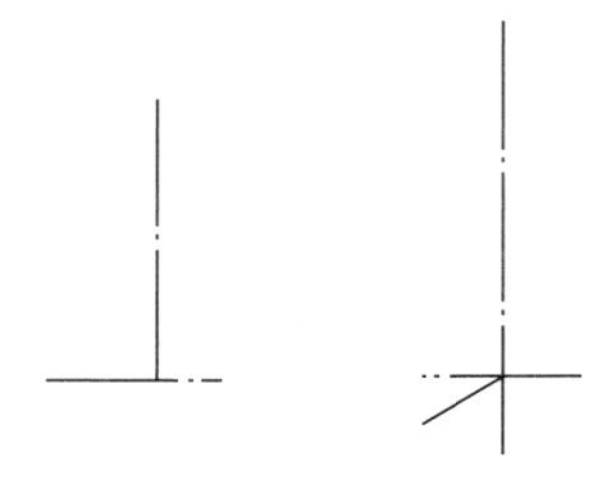
图 4.19　绘制中心线

步骤 5：绘制主视图的轮廓线。

（1）切换至“THICK”图层，按图样尺寸绘制方形叉口和圆柱的轮廓线。

（2）使用“圆角”命令绘制方形叉口的圆角。

（3）使用“偏移”命令及“直线”命令绘制凸台局部剖视图结构。

（4）使用“偏移”命令及“直线”命令绘制主视图十字肋板的轮廓线。

（5）切换至“THIN”图层，使用“样条曲线”命令绘制方形叉口和圆柱的局部剖视图界限。绘图结果如图 4.20 所示。

步骤 6：绘制右视图的轮廓线。

（1）切换至“THICK”图层，使用“直线”命令和“偏移”命令，由主视图引线至右视图，绘制右视图中方形叉口轮廓线。

(2) 使用“直线”命令和“偏移”命令，由主视图引线至右视图，绘制右视图中圆柱局部剖视图结构。

(3) 使用“直线”命令和“偏移”命令，由主视图引线至右视图，绘制右视图肋板轮廓线；切换至“THIN”图层，绘制右视图圆柱局部剖视图界线。绘图结果如图 4.21 所示。

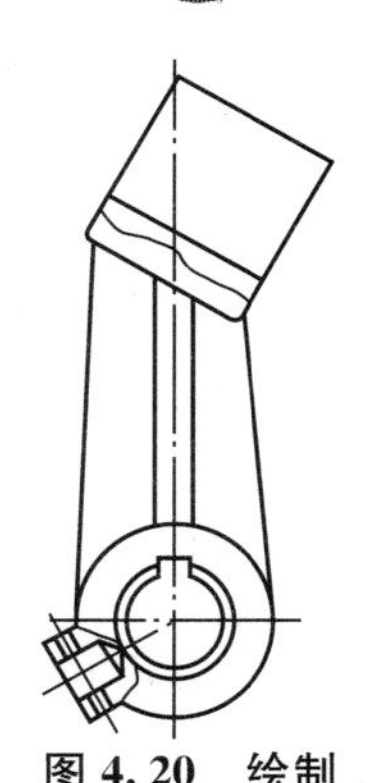

图 4.20　绘制主视图的轮廓线

步骤 7：绘制 A 向斜视图。

(1) 使用“直线”命令在水平方向上绘制 A 向斜视图，其中肋板的画法和右视图一致。

(2) 使用“旋转”命令将水平方向绘制好的 A 向斜视图旋转 30°，使用“移动”命令将斜视图移至合适位置。经上述步骤，得绘图结果如图 4.22所示。

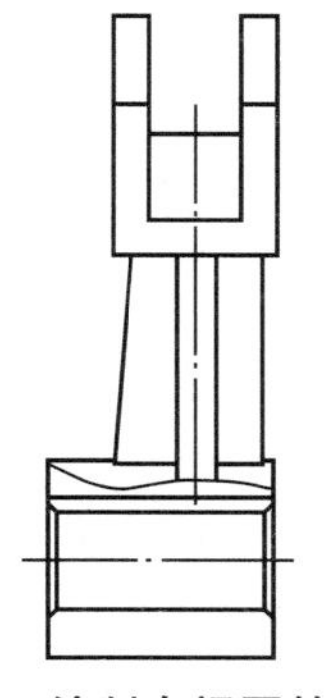

图 4.21　绘制右视图的轮廓线

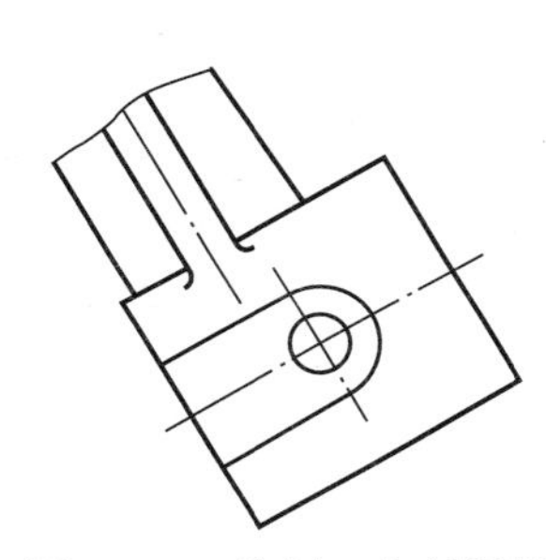

图 4.22　绘制 A 向斜视图

步骤 8：绘制移出断面图。

(1) 切换至“CENTER”图层，使用“直线”命令在主视图的合适位置处绘制移出断面图的中心线。

(2) 切换至“THICK”图层，使用“直线”命令和“偏移”命令，在中心线处绘制移出面图的轮廓线，其中移出断面图中的尺寸要和主视图、右视图中的相关尺寸对应。

步骤 9：绘制剖面线。切换至“THIN”图层，使用“图案填充”命令绘制主视图、右视图和移出断面图的剖面线。结果如图 4.23 所示。

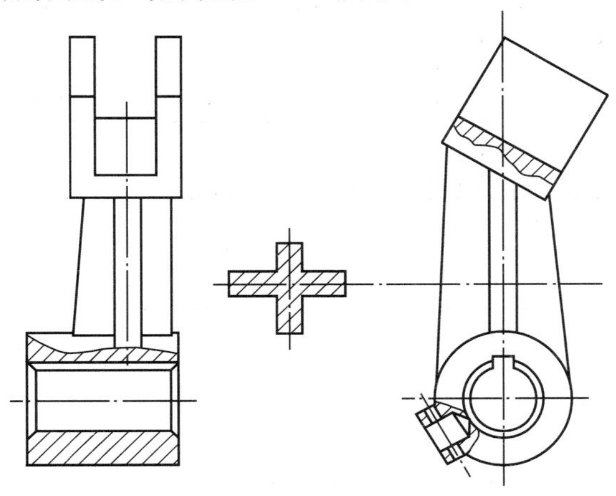

图 4.23　绘制剖面线

步骤 10：标注尺寸。切换至“DIMENSION”图层，标注各视图的尺寸。

步骤 11：标注形位公差及表面粗糙度。

(1) 切换至“THIN”图层，在右视图插入基准符号块并标注形位公差。

(2) 在图形的合适位置插入表面粗糙度图块并定义表面粗糙度属性数值。

步骤 12：输入文字。使用“多行文字”命令在标题栏附近书写技术要求并填写标题栏。绘图结果如图 4.17 所示。

至此绘制完成阀盖的零件图。

4.3.4 实训项目

1. 实训目的

掌握并熟练运用叉架类零件图的绘图方法。

2. 实训内容

绘制如图 4.24 所示的拨叉零件图。

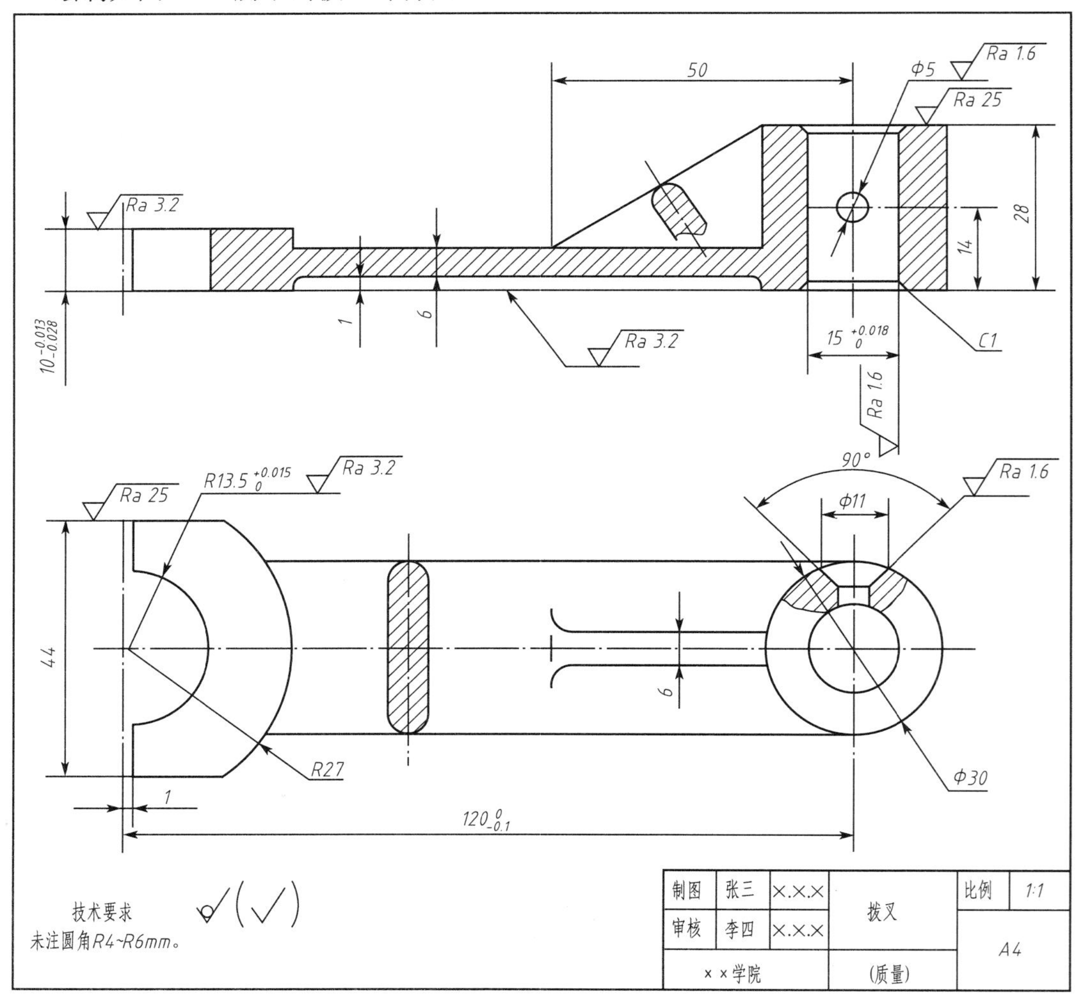

图 4.24 拨叉零件图

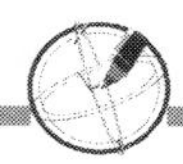

任务 4.4　绘制箱体类零件

4.4.1　任务描述

绘制如图 4.25 所示的阀体类零件。要求创建 A4 绘图模板文件，设置图层、图框、标题栏等，并完成整个图形的绘制。

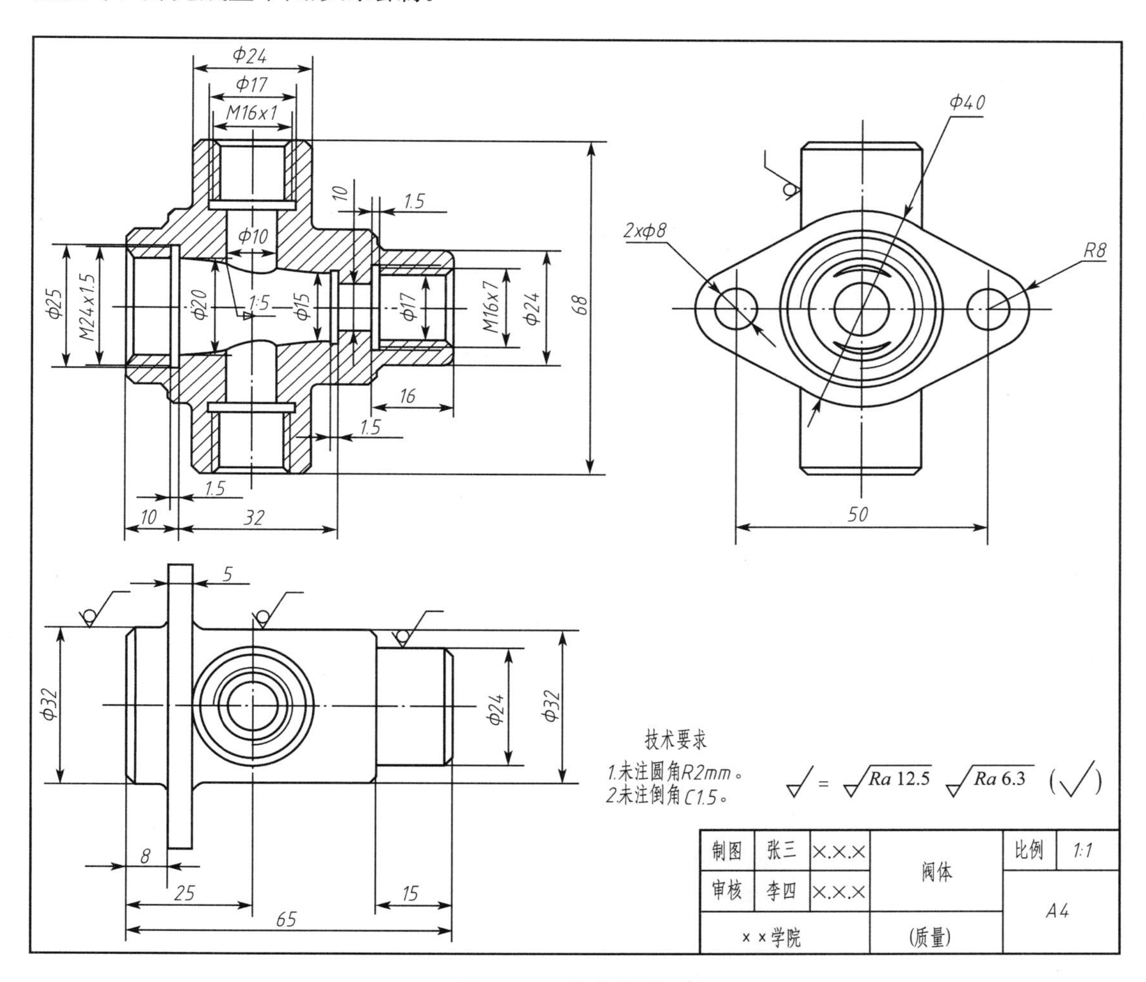

图 4.25　阀体零件图

4.4.2　知识准备

1. 箱体类零件的结构分析

箱体类零件主要有阀体、泵体、减速器箱体等零件，其作用是支持或包容其它零件。多数箱体类零件为铸件毛坯，经机械加工而成。这类零件有复杂的内腔和外形结构，箱体上通常有轴承孔、凸台、肋板、安装孔和螺孔等结构。

2. 箱体类零件的表达方法

箱体类零件加工工序较多，加工位置多变，所以在选择主视图时，主要根据自然安放位置或工作位置作为主视图的位置，并采用剖视，以重点反映其内部结构。为了表达箱体类零件的内外结构，一般要用三个或三个以上的基本视图，并根据结构特点在基本视图上作局部剖视图，还可采用局部视图、斜视图及规定画法等表达外形。

4.4.3 任务实施

1. 绘制说明

本阀体零件图是由主视图、左视图和俯视图组成。主视图为全剖视图，主要表达阀体内部空腔结构，左视图和俯视图表达了阀体的外形。在绘制阀体零件图时，可以选择从主视图画起，几个视图相互配合一起画，也可以先画出一个视图再利用投影原则画其他视图，最后绘制局部视图、斜视图和移出断面图等来表达细小结构，最后标注尺寸、书写技术要求等。

2. 绘制步骤

步骤 1：创建绘图文件。

(1) 新建空白文件，选择 acadiso. dwt 模板。

(2) 设置图形界限：297mm×210mm。

(3) 设置图形单位：长度类型为小数，长度精度为 0.00；角度类型为十进制，角度精度为 0.00。

(4) 设置图层。绘制机械零件图通常需要设置八个图层，设置的图层包括：中心线(CENTER)、粗实线(THICK)、细实线(THIN)、文字(TEXT)、标注尺寸(DIMENSION)、虚线(DASHED)、双点画线(DIVIDE)，各图层颜色线型设置如图 4.2 所示。

(5) 新建名为“机械制图”的字体样式，选用 gbenor. shx 和大字体 gbcbig. shx，字号为 7。

(6) 新建“机械标注”标注样式，通过样式工具栏或通过菜单栏“格式-标注样式”打开标注样式管理器，新建名为“机械标注”的标注样式，通过修改“线”“符号和箭头”“文字”和“调整”等选项卡建立符合机械制图国家标准的标注样式，并以此样式为基础创建“线性”“角度”“半径”和“直径”等子样式。

(7) 保存图形，选择保存路径，文件名为“阀体零件图”。完成绘图文件的创建。

步骤 2：绘制图框。切换至“THICK”图层，使用“直线”命令分别绘制图纸的外框和内框，边框尺寸及结果如图 4.3 所示。

步骤 3：绘制标题栏，并书写文字，结果如图 4.4 所示。

步骤 4：绘制阀体的各视图的中心线。切换至“CENTER”图层，使用“直线”命令和“偏移”命令绘制各视图的中心线，即如图 4.26 所示。

步骤 5：绘制三个视图的外轮廓线。

(1) 切换至“THICK”图层，使用“偏移”命令和“直线”命令绘制主视图的轮廓。

(2) 使用“偏移” “直线”和“圆”命令绘制俯视图和左视图的轮廓。绘图结果如图 4.27 所示。

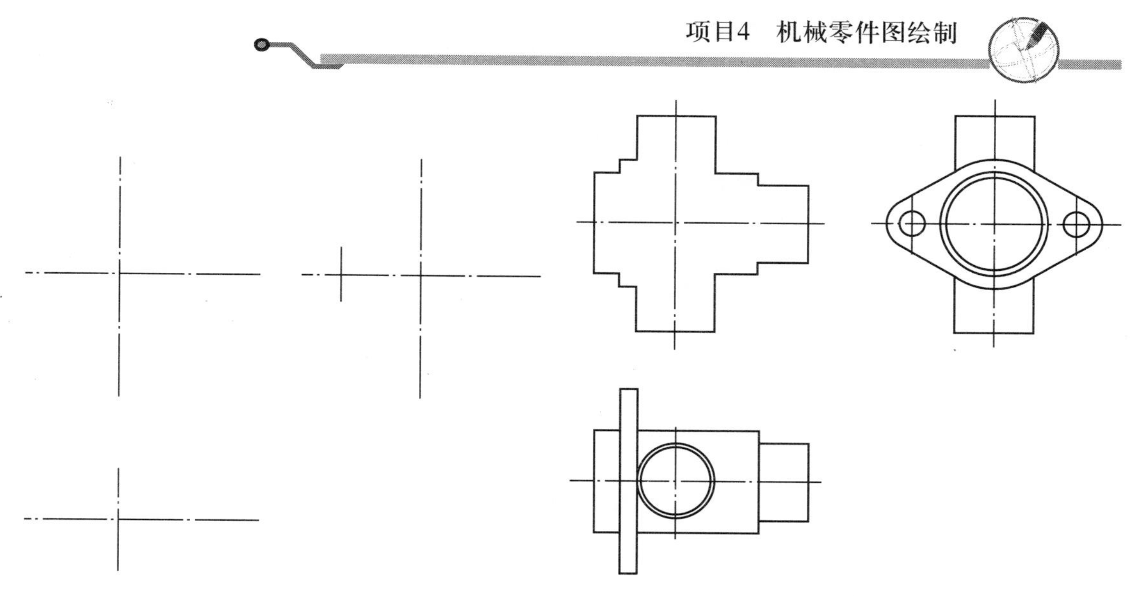

图 4.26　绘制中心线　　　　图 4.27　绘制轮廓线

步骤 6：绘制主视图的内部结构。

(1) 使用“直线”命令绘制上端 M16 的螺孔，使用“镜像”命令将上端 M16 螺孔镜像至下端。

(2) 使用“直线”命令绘制右端 M16 螺孔、左端 M24 螺孔和 ϕ10mm 孔。

(3) 使用“直线”命令绘制 1∶5 的锥孔，1∶5 锥度的作图方法如图 4.28 所示。

(4) 绘制锥孔与 ϕ10mm 孔在主视图的相贯线。圆锥表面没有积聚性，因此需要用辅助平面法来求出相贯线上点的投影。过 ϕ10mm 孔的轴线作一与圆锥孔轴线垂直的辅助平面，此平面与 ϕ10mm 孔相交于两点，这两点就是主视图相贯线上的点。相贯线上的另两点通过锥孔与 ϕ10mm 孔的交点得出。光滑连接相贯线上的点即得相贯线。使用“镜像”命令绘制另一侧的相贯线。经上述步骤，得绘图结果如图 4.29 所示。

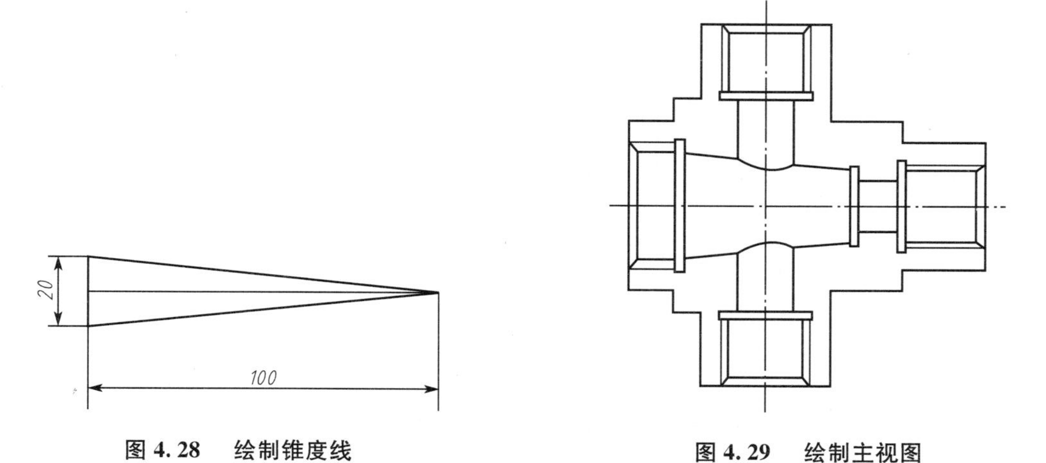

图 4.28　绘制锥度线　　　　图 4.29　绘制主视图

步骤 7：补齐俯视图和左视图的投影。

(1) 使用“圆”命令和“修剪”命令绘制俯视图 M16 螺孔和 ϕ10mm 孔。

(2) 使用“圆”命令绘制左视图 M24 螺孔和 ϕ10mm 孔。

(3) 按投影规律将主视图中锥孔与 ϕ10mm 孔在主视图的相贯线上的点对应至左视图，经分析可知，左视图上的相贯线的投影为圆的一部分，使用“圆弧”命令顺次连接左视图相贯线上的点，这样绘制出左视图上的相贯线的投影。绘图结果如图 4.30 所示。

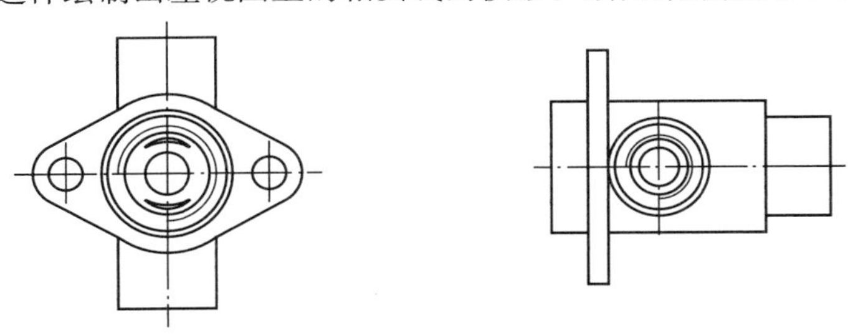

图 4.30　绘制左视图和俯视图

步骤 8：绘制倒角和圆角。使用“圆角”“倒角”命令绘制各视图中的圆角和倒角。

步骤 9：绘制主视图的剖面线。切换至“THIN”图层，使用“图案填充”命令绘制主视图的剖面线，结果如图 4.31 所示。

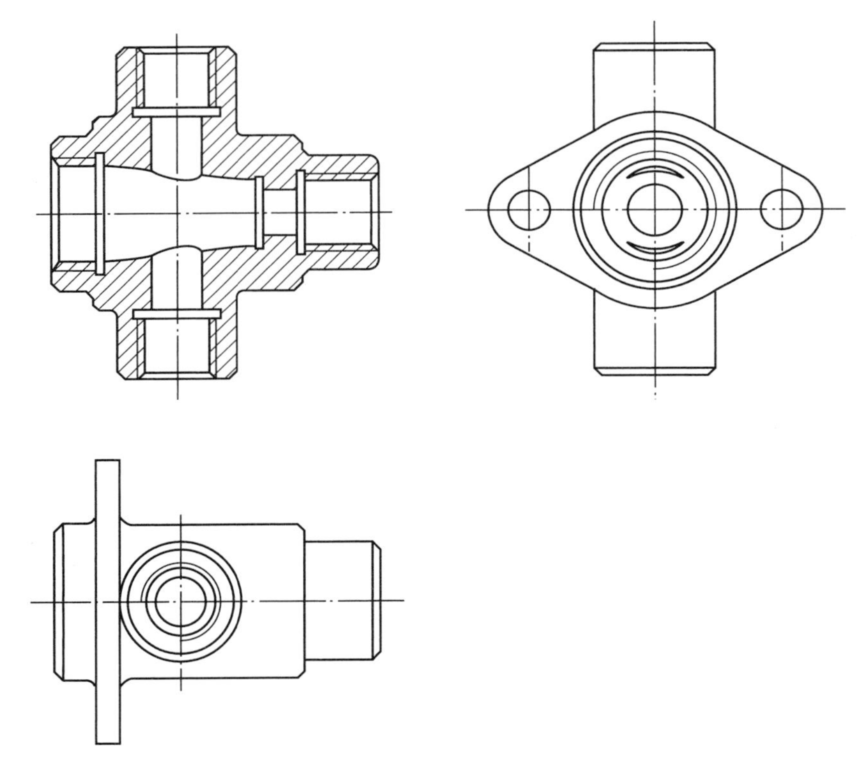

图 4.31　绘制倒角和剖面线

步骤 10：标注尺寸。切换至“DIMENSION”图层，标注各视图中的尺寸。

步骤 11：标注表面粗糙度。在有表面粗糙度要求处插入表面粗糙度块，在标题栏附近输入文字表明粗糙度的含义，同时说明无表面粗糙度要求的表面粗糙度数值为 6.3，完成表面粗糙度的标注。

步骤 12：输入文字。在标题栏附近输入技术要求，在标题栏内输入零件名称和比例，

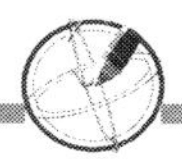

结果如图 4.25 所示。

至此绘制完成阀体的零件图。

4.4.4　实训项目

1. 实训目的

掌握并熟练运用箱体类零件图的绘图方法。

2. 实训内容

绘制如图 4.32 所示的管接头零件图。

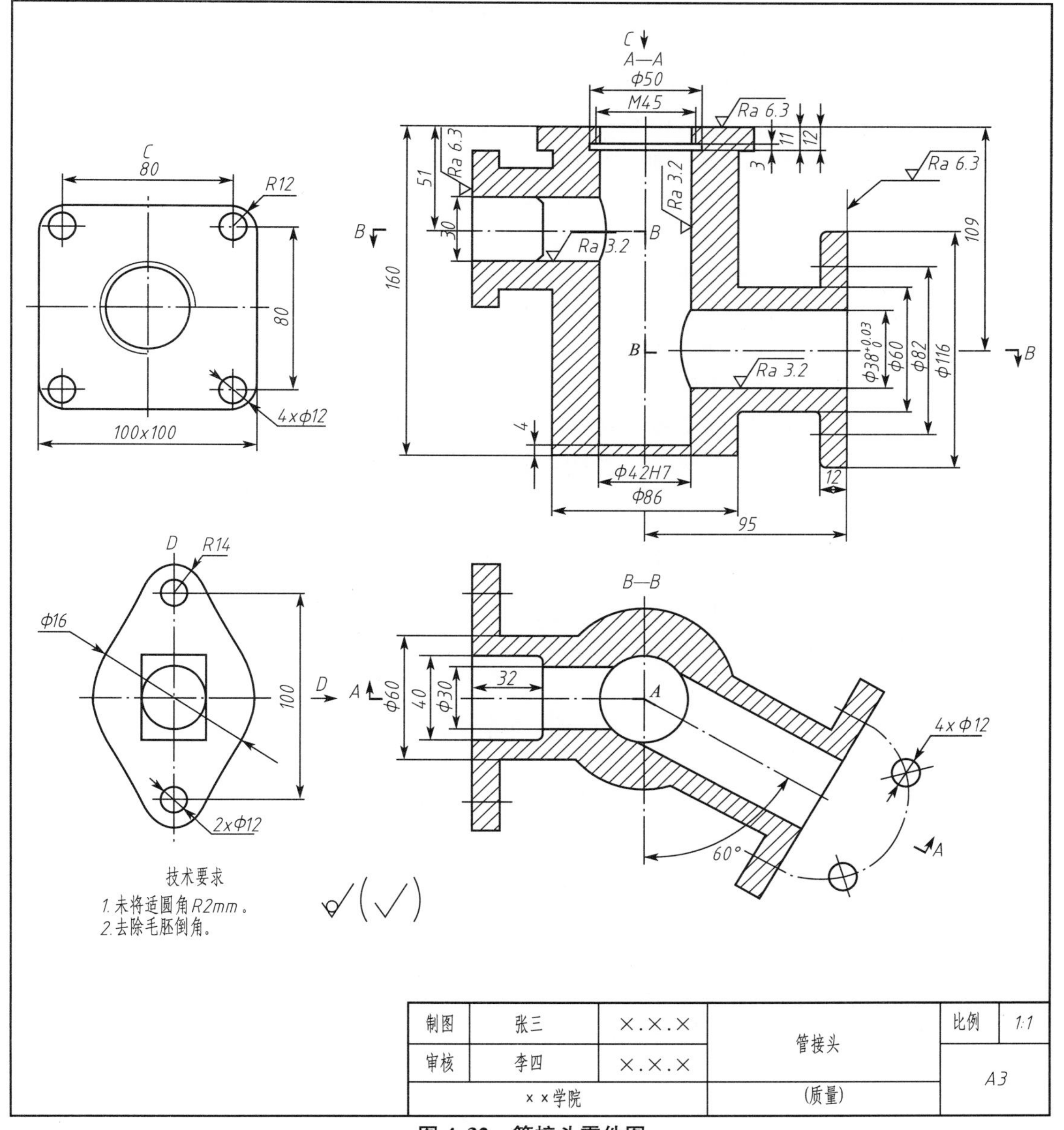

图 4.32　管接头零件图

项 目 小 结

1. 零件图是零件制造、检验和制定工艺规程的重要技术文件，它既要反映设计者的设计意图，又要考虑到制造的合理性和可靠性，因此，绘制零件图需要有一定的机械制图基础知识，并需要熟悉机械制图的相关国家标准。

2. 零件图包含图形、尺寸、技术要求和标题栏四方面内容。

3. 实际生产过程中零件的种类很多，按其结构特点可大致分为：轴套类零件、轮盘类零件、叉架类零件和箱体类零件四种。

4. 轴套类零件大多数是由同轴回转体组成的，轴向尺寸一般大于径向尺寸。在轴类零件上通常有键槽、螺纹退刀槽、倒角、圆角锥度等结构。这类零件按加工位置绘制主视图。对于零件上的细微结构，如键槽、孔等，通常采用移出断面图、局部剖视图方法表示；砂轮越程槽、退刀槽、中心孔等采用局部放大图表示。

5. 轮盘类零件的基本形体一般是回转体或其他几何形状的扁平的盘状，通常还带有各种形状的凸缘、均布的圆孔和肋等局部结构。主视图一般按加工位置水平放置，但有些较复杂的盘盖，因加工工序较多，主视图也可按工作位置画出。为了表达零件内部结构，主视图常取全剖视。除主视图外，为了表示零件上均布的孔、槽、肋、轮辐等结构，还需要选用一个端面视图。此外，为了表达细小结构，有时还常采用局部放大图。

6. 叉架类零件结构形状非常多样，差别较大，但都是由支撑部分、连接部分和工作部分等组成，多数为不对称零件。主视图常采用剖视图(形状不规则时用局部剖视图为多)表达主体外形和局部内形，需要两个或两个以上的基本视图表达其主体，再视具体情况选用向视图、局部剖视图、局部视图、断面图等表达方法来表达零件的局部结构。

7. 箱体类零件有复杂的内腔和外形结构，箱体上通常有轴承孔、凸台、肋板、安装孔和螺孔等结构。箱体类零件在选择主视图时，主要根据自然安放位置或工作位置作为主视图的位置，并采用剖视，以重点反映其内部结构。为了表达箱体类零件的内外结构，一般要用三个或三个以上的基本视图，并根据结构特点在基本视图上作局部剖视图，还可采用局部视图、斜视图及规定画法等表达外形。

技 能 训 练

1. 绘制如图 4.33 所示的曲轴零件图。
2. 绘制如图 4.34 所示的导套零件图。
3. 绘制如图 4.35 所示的阀盖零件图。
4. 绘制如图 4.36 所示的端盖零件图。
5. 绘制如图 4.37 所示的托架零件图。
6. 绘制如图 4.38 所示的支架零件图。
7. 绘制如图 4.39 所示的泵体零件图。

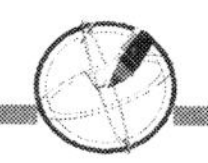

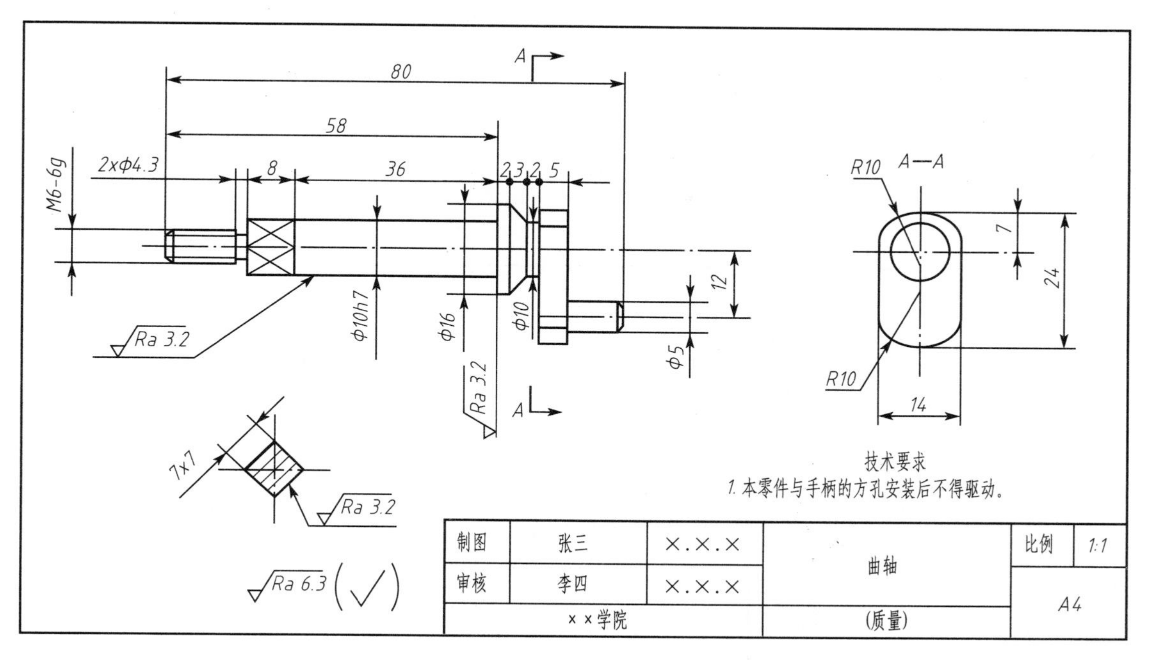

图 4.33 曲轴零件图

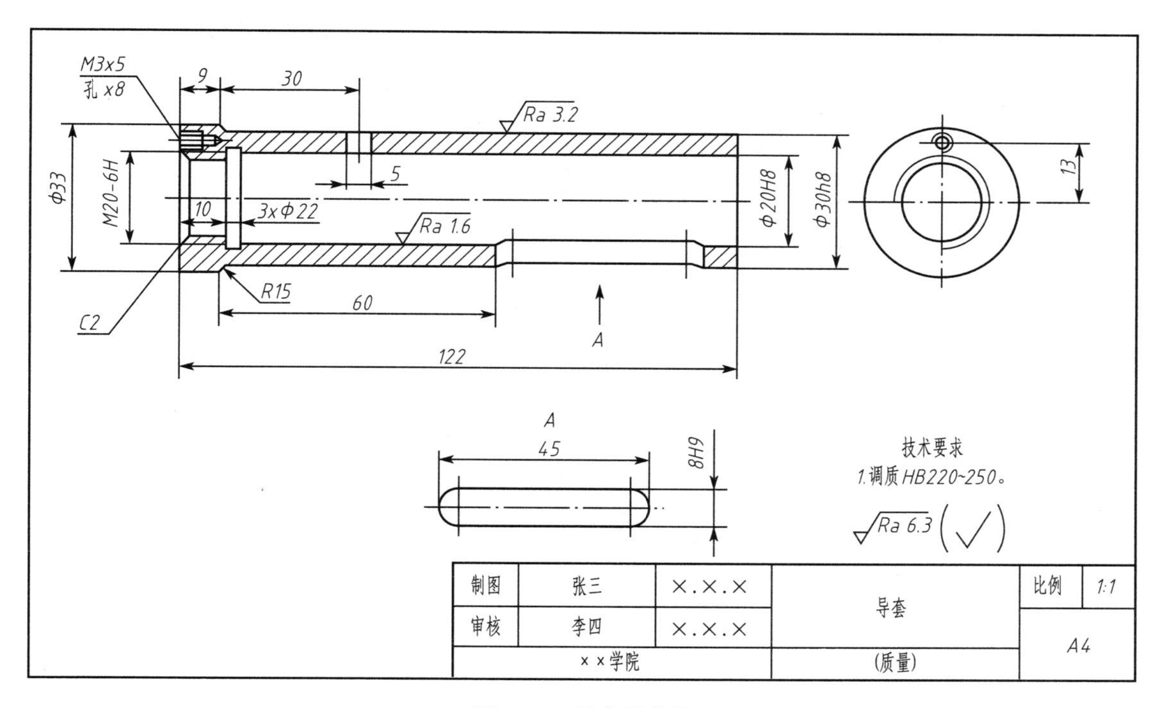

图 4.34 导套零件图

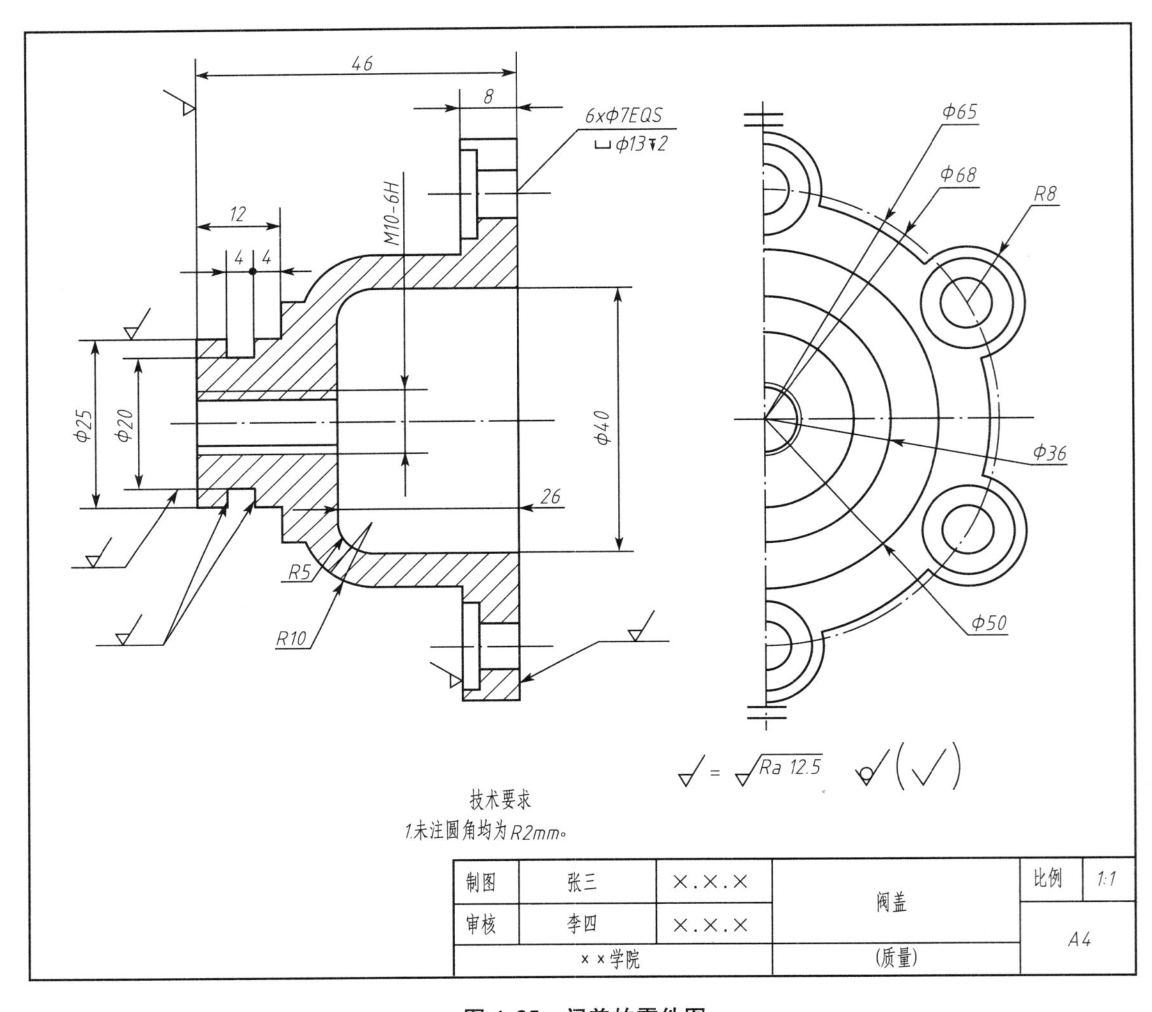
46
8
6xΦ7EQS
⊔Φ13↧2
M10-6H
12
4 4
Φ25
Φ20
Φ40
26
R5
R10
Φ65
Φ68
R8
Φ36
Φ50
= Ra 12.5
技术要求
1.未注圆角均为R2mm。
制图
张三
×.×.×
审核
李四
×.×.×
××学院
阀盖
(质量)
比例
1:1
A4

图 4.35 阀盖的零件图

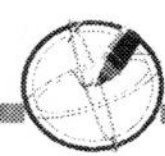

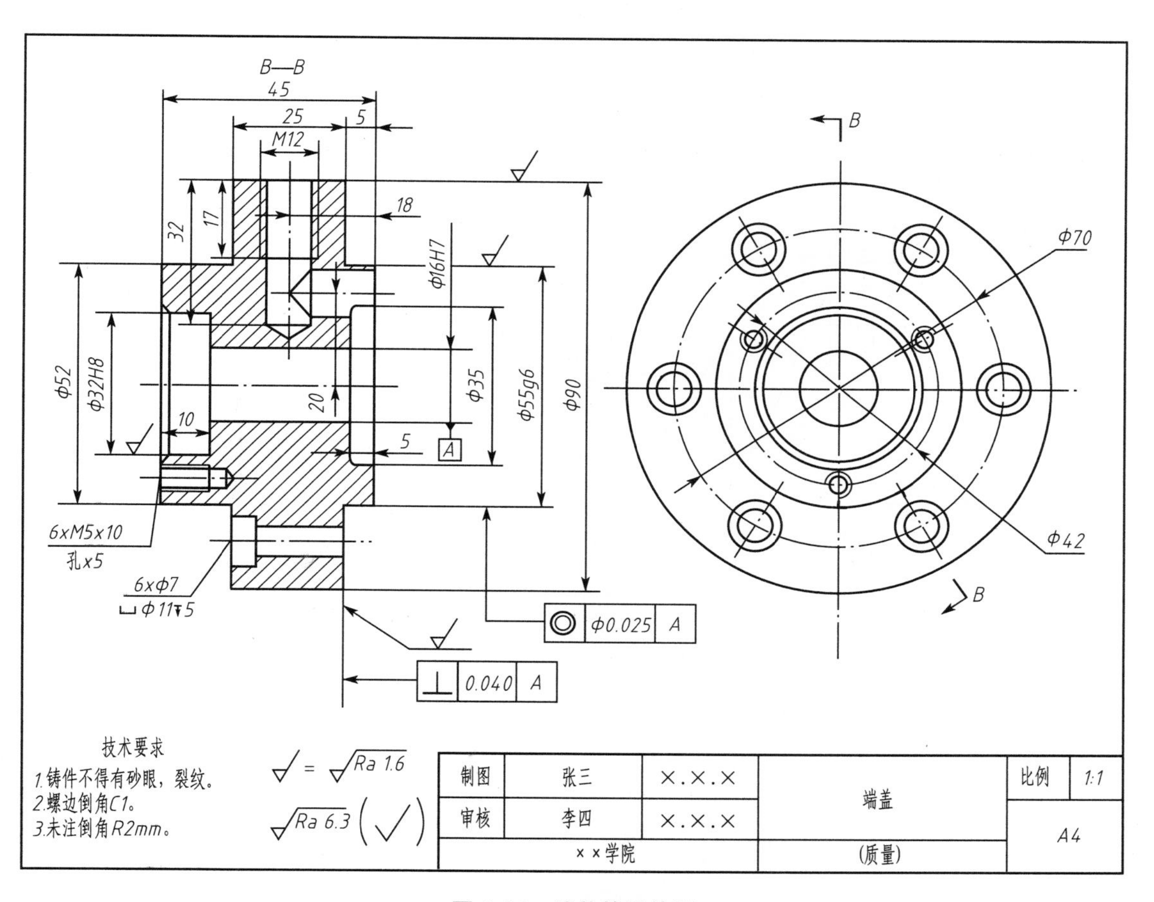
B—B
45
25
5
M12
18
32
17
ϕ16H7
ϕ52
ϕ32H8
20
ϕ35
ϕ55g6
ϕ90
10
5
A
6xM5x10
孔x5
6xϕ7
⌴ϕ11↧5
ϕ0.025 A
0.040 A
B
ϕ70
ϕ42
B
技术要求
1.铸件不得有砂眼，裂纹。
2.螺边倒角C1。
3.未注倒角R2mm。
= Ra 1.6
Ra 6.3
制图
张三
×.×.×
审核
李四
×.×.×
端盖
比例
1:1
A4
××学院
(质量)

图 4.36　端盖的零件图

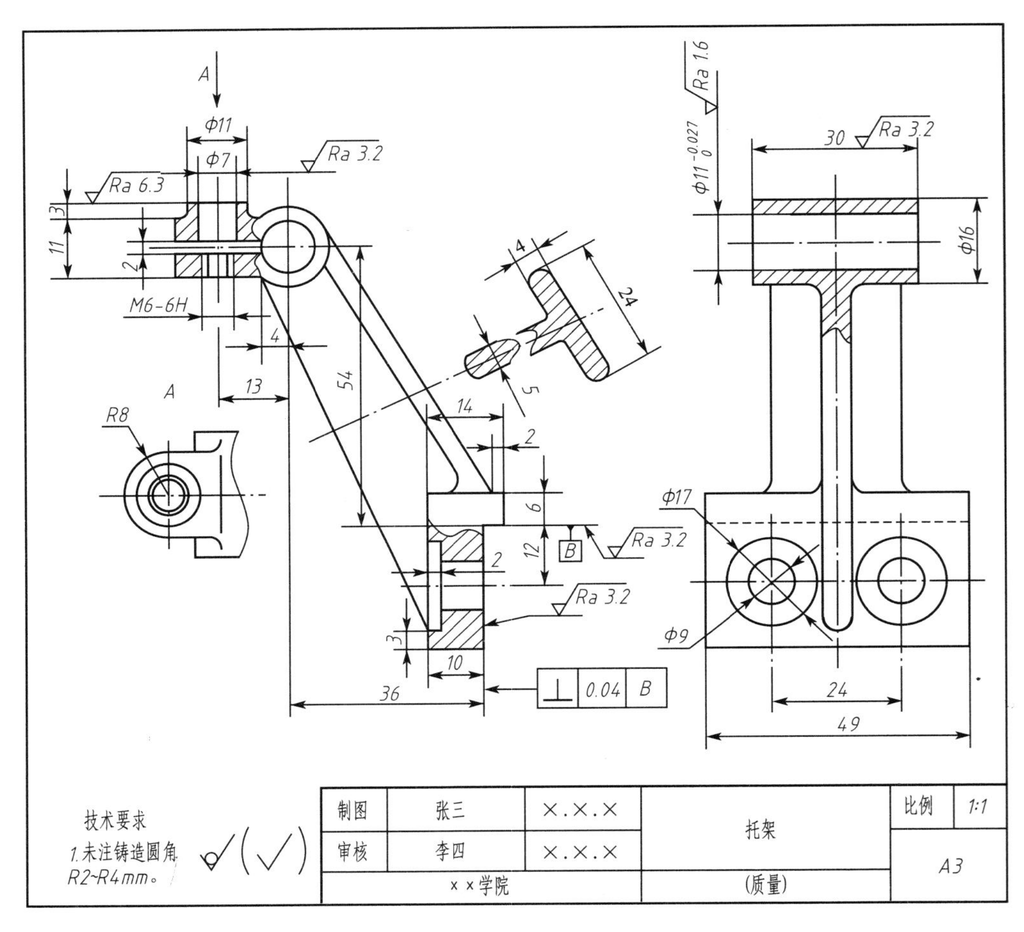
A
Φ11
Φ7
Ra 3.2
Ra 6.3
3
11
2
M6-6H
4
13
54
A
R8
4
24
5
14
2
6
12
B
Ra 3.2
2
Ra 3.2
3
10
36
0.04
B
Ra 1.6
Φ11 -0.027 0
30
Ra 3.2
Φ16
Φ17
Φ9
24
49
技术要求
1.未注铸造圆角
R2~R4mm。
制图
张三
×.×.×
审核
李四
×.×.×
托架
比例
1:1
A3
××学院
(质量)

图 4.37 托架零件图

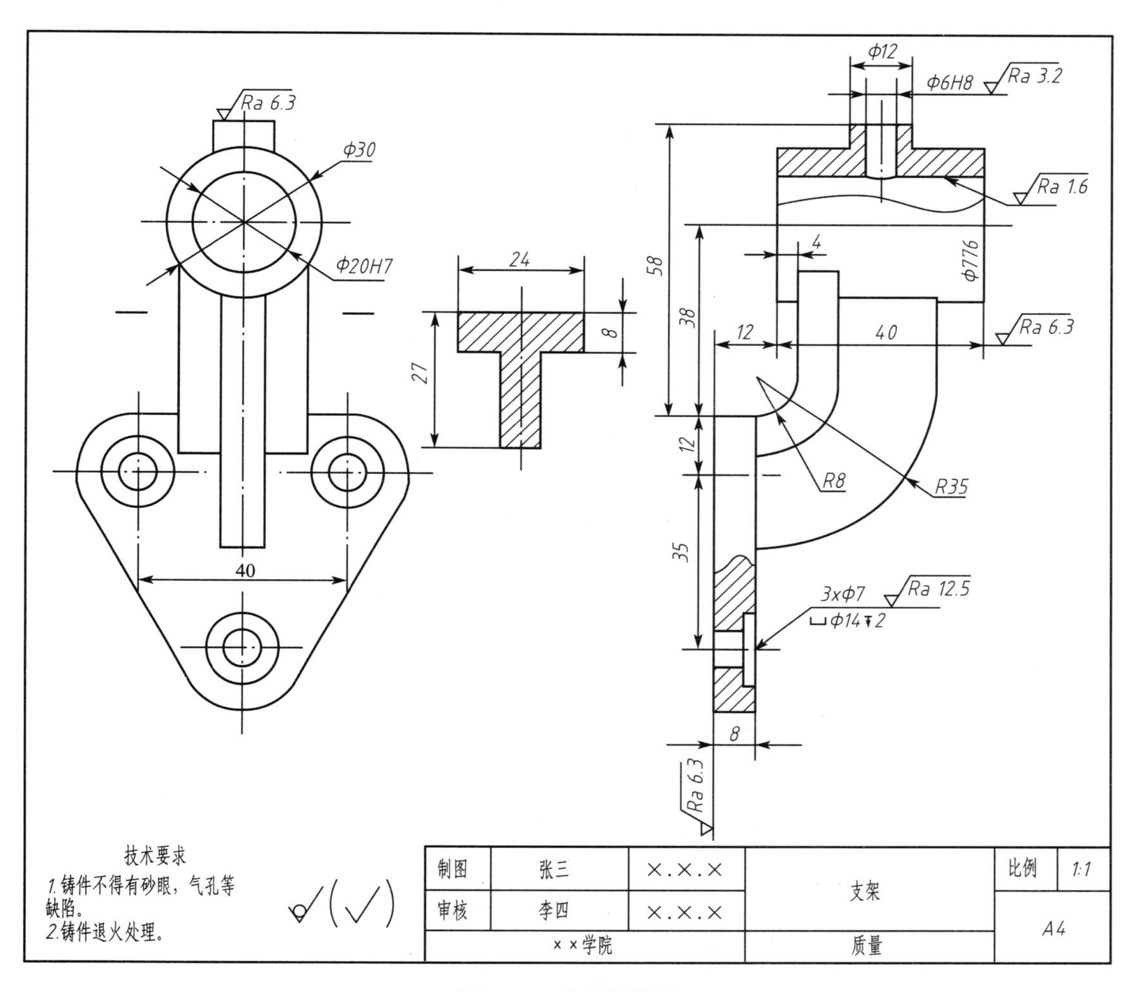
Ra 6.3
Φ30
Φ20H7
40
24
8
27
Φ12
Φ6H8
Ra 3.2
Ra 1.6
58
4
Φ776
38
12
40
Ra 6.3
12
R8
R35
35
3xΦ7
Ra 12.5
⌴Φ14↧2
8
Ra 6.3
技术要求
1.铸件不得有砂眼，气孔等缺陷。
2.铸件退火处理。
制图
张三
×.×.×
审核
李四
×.×.×
支架
比例
1:1
A4
××学院
质量

图 4.38　支架零件图

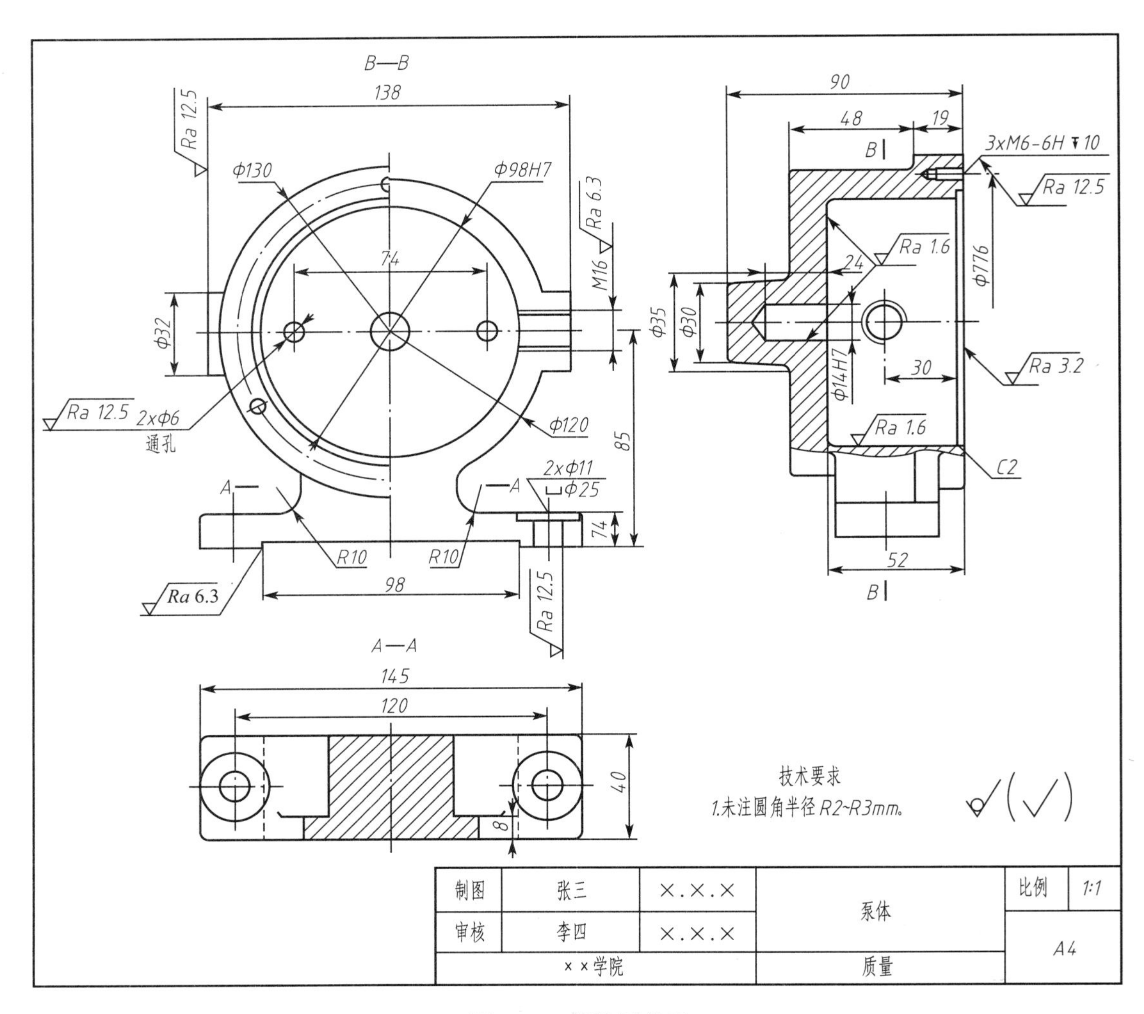
B—B
138
Ra 12.5
Φ130
Φ98H7
Ra 6.3
74
M16
Φ32
Ra 12.5
2xΦ6
通孔
Φ120
85
2xΦ11
⌴Φ25
74
A
A
R10
R10
98
Ra 6.3
Ra 12.5
A—A
145
120
40
8
90
48
19
B
3xM6-6H ↧10
Ra 12.5
Ra 1.6
24
Φ776
Φ35
Φ30
Φ14H7
30
Ra 3.2
Ra 1.6
C2
52
B
技术要求
1.未注圆角半径 R2~R3mm。
制图
张三
×.×.×
审核
李四
×.×.×
泵体
比例
1:1
A4
××学院
质量

图 4.39　泵体零件图

项目 5

机械装配图绘制

知识目标

- 了解装配图的作用、内容和表达方法等内容。
- 掌握装配图中的零部件序号标注方法和明细栏的填写方法。
- 掌握由零件图拼画装配图的方法和步骤。

能力目标

- 通过本章给出的零件图和装配示意图学习，要求能正确综合运用机械制图知识、二维绘图和编辑命令、文字输入和尺寸标注等方法来完成机械装配图的绘制。

任务 5.1　绘制千斤顶装配图

5.1.1　任务描述

由图 5.1 所示千斤顶的装配示意图及图 5.2～图 5.6 所示的千斤顶的零件图，绘制千斤顶的装配图。

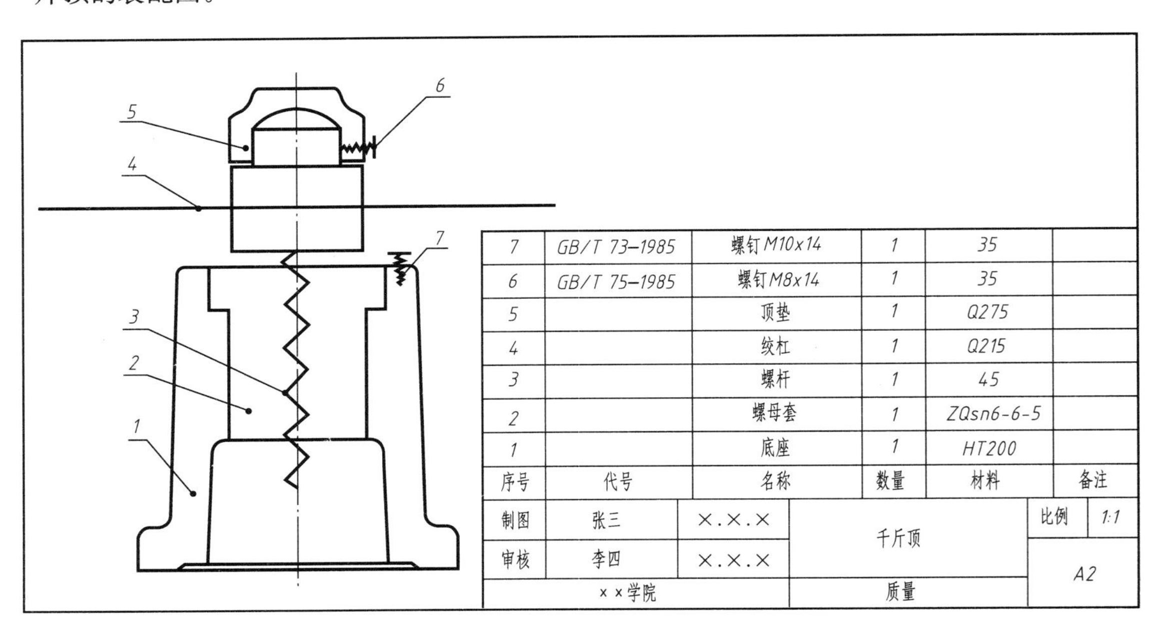

图 5.1　千斤顶的装配示意图

5.1.2　知识准备

1. 装配图概述

机器或部件都是由多个零件按一定的装配关系和技术要求装配而成。装配图是用来表达机器或部件整体结构的一种机械图样。表达一台完整机器的图样称为总装配图，表达一个部件的图样称为部件装配图。

1）装配图的作用

在机器或部件的设计过程中，首先根据设计要求画出装配图来表达机器或部件的工作原理、传动路线、零件间的装配关系及零件的结构形状，然后按照装配图设计零件并绘制零件图。在机器或部件生产过程中，装配图又是制定机器或部件装配工艺规程，以及装配、检验、安装和维修的依据。因此，装配图是生产和技术交流过程中重要的技术文件。

2）装配图的内容

一张完整的装配图应具备以下几方面内容。

（1）一组视图。根据机器或部件的结构选用合适的表达方法，用一组视图来表达机器或部件的工作原理、零件间的装配关系、零件的连接方式及零件的主要结构形状等。

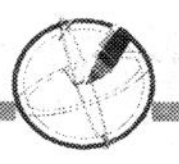

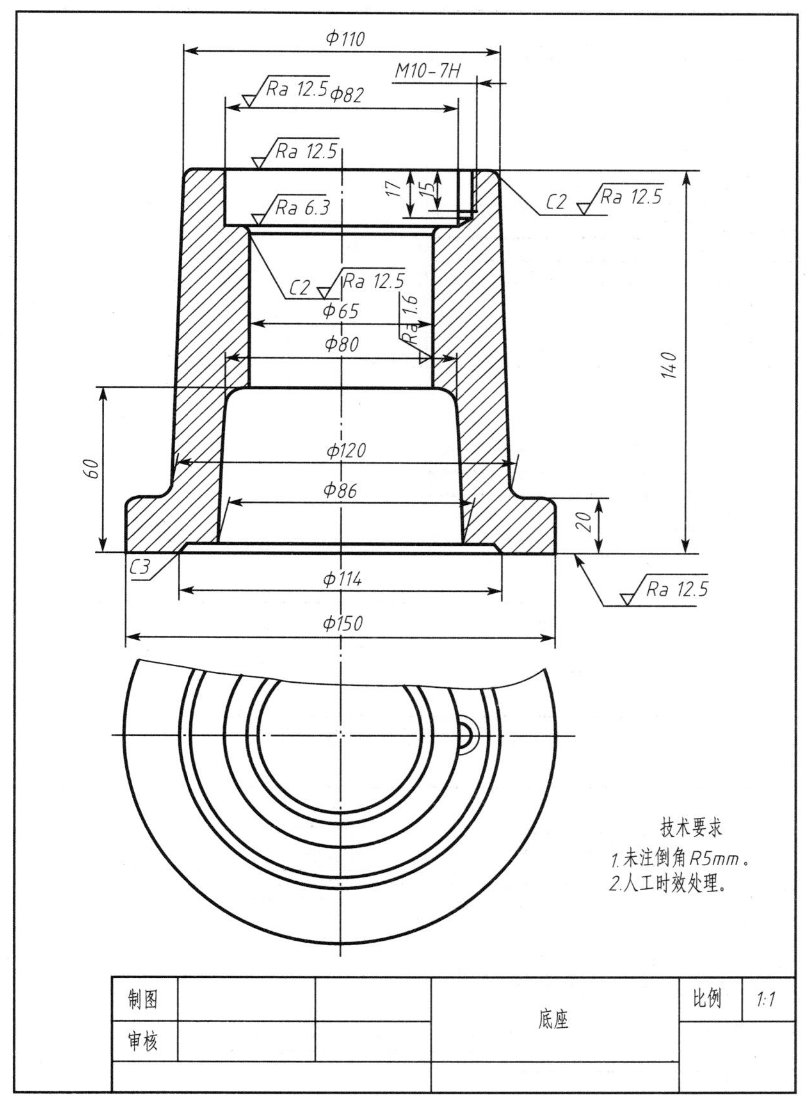

图 5.2 千斤顶的底座

(2) 必要的尺寸。装配图中必须标注反映机器或部件的规格、性能，以及装配、检验和安装时所必要的一些尺寸。

(3) 技术要求。在装配图中用文字或符号说明机器或部件的性能、装配、检验和使用等方面的要求。

(4) 零件序号、明细栏和标题栏。根据生产组织和管理工作的需要，应对装配图中的零件进行编号，并填写明细栏和标题栏，说明机器或部件的名称、图号、图样比例，以及零件名称、材料、数量、标准件的规格和代号等情况。

2. 装配图的规定画法

在装配图中，为了区分不同的零件和清晰地表达各零件之间的装配关系，在画法上有以下规定。

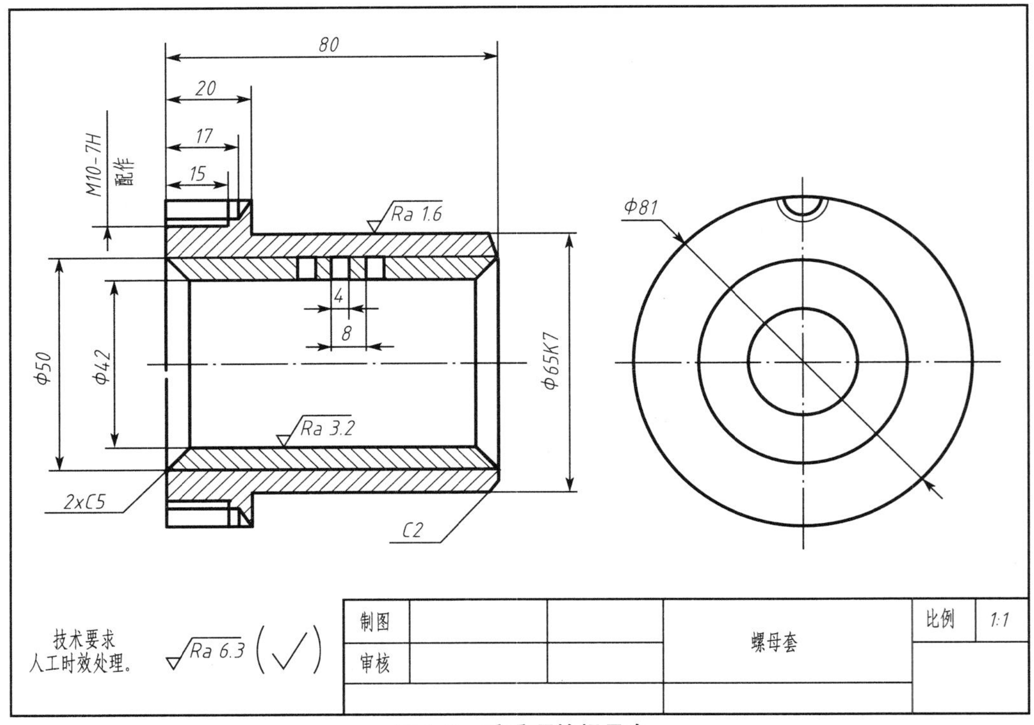

图 5.3　千斤顶的螺母套

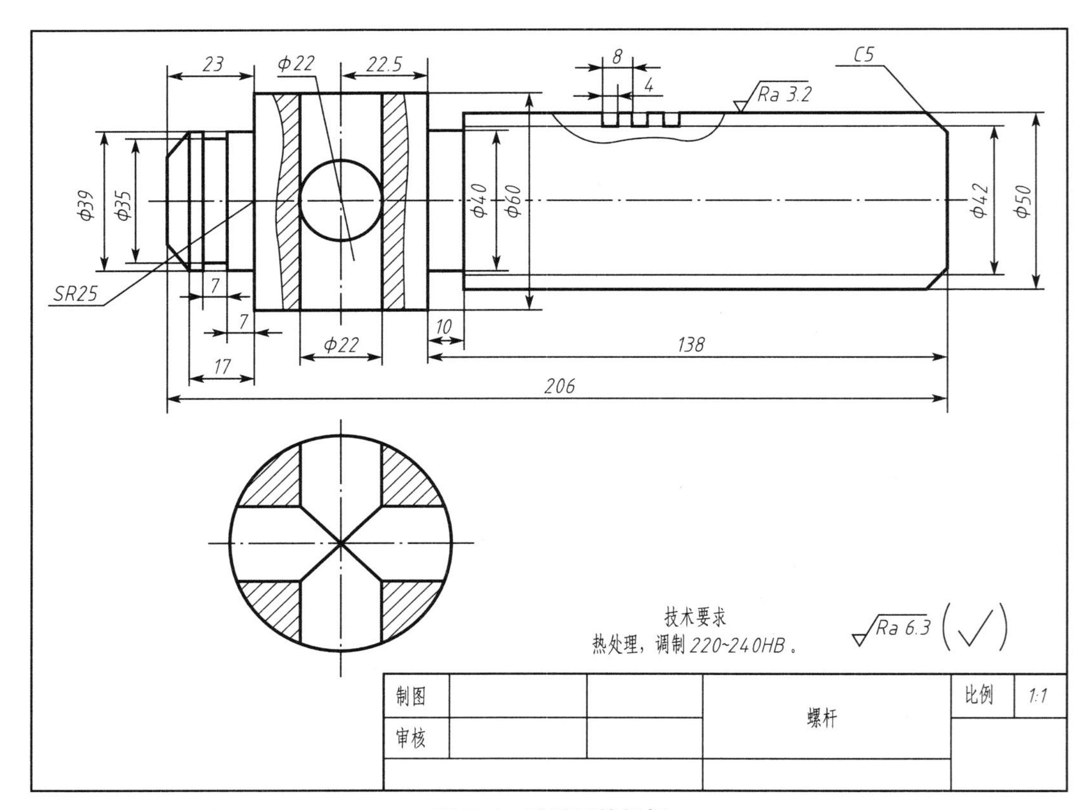

图 5.4　千斤顶的螺杆

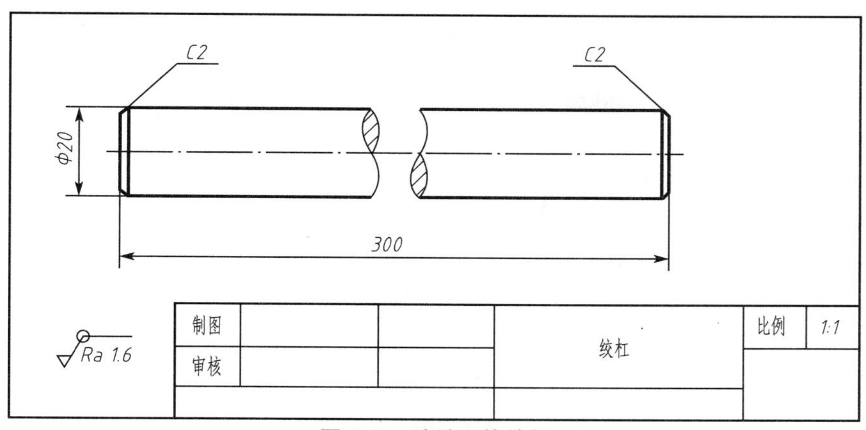

图 5.5　千斤顶的绞杠

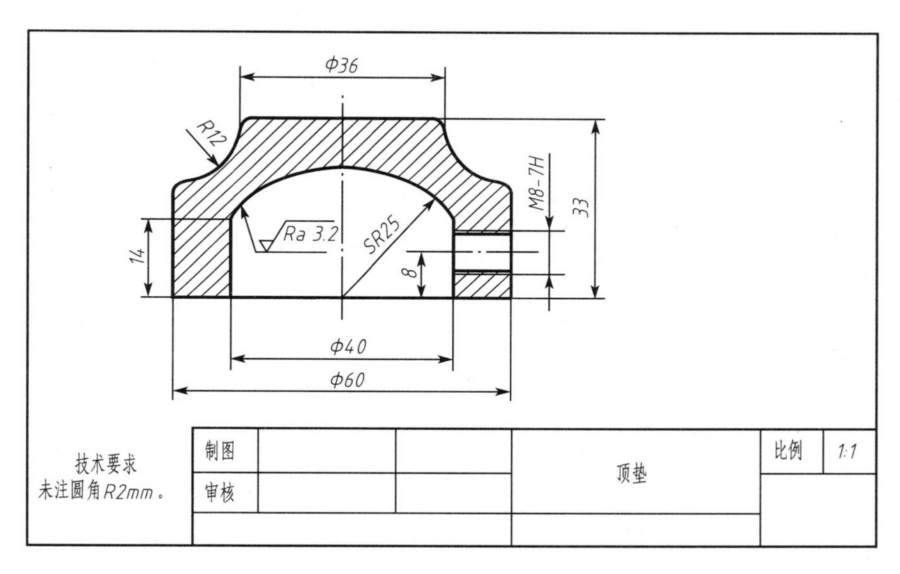

图 5.6　千斤顶的顶垫

1）零件接触面和配合面的画法

两相邻零件的接触面和公称尺寸相同的配合面只画一条轮廓线，而公称尺寸不同的非配合面和非接触面，无论间隙大小，也必须画成两条轮廓线。

2）剖面线的画法

在装配图的剖视图和断面图中，同一个零件的剖面线倾斜方向和间隔应保持一致；相邻两零件的剖面线倾斜方向应相反，或者方向一致、间隔不同以示区别。

3）实心零件和螺纹紧固件的画法

在剖视图中，当剖切平面通过实心零件(如轴、连杆等)和螺纹紧固件(如螺栓、螺母、垫圈等)的基本轴线时，这些零件按不剖绘制。

3. 装配图的特殊画法

1）拆卸画法

当一个或几个零件在装配图的某一视图中遮住了要表达的大部分装配关系或其他零

件，而这些零件在其他视图上已经表示清楚，这时可假想拆去这些零件后再绘制该视图，这种画法称为拆卸画法。为了避免读图时产生误解，可在图上加注“拆去零件××等”。需要注意的是，拆卸画法是一种假想的表达方法，所以在其他视图上，仍需完整地画出被拆卸零件的投影。

2）沿零件结合面的剖切画法

在装配图中，为了表示机器或部件的内部结构，可假想沿着某些零件的结合面进行剖切。这时，零件的结合面不画剖面线，其他被剖切的零件则要画剖面线。

3）假想画法

在装配图中，当需要表达该部件与相邻零、部件的装配关系时，可用双点画线画出相邻零、部件的轮廓。

对于运动零件，当需要表明其运动范围和极限位置时，可以在一个极限位置上画出该零件，而在另一个极限位置用双点画线画出其轮廓。

4）夸大画法

在装配图中，对于一些薄片零件、细丝弹簧及微小间隙和锥度等，无法按其实际尺寸画出或图线密集难以区分时，可不按其实际尺寸作图，而适当地放大画出使图形清晰。

5）简化画法

（1）在装配图中，螺栓头部和螺母允许采用简化画法。对若干相同的零件组，如螺栓、螺钉连接等，在不影响理解的前提下，可仅详细地画出一处或几处，其余只需用点画线表示其中心位置。

（2）滚动轴承只需表达其主要结构时，可采用简化画法或示意画法，但同一张图样只允许采用一种画法。

（3）在装配图中，对于零件上的一些工艺结构，如小圆角、倒角、退刀槽和砂轮越程槽等允许不画。螺栓、螺母的倒角和因倒角而产生的曲线可以省略。

6）展开画法

在传动结构当中，为了表达某些重叠的装配关系，可假想将空间轴系按传动顺序展开在一个平面上，然后沿各轴轴线剖开画出剖视图，这种画法称为展开画法。

4. 装配图中的零、部件序号和明细栏

为了便于看图和图样的配套管理以及组织生产的需要，必须对装配图中的所有零、部件进行编号，同时在图中绘制零件的明细栏，并按编号在明细栏中填写该零、部件的名称、数量和材料等内容。

1）零、部件序号的有关规定

（1）装配图中所有的零、部件都必须编写序号。在装配图中尺寸规格相同的多个零、部件只编写一个序号，一个序号在图中只标注一次，并且零、部件的序号应与明细栏中相应序号一致。

（2）序号应注写在指引线一端的水平线上方、圆内或在指引线端部附近，序号字高要比图中尺寸数字大一号或两号。序号编写时应在装配图周围按水平或垂直方向排列整齐，并按顺时针或逆时针方向顺序编号，如果在一个视图上无法编完所有编号时，可在其他视图上按上述原则继续编写，如图 5.1 所示。

（3）指引线用细实线绘制，应从所指部分的可见轮廓内引出，并在其起始端画一圆

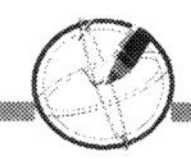

点，如图 5.7 所示。若所指的部分不宜画圆点，如薄壁的零件等结构，可在指引线的起始端画出箭头并指向该部分的轮廓，如图 5.8 所示。

对于一组紧固件以及装配关系清楚的零件组，可以采用公共指引线，如图 5.9 所示。指引线应分布均匀且不能相交。指引线通过有剖面线的区域时，不应与剖面线平行，必要时可画成折线，但只允许曲折一次。

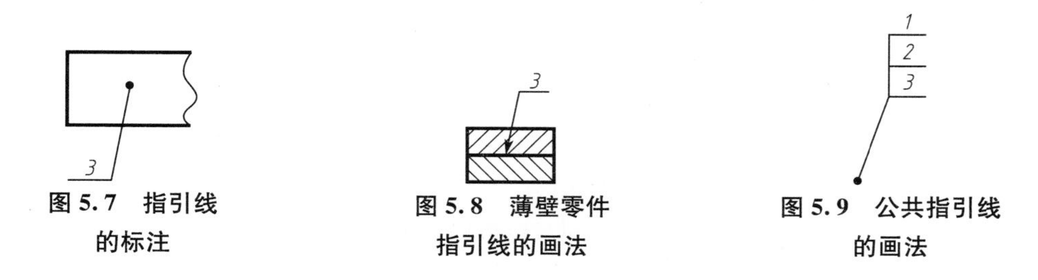

图 5.7　指引线的标注　　**图 5.8　薄壁零件指引线的画法**　　**图 5.9　公共指引线的画法**

2）明细栏

明细栏是机器或部件中全部零件的目录，应绘制在标题栏上方，当空间不够用时，可续接在标题栏左方。明细栏外框竖线为粗实线，其余为细实线，其下边线与标题栏上边线重合且长度相等。明细栏中，零、部件序号应按自下而上的顺序填写，以便在增加零件时可向上延续。学校制图作业明细栏可采用图 5.10 所示的格式。明细栏“名称”一栏中，除填写零、部件名称外，对于标准件还应填写其规格，另外，备注栏可填写该项的附加说明和有关内容，如标准件的标准号应填写在“备注”栏中。

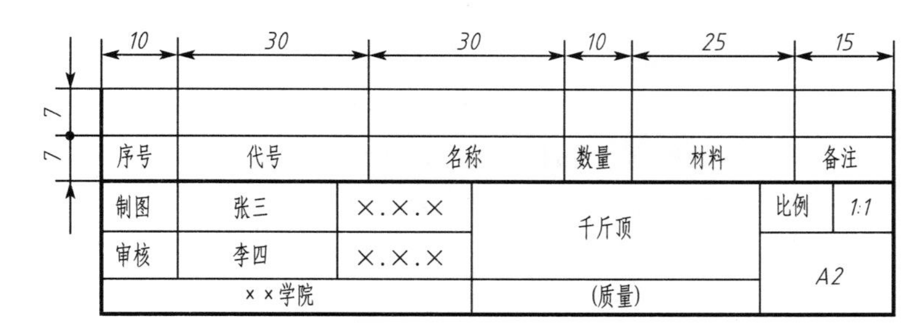

10	30	30	10	25	15
序号	代号	名称	数量	材料	备注

制图	张三	×.×.×	千斤顶	比例	1:1
审核	李四	×.×.×		A2	
××学院			(质量)		

图 5.10　装配图明细栏和明细栏

5. 绘制装配图的方法

在 AutoCAD 中绘制装配图的方法有三种，分别是直接绘制、插入零件和插入零件图块。

1）直接绘制

利用二维绘图和编辑命令按零件图的绘制方法绘制装配图称为直接绘制法，这种方法适合绘制较简单的装配图。

2）插入零件

首先绘制装配图中各个零件的零件图，然后选择一个主体零件作为基准，将其他零件通过复制粘贴至指定位置的方法绘制装配图，这种方法称插入零件法。

3）插入零件图块

首先绘制装配图中的各个零件的零件图，并以图块的形式保存起来，再按零件的相对位置关系将零件图块插入到指定位置来绘制装配图，这种方法称插入零件图块法。

本书采用插入零件的方法绘制装配图。

6. 绘制装配图的步骤

1）确定表达方案

通过所画机器或部件的分析，运用装配图的表达方法，选择恰当的视图，清楚地表达机器或部件的工作原理、零件的装配关系和零件的结构形状。确定表达方案时，首先应合理选择主视图，再选择其他视图。

（1）主视图的选择。主视图的选择应符合机器或部件的工作位置，尽可能反映其结构特点、工作原理和装配关系，主视图通常采用剖视图来表达零件的主要装配干线。

（2）其他视图的选择。分析主视图尚未表达清楚的机器或部件的工作原理、装配关系和其他主要零件的结构形状，以此来选择其他视图来补充主视图尚未表达清楚的部分。

2）确定比例和图幅

根据所确定的装配图表达方案，选取适当的绘图比例，并通过综合考虑标注尺寸、编注零件序号、书写技术要求、画标题栏和明细栏的位置，选定合适图幅。

3）画装配图的底稿

（1）画出图框和各视图的中心线、基准线等。

（2）画出零件的主体结构。通常先从主视图开始，先画主要视图，后画其他视图。画图应注意各视图间的投影关系。画剖视图时，则应从内向外画，这样画的好处是被遮住零件的轮廓线可以不画。

（3）画其他零件及各部分的细节。

4）检查校核

（1）检查底稿，绘制标题栏及明细栏并加深全图。

（2）标注尺寸，编写零件序号，填写明细栏和标题栏，注明技术要求等。

（3）仔细检查完成全图。

5.1.3 任务实施

1. 绘制说明

1）千斤顶的组成及工作原理

千斤顶主要适用于起重或顶压的工具，本任务所画的千斤顶是一种结构简单的机械式千斤顶，这种类型的千斤顶利用螺旋结构顶起重物，其由底座、螺母套、螺杆、顶垫、绞杠和螺钉等零件组成。

千斤顶的工作原理：将绞杠插入螺杆上部的通孔中，转动绞杠使螺杆转动。螺杆具有锯齿形螺纹；螺母套以过渡配合压装于底座中，并用两个圆柱端紧定螺钉止转和固定，螺杆和螺母套通过螺纹作用使螺杆旋转而顶起重物。顶块以内圆球面和螺杆顶部接触，并能微量摆动以适应不同情况的接触面，二者之间用螺钉紧固，防止顶垫在螺杆转动时脱落。

2）千斤顶装配图的表达方案

以千斤顶的工作位置画出主视图，因为主视图表达千斤顶各零件间的装配关系、

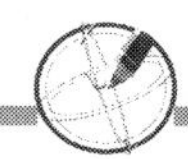

工作原理和各零件的形状，所以主视图采用全剖视图及局部剖视图表达。为表达螺套和底座的外形，将螺套和螺杆的结合面剖切做俯视图。为表达螺杆上部四个通孔的局部结构补充一个局部视图。另外，因为绞杠的尺寸较长且结构简单，所以绞杠采用断裂画法。

2. 绘图步骤

步骤1：创建绘图文件。

(1) 新建空白文件，选择 acadiso. dwt 模板。

(2) 设置图形界限：594mm×420mm。

(3) 设置图形单位：长度类型为小数；长度精度为 0.00；角度类型为十进制；角度精度为 0.00。

(4) 设置图层。绘制机械零件图通常需要设置八个图层，设置的图层包括：中心线(CENTER)、粗实线(THICK)、细实线(THIN)、文字(TEXT)、标注尺寸(DIMENSION)、虚线(DASHED)、双点画线(DIVIDE)，如图 4.2 所示。

(5) 新建“机械制图”字体样式，选用 gbenor. shx 和大字体 gbcbig. shx，字号为 7。新建“零件序号”文字样式，选用 gbenor. shx 和大字体 gbcbig. shx，字号为 10，这种文字样式用于标注零件的序号。

(6) 新建“机械标注”标注样式，通过样式工具栏或通过菜单栏“格式-标注样式”打开标注样式管理器，新建名为“机械标注”的标注样式，通过修改“线”“符号和箭头”“文字”和“调整”等选项卡建立符合机械制图国家标准的标注样式，并以此样式为基础创建“线性”“角度”“半径”和“直径”等子样式。

(7) 保存图形，选择保存路径，文件名为“A2 模板”。完成绘图模板文件的创建。

步骤2：直线命令绘制图框，切换至“THICK”图层。

(1) 绘制外框。切换至“THICK”图层，使用“直线”命令绘制 594mm×420mm 的外框。

(2) 绘制内框。使用“偏移”命令，将外框左边偏移 25mm，其余三边偏移 10mm，绘制内框。结果如图 5.11 所示。

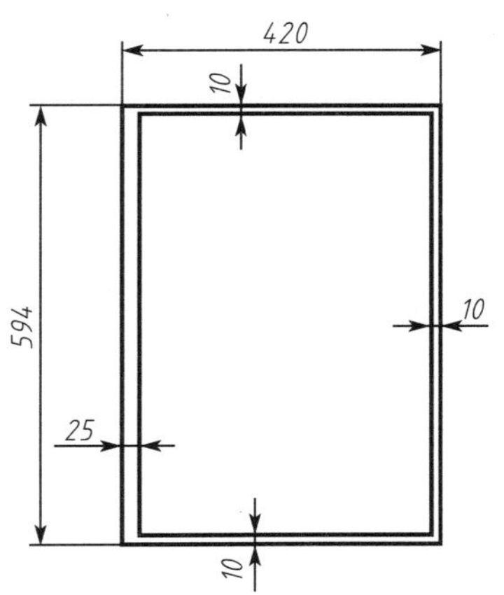

图 5.11　图框

步骤3：绘制标题栏及明细栏，并书写文字，尺寸及结果如图 5.10 所示。

步骤4：绘制主视图。

(1) 绘制底座主视图。将底座零件的主视图复制到图框内的合适位置，将其中的螺孔、倒角等局部结构删除并补齐图线，结果如图 5.12 所示。

(2) 绘制螺母套的主视图。使用“旋转”命令，将螺母套的主视图的螺孔删除并旋转 90°。使用“复制”命令，使 ϕ81mm 孔的上端面中心点为基点复制到底座主视图上，使基点与底座上端面中心点重合。因为底座孔和螺母套之间缝隙过小，这里采用夸大画法修改两条轮廓线。此外还要将多余图线、倒角结构及螺纹删除，结果如图 5.13 所示。

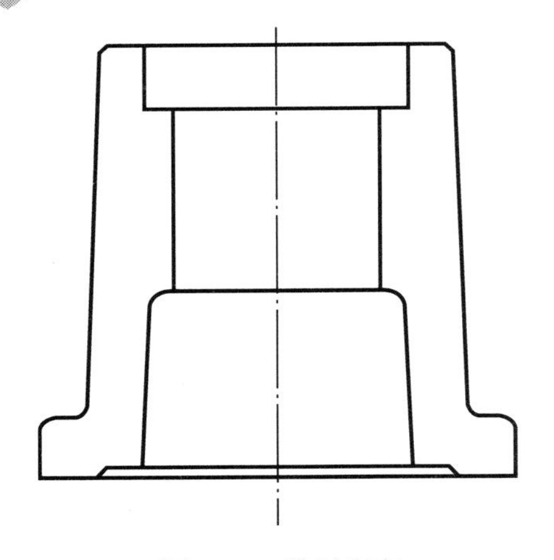

图 5.12　绘制底座

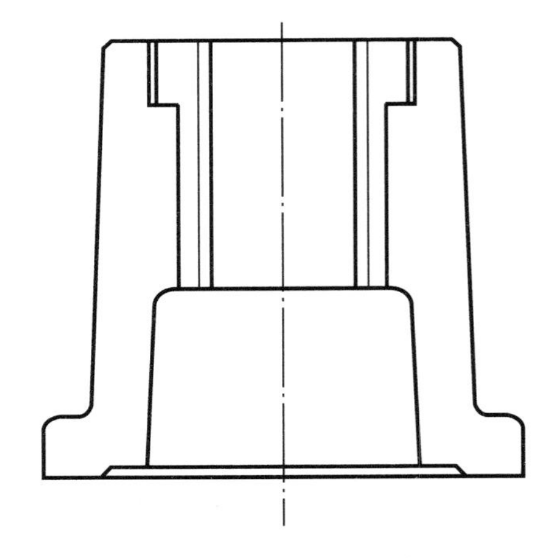

图 5.13　绘制螺母套

特 别 提 示

螺母套和底座装配在一起时，它们的轮廓线间有间隙。为了防止二者之间在工作过程中转动，装配在一起时在接缝处钻孔、攻丝加攻螺孔，使螺孔在两零件上各有一半。然后旋入紧定螺钉，起定位和固定的作用，这些螺钉称骑缝螺钉。按照加工顺序画装配图时，先将螺母套和底座装配在一起，然后画螺孔和紧定螺钉。

(3) 绘制螺杆的主视图。使用"旋转"命令，将螺杆零件图的主视图旋转 90°。使用"复制"命令，以 ϕ60mm 段下端面端点中心为基点复制到底座主视图上，使基点与底座上端面中心点重合。此外删除零件多余的图线，修改螺母套的螺纹线，结果如图 5.14 所示。

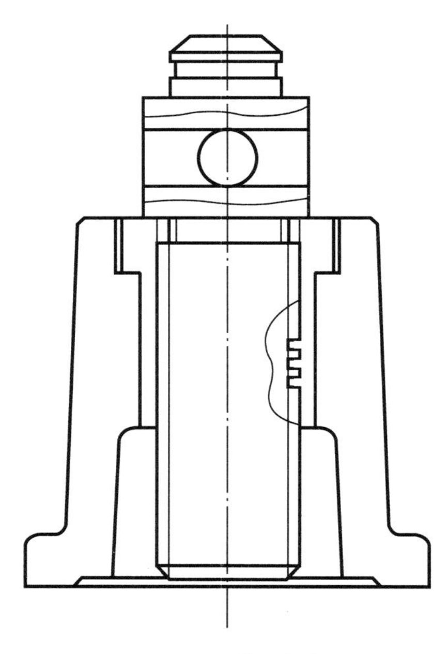

图 5.14　绘制螺杆

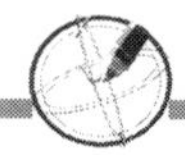

(4) 绘制绞杠的主视图。使用“拉伸”命令，以绞杠的右端面中心为基点向右拉伸至合适位置。使用“复制”命令，以绞杠轴线的中心点为基点复制到装配图螺杆的主视图上，使基点与螺杆上圆孔的圆心重合。此外，使用“修剪”命令修改多余图线，结果如图 5.15 所示。

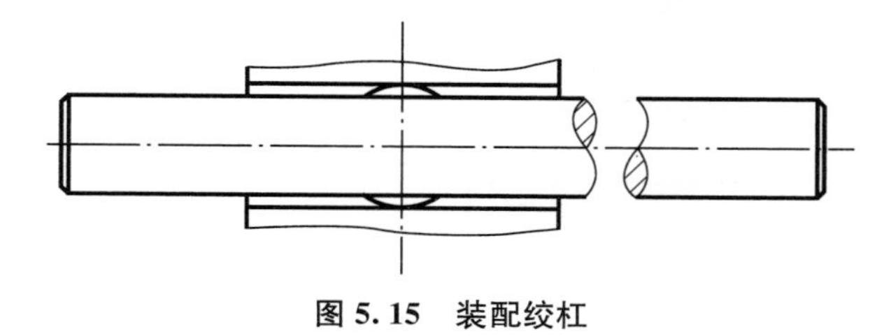

图 5.15　装配绞杠

(5) 绘制顶垫的主视图。使用“复制”命令，以 *SR*25mm 球面的球心点为基点复制到装配图螺杆的主视图上，使基点与螺杆上部球面球心点重合，修改整理图线，结果如图 5.16 所示。

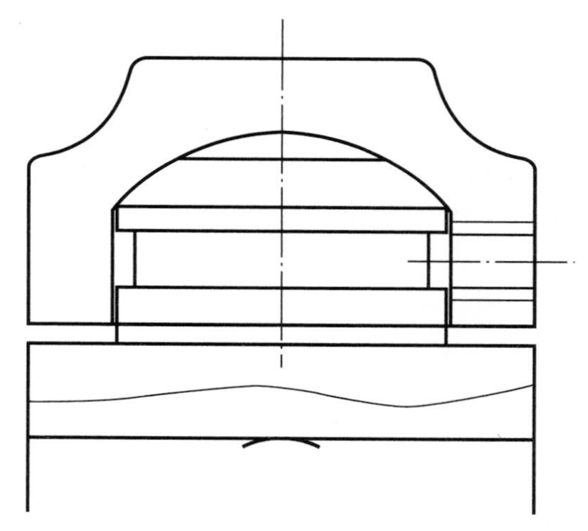

图 5.16　绘制顶垫

(6) 绘制顶垫与螺母间开槽长圆柱端紧定螺钉 M 8。通过查阅有关标准得出螺钉的具体结构和尺寸，在空白处依照尺寸绘制螺钉，结果如图 5.17 所示。使用“旋转”命令，将螺钉旋转 180°。使用“复制”命令，以螺钉左端面中心点为基点复制到螺杆和顶垫的螺孔

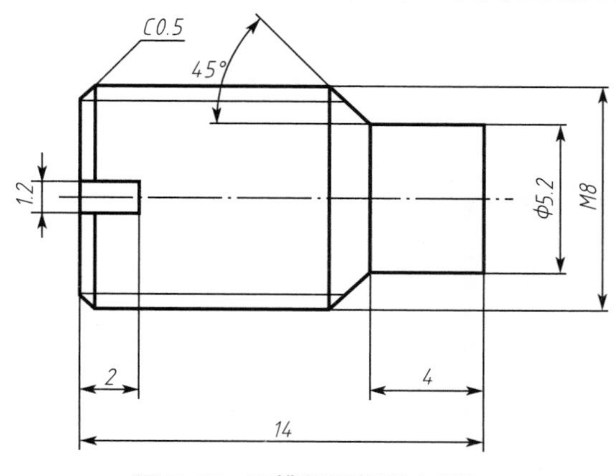

图 5.17　开槽长圆柱紧定螺钉

位置，使螺钉左端面的中心点和螺杆 ϕ35mm 的轮廓线中点重合。此外删除零件多余的图线，修改螺纹连接的螺纹线，结果如图 5.18 所示。

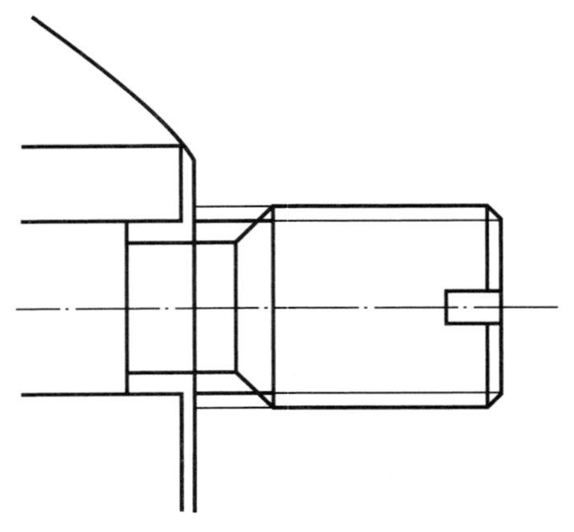

图 5.18　装配 M8 紧定螺钉

(8) 绘制螺母套与底座间开槽平端紧定螺钉 M10。通过查阅有关标准得出螺钉的具体结构和尺寸，在空白处依照尺寸绘制螺钉，结果如图 5.19 所示。以螺母套和底座的 0.5mm 间隙中心线为螺孔的轴线，绘制螺母套和底座间的螺孔，结果如图 5.20 所示。使用"镜像"命令，将螺钉旋转−90°。使用"复制"命令，以螺钉上端面中心点为基点复制至螺孔处，以螺钉上端面中心点与螺孔上端面中点重合。此外删除零件多余的图线，修改螺纹连接的螺纹线，结果如图 5.21 所示。

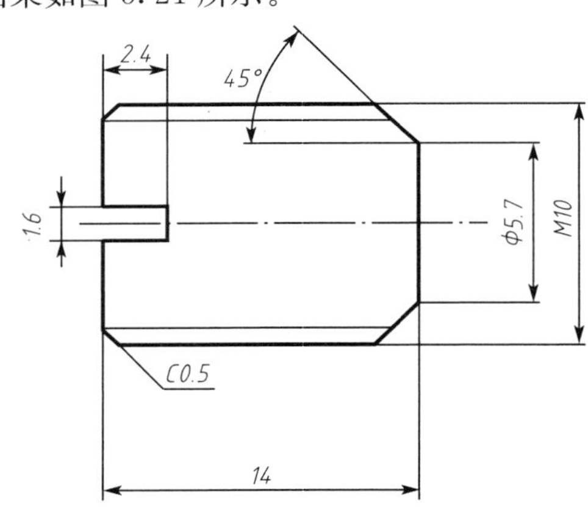

图 5.19　绘制开槽平端紧定螺钉

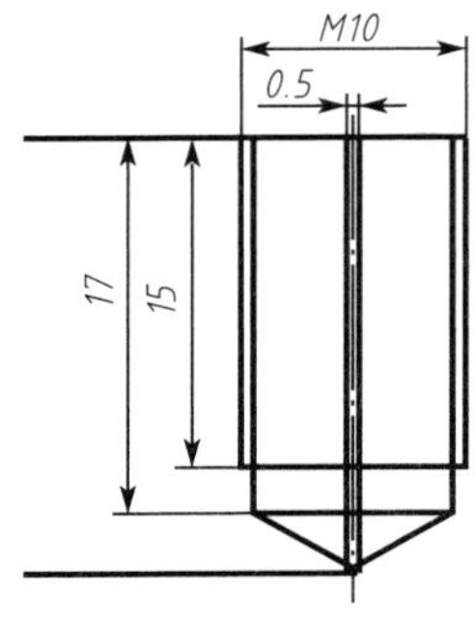

图 5.20　绘制螺孔

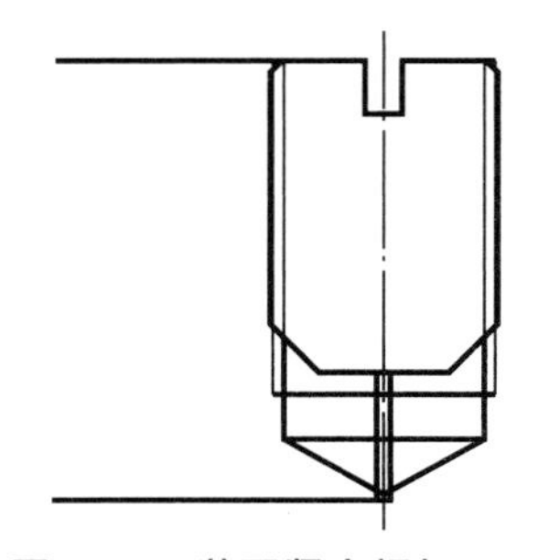

图 5.21　装配紧定螺钉 M10

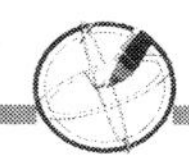

步骤5：绘制装配图俯视图和断面图。

(1) 绘制俯视图。沿螺杆和螺孔的结合面处剖切，绘制俯视图并标注出视图名称，在主视图上标注剖切位置及剖切符号，结果如图5.22所示。

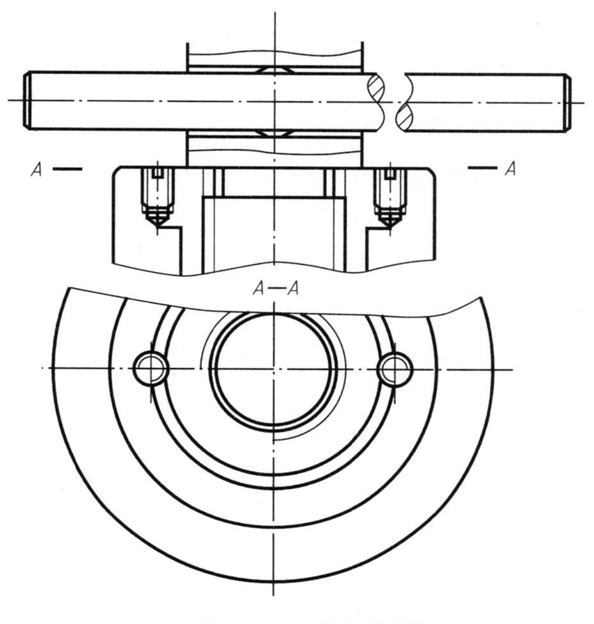

图5.22 绘制俯视图

(2) 绘制断面图。沿装配图主视图绞杠的轴线剖切，绘制断面图并标注视图名称和“拆去零件4”字样，在主视图上标注剖切位置及剖切符号，结果如图5.23所示。

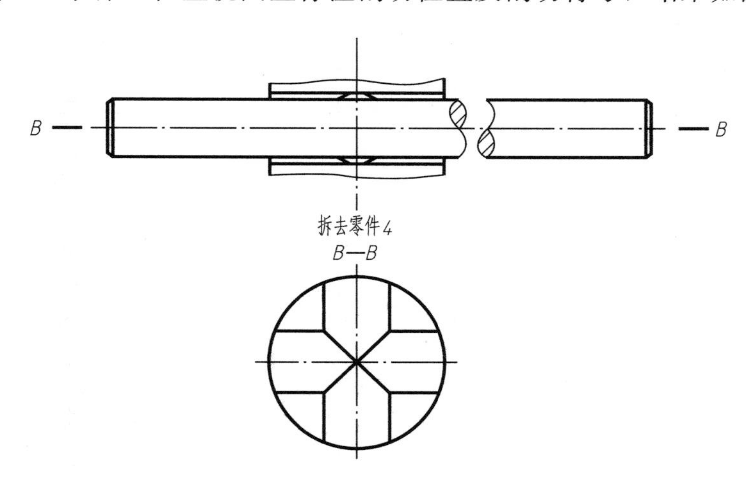

图5.23 绘制断面图

步骤6：绘制装配图的剖面线。切换至“THIN”图层，使用“图案填充”命令绘制剖面线，绘制时注意同一零件的剖面线方向间隔相同，相邻零件剖面线方向应相反或间隔不同。

步骤7：标注装配图尺寸。切换至“DIMENSION”图层，标注底座ϕ150，绞杠总长

300，总高尺寸 220～280，以及螺母套和底座的装配尺寸 ϕ65H8/K7。

步骤 8：绘制零件的序号。启动“引线”命令，设置箭头形式为实心圆点，按顺时针顺序由小到大标注零件序号，切换至“零件序号”文字样式，书写零件序号。

步骤 9：输入技术要求、标题栏和明细栏文字。切换至“TEXT”图层和“机械制图”文字样式，使用“多行文字”命令书写技术要求，使用单行文字命令填写标题栏和明细栏。

至此完成千斤顶装配图的绘制，结果如图 5.24 所示。

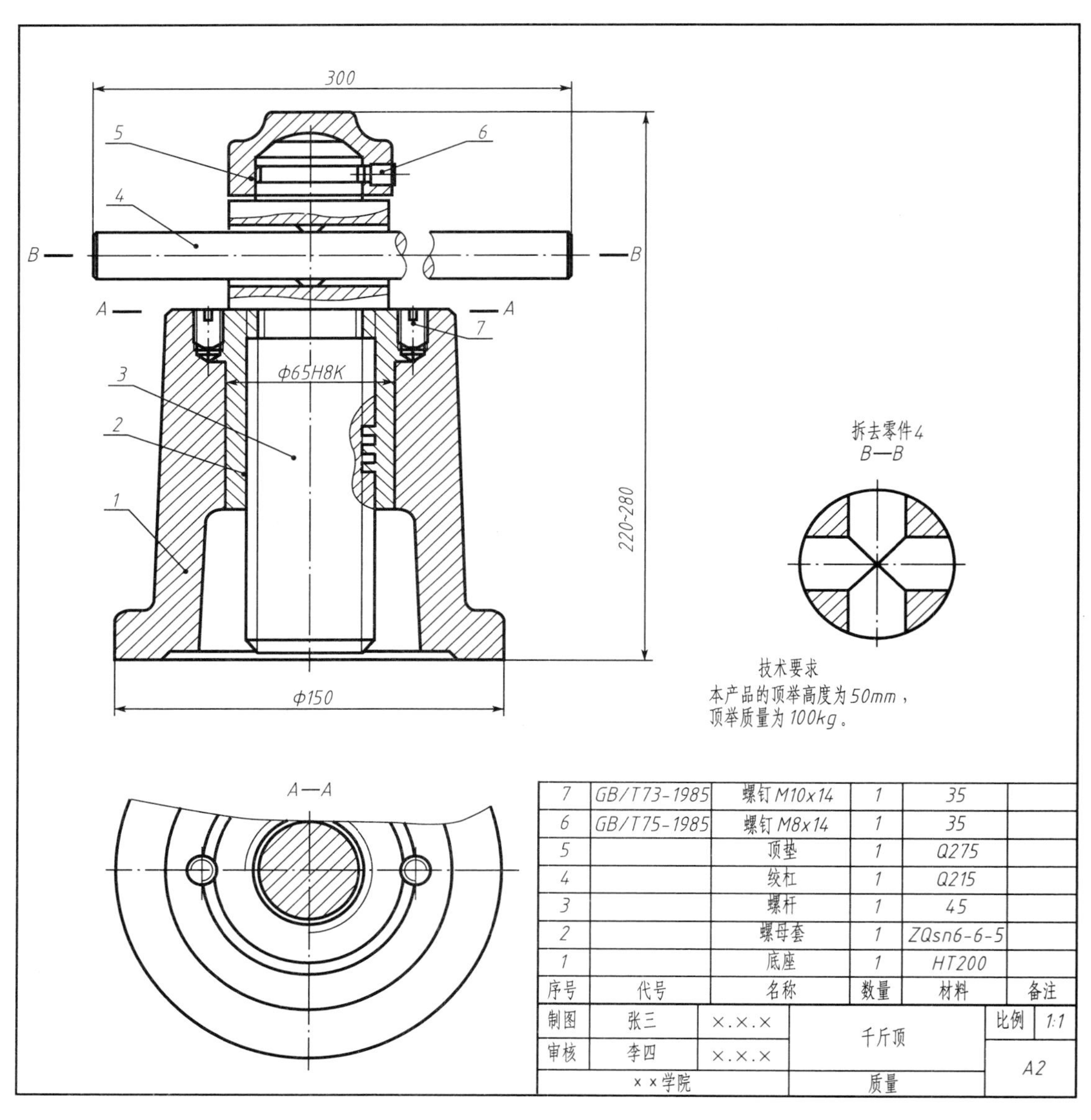

图 5.24 千斤顶的装配图

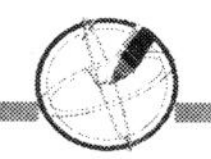

5.1.4 实训项目

1. 实训目的

掌握并熟练运用由零件图拼画装配图的方法和步骤。

2. 实训内容

通过图 5.25 给出的球阀装配示意图和图 5.26～图 5.34 给出的球阀零件图，绘制球阀的装配图。

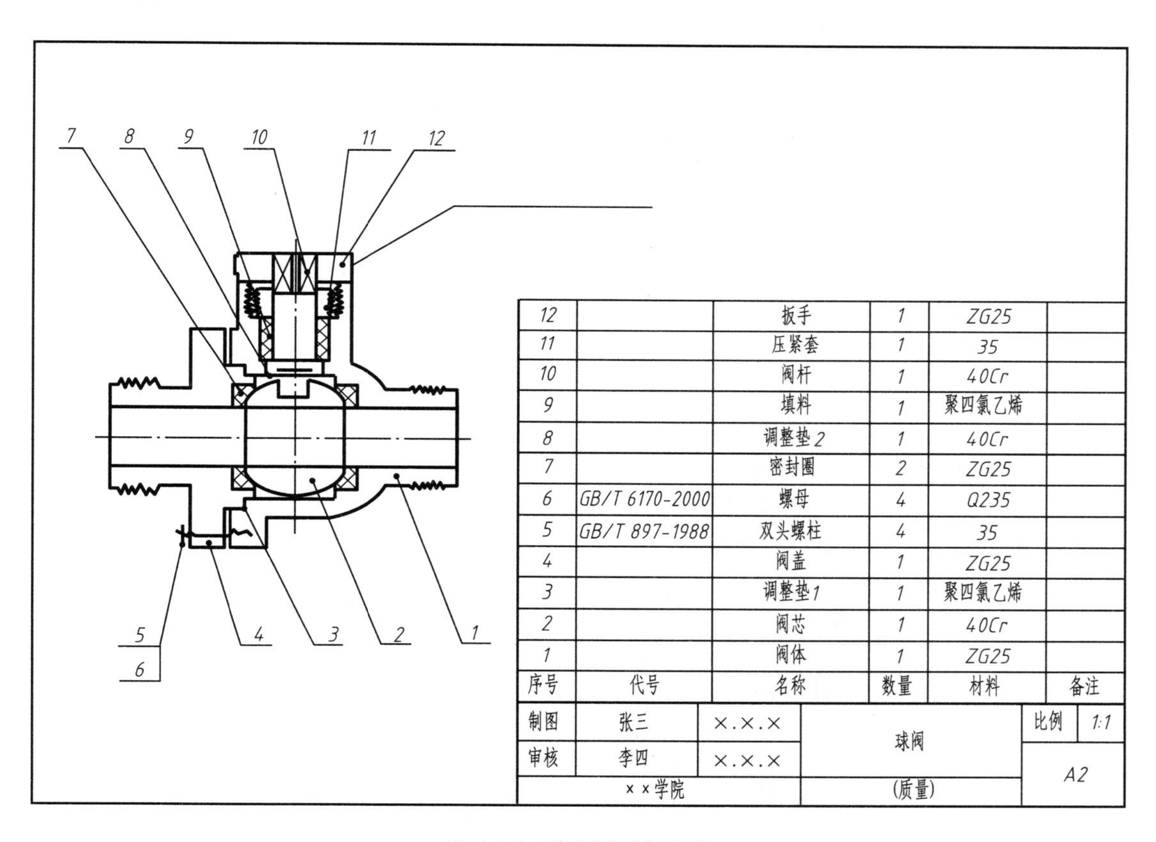

序号	代号	名称	数量	材料	备注
12		扳手	1	ZG25	
11		压紧套	1	35	
10		阀杆	1	40Cr	
9		填料	1	聚四氯乙烯	
8		调整垫2	1	40Cr	
7		密封圈	2	ZG25	
6	GB/T 6170-2000	螺母	4	Q235	
5	GB/T 897-1988	双头螺柱	4	35	
4		阀盖	1	ZG25	
3		调整垫1	1	聚四氯乙烯	
2		阀芯	1	40Cr	
1		阀体	1	ZG25	

制图	张三	×.×.×	球阀	比例	1:1
审核	李四	×.×.×		A2	
××学院			(质量)		

图 5.25 球阀装配示意图

特别提示

球阀是管道系统中用于控制流体流量的开关。当扳手处于打开位置时，阀门处于全部开启状态，此时流量最大；当扳手顺时针方向旋转时流量逐渐减少，旋转到 90°时阀门全部关闭，管道断流。扳手的位置是靠阀体 1 顶部凸块(90°的扇形)定位的，如图 5.25 所示。球阀装配图一般用三个视图表达，主视图采用全剖，左视图采用半剖，俯视图采用局部剖视图，共有 12 种零件，其中标准件两种。

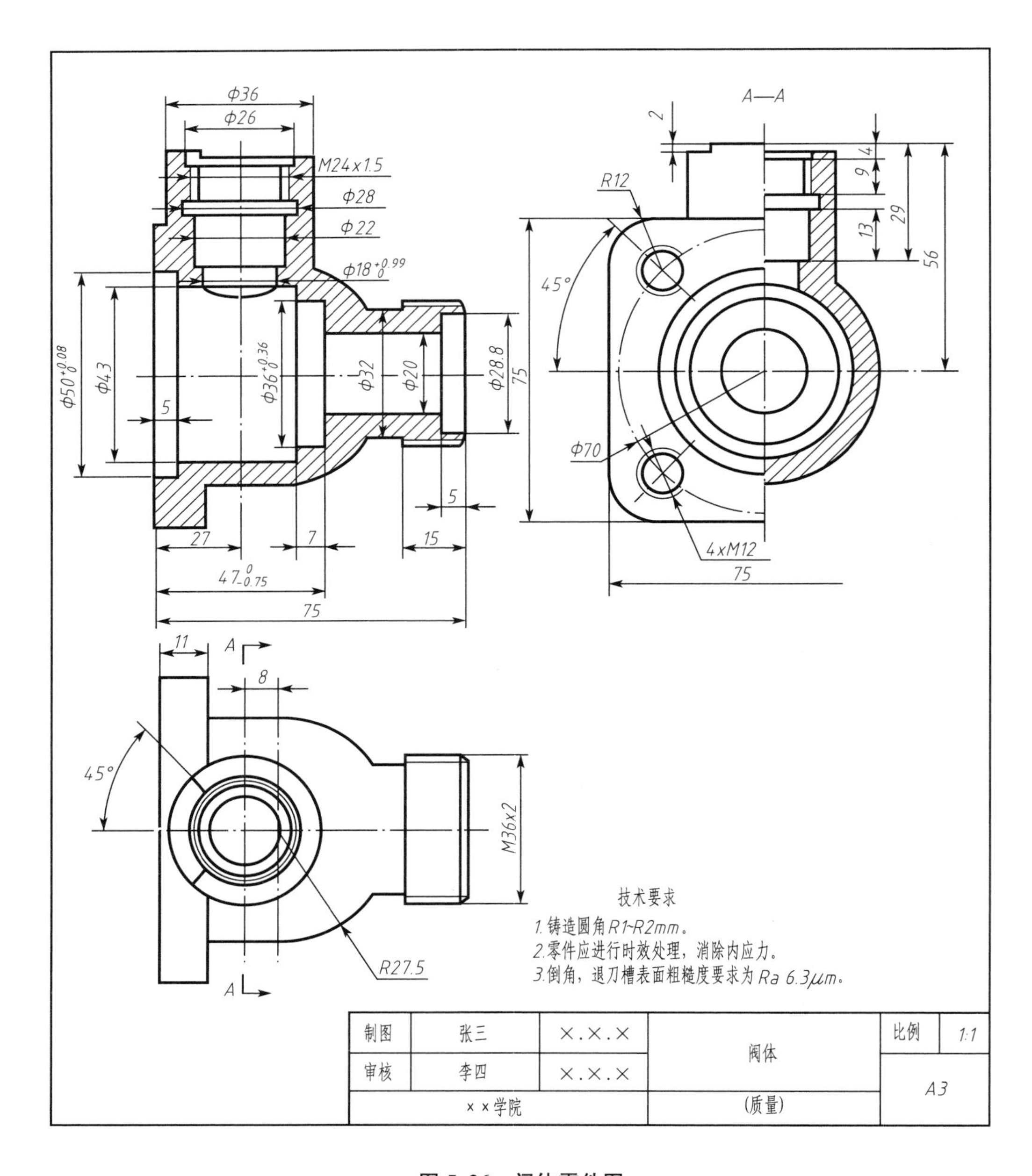
A—A
技术要求
1.铸造圆角R1~R2mm。
2.零件应进行时效处理，消除内应力。
3.倒角，退刀槽表面粗糙度要求为Ra 6.3μm。
制图
张三
×.×.×
审核
李四
×.×.×
××学院
阀体
(质量)
比例
1:1
A3

图 5.26　阀体零件图

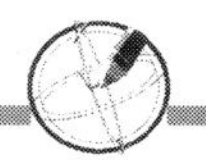

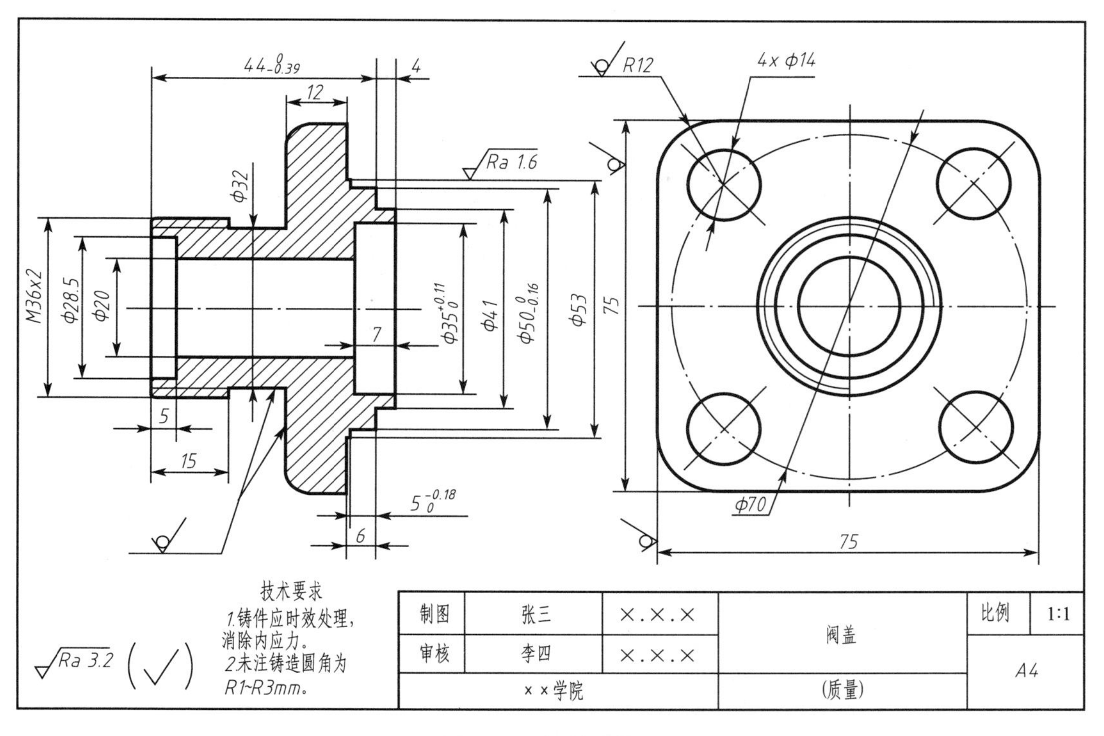

图 5.27　阀盖零件图

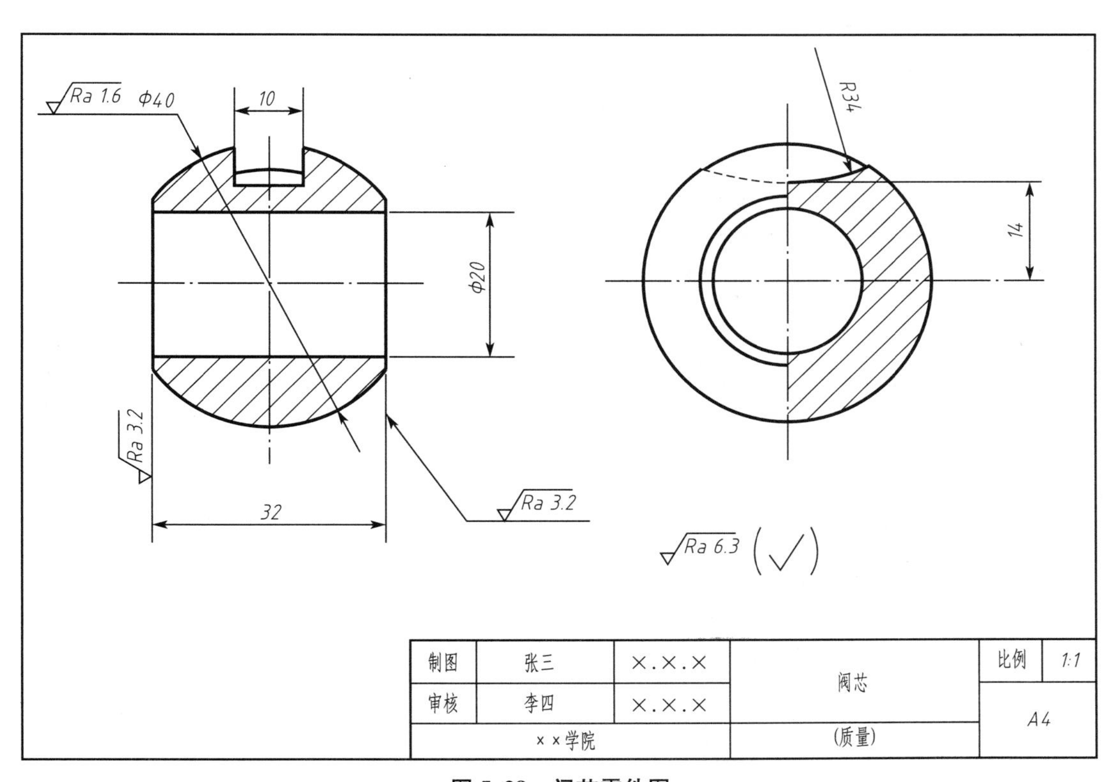

图 5.28　阀芯零件图

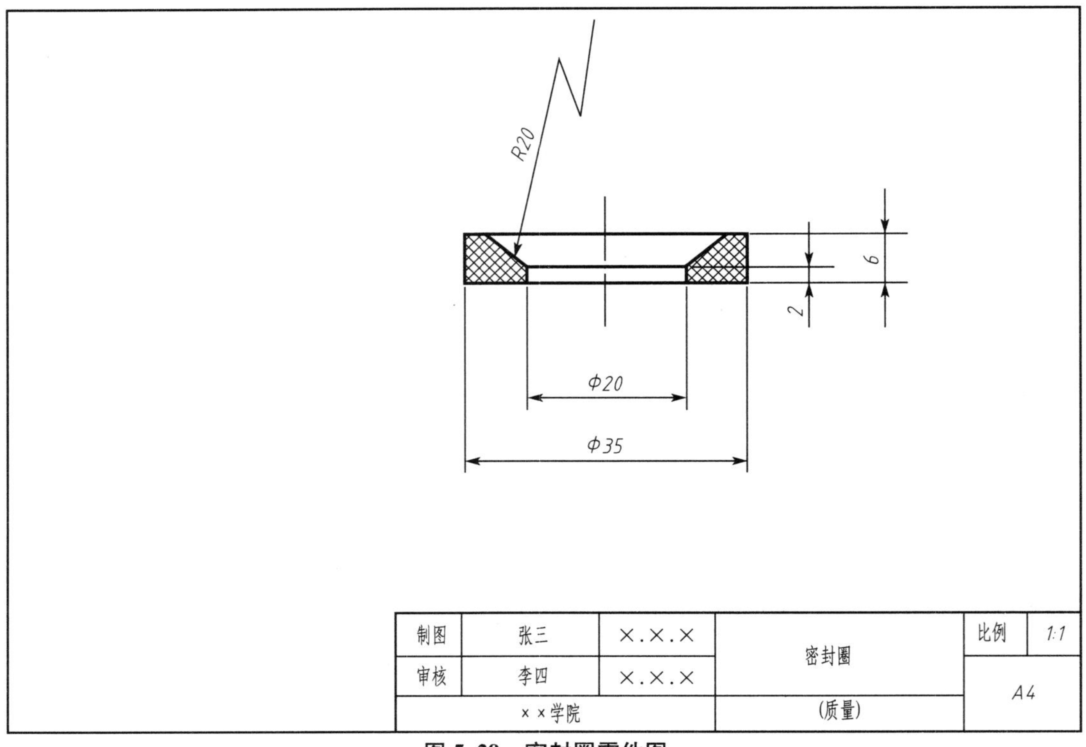

图 5.29　密封圈零件图

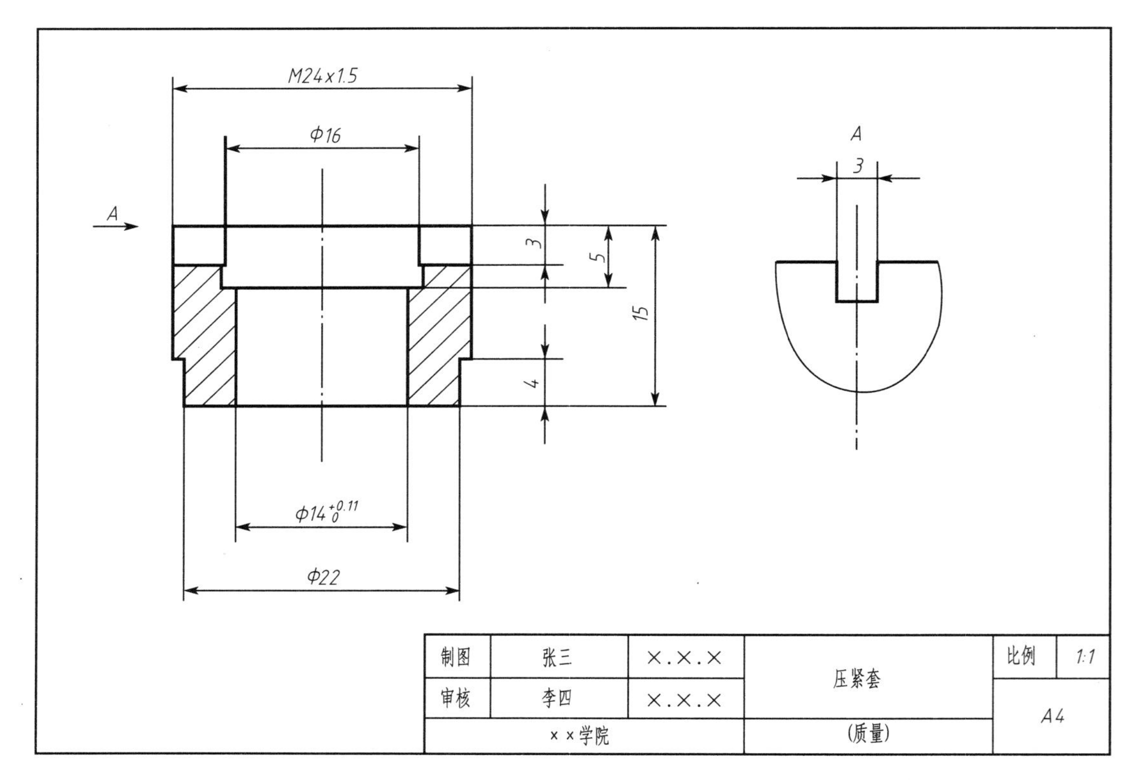

图 5.30　压紧套零件图

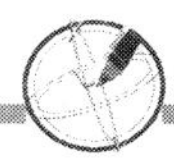

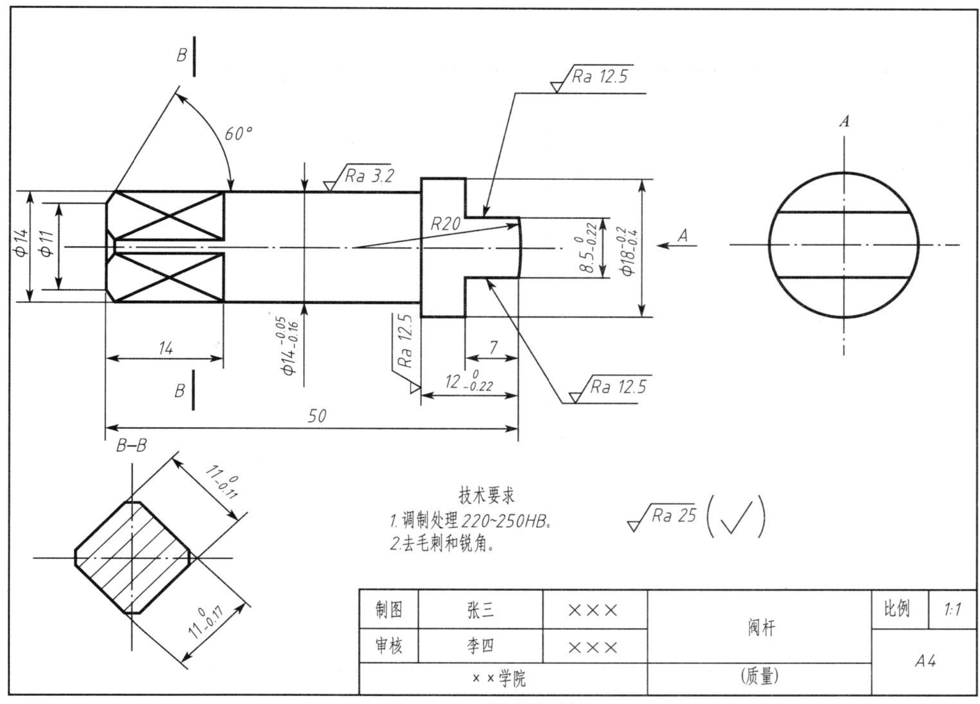

图 5.31　阀杆零件图

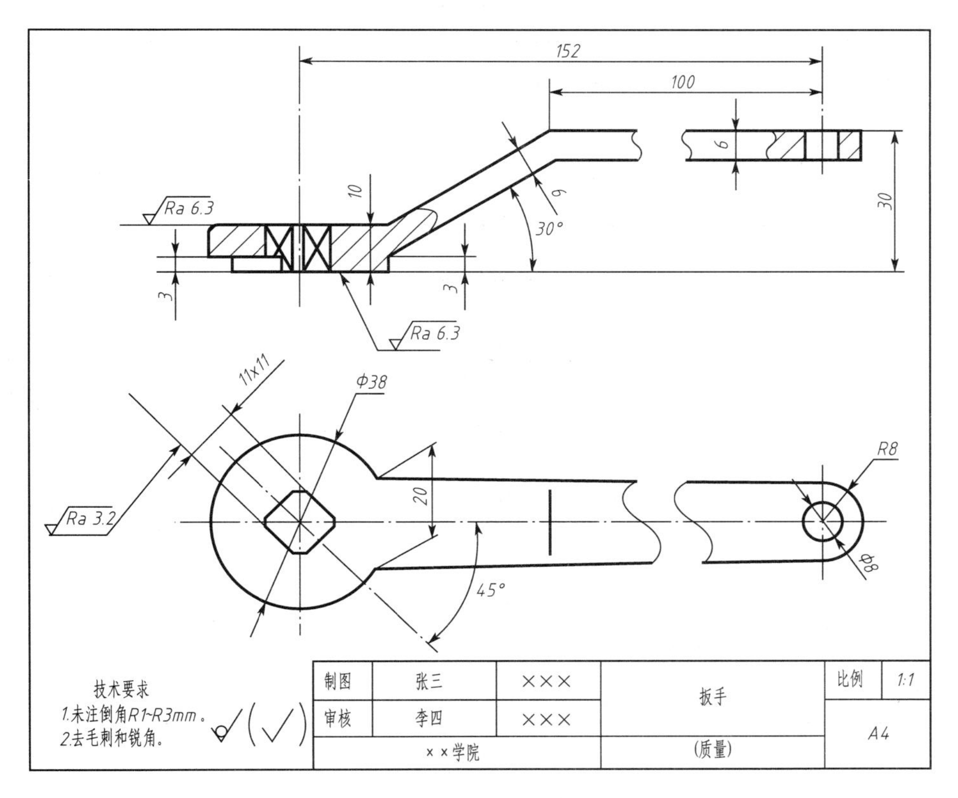

图 5.32　扳手零件图

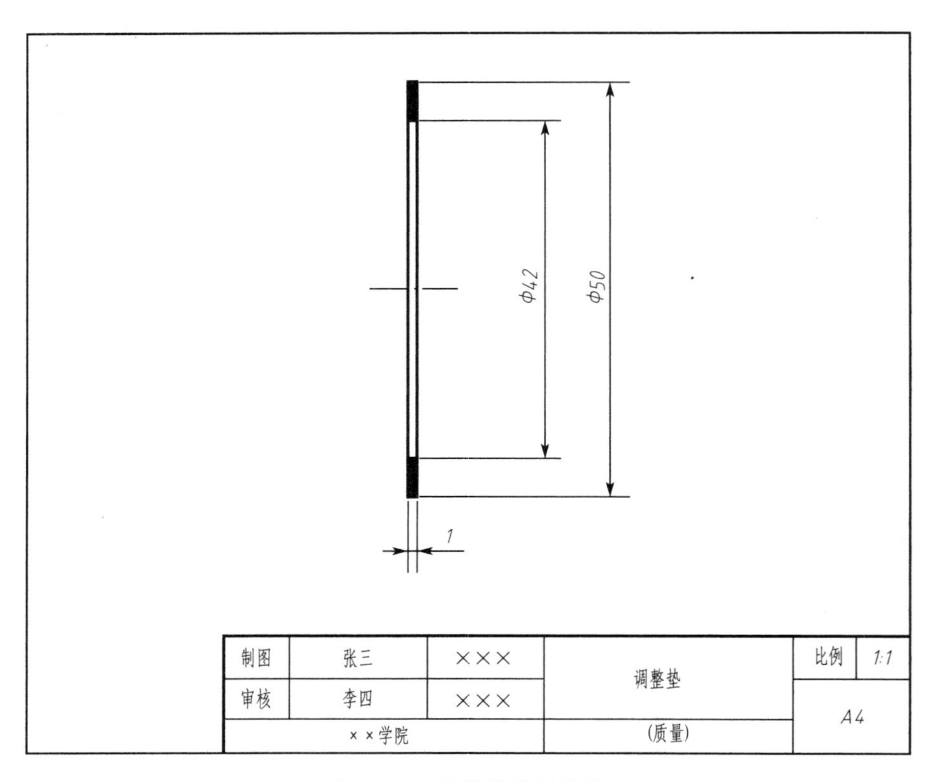

图 5.33　调整垫的零件图

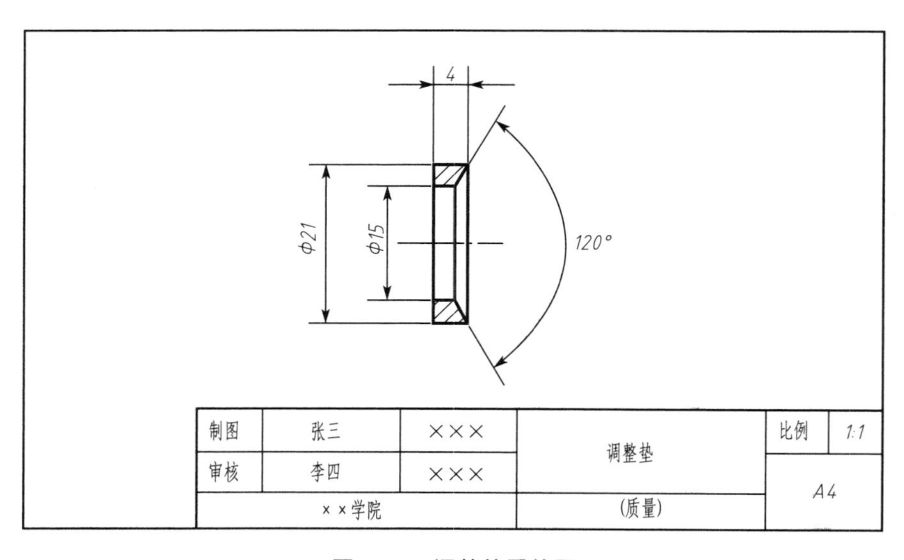

图 5.34　调整垫零件图

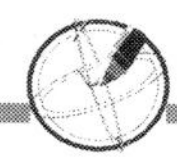

项 目 小 结

1. 装配图是用来表达机器或部件整体结构的一种机械图样，是生产和技术交流过程中重要的技术文件。

2. 一张完整的装配图应具备一组视图、必要的尺寸、技术要求、零件序号、明细栏和标题栏等方面内容。

3. 在装配图中，为了区分不同的零件和清晰地表达各零件之间的装配关系，在画法上应掌握零件接触面和配合面的画法、剖面线的画法、实心零件和螺纹紧固件的画法等规定画法。

4. 为了表达结构上的特殊结构和简化作图，掌握装配图的拆卸画法、沿零件结合面的剖切画法、假想画法、夸大画法、简化画法、展开画法等特殊画法。

5. 为了便于看图和图样的配套管理以及组织生产的需要，必须对装配图中的所有零部件进行编号，同时在图中绘制零件的明细栏，并按编号在明细栏中填写该零部件的名称、数量和材料等内容。

6. 在 AutoCAD 中绘制装配图有直接绘制、插入零件和插入零件图块三种方法，其中插入零件和插入零件图块方法较为常用。

7. 装配图应按照确定表达方案、确定比例和图幅、画装配图的底稿和检查校核等步骤进行绘制。

技 能 训 练

1. 机用虎钳是安装在工作台上，用于夹紧工件，以便进行切削加工的一种通用工具。请根据图 5.35 所示机用虎钳的装配示意图和图 5.36 所示的零件图绘制机用虎钳的装配图。

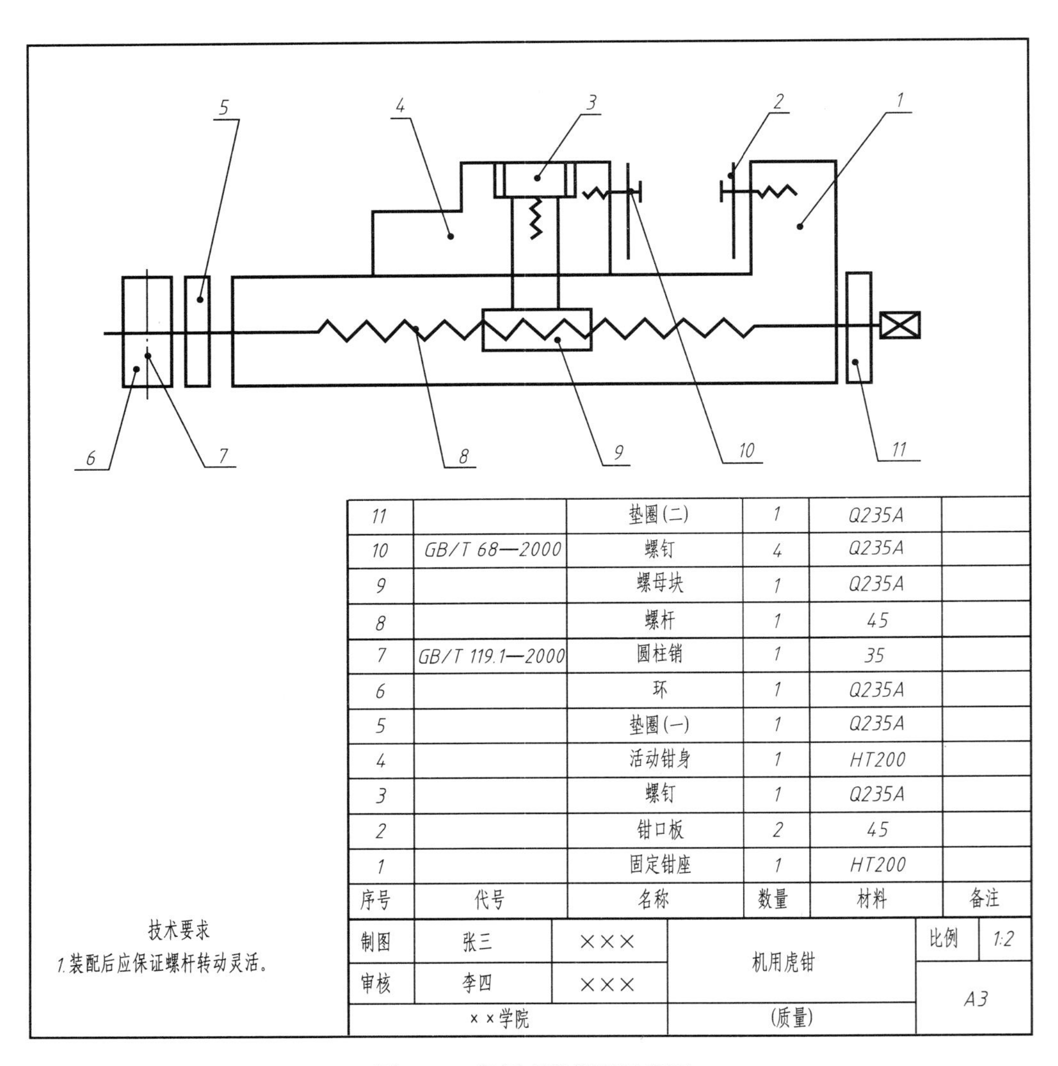

序号	代号	名称	数量	材料	备注
11		垫圈(二)	1	Q235A	
10	GB/T 68—2000	螺钉	4	Q235A	
9		螺母块	1	Q235A	
8		螺杆	1	45	
7	GB/T 119.1—2000	圆柱销	1	35	
6		环	1	Q235A	
5		垫圈(一)	1	Q235A	
4		活动钳身	1	HT200	
3		螺钉	1	Q235A	
2		钳口板	2	45	
1		固定钳座	1	HT200	

图 5.35　机用虎钳装配示意图

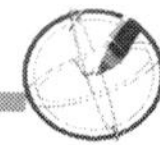

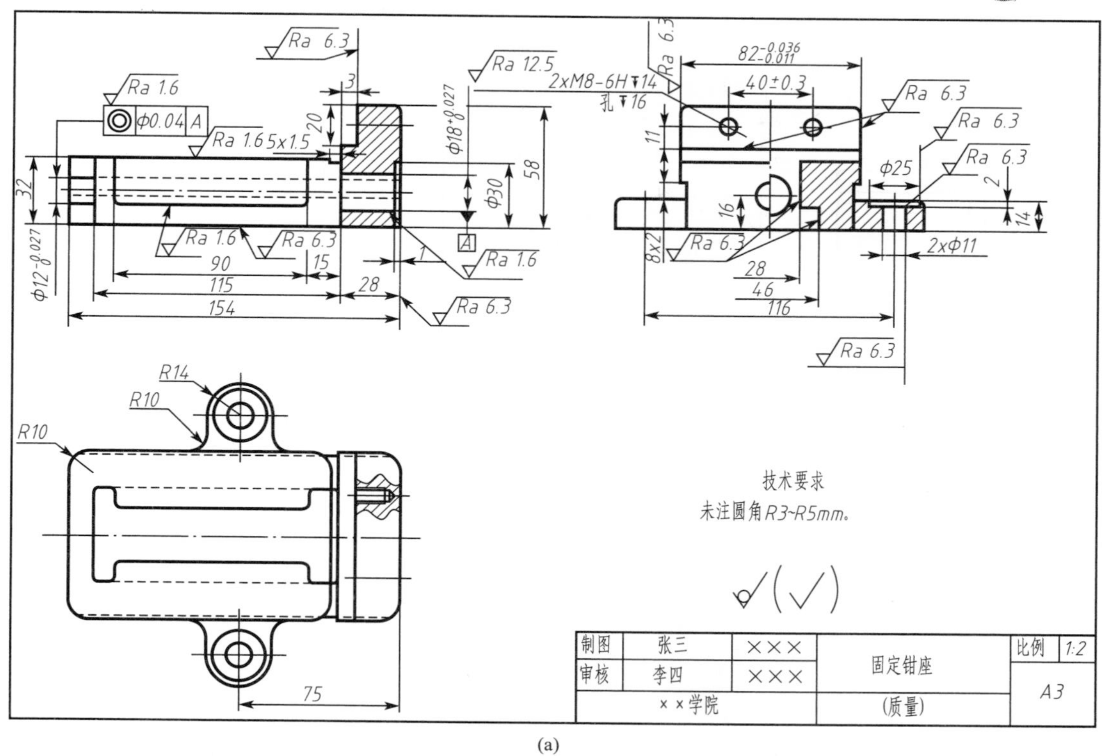

(a)

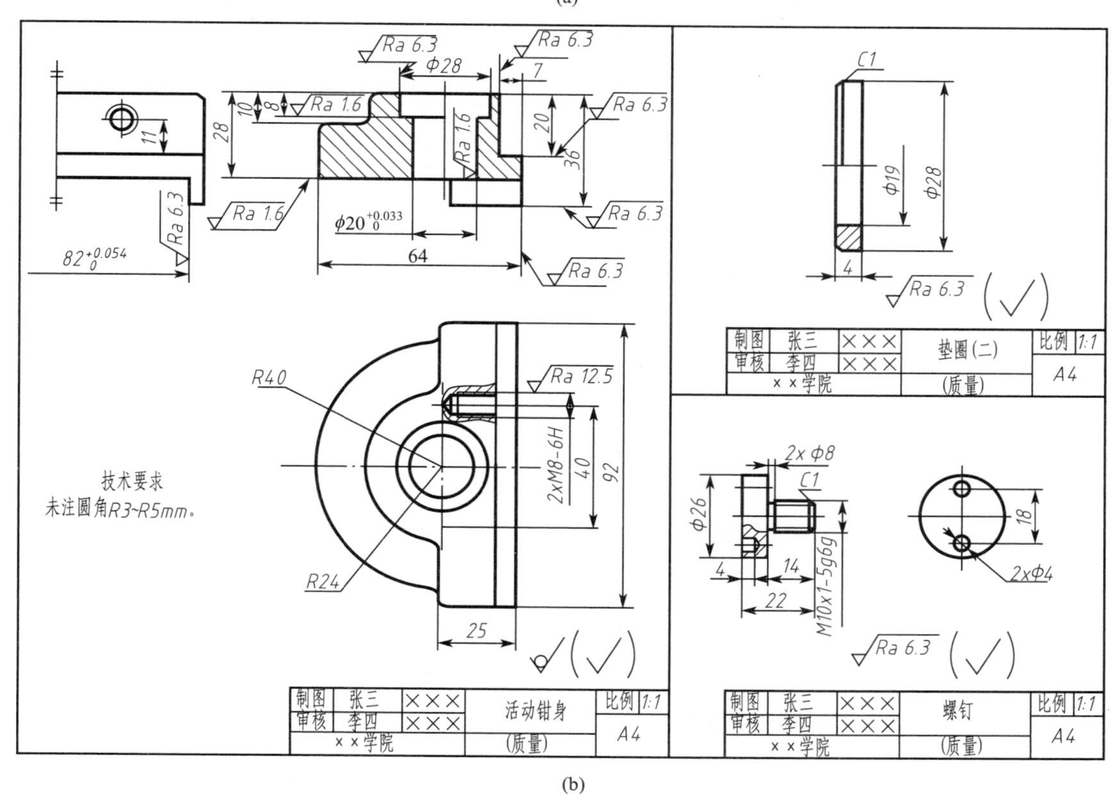

(b)

图 5.36　机用虎钳零件图

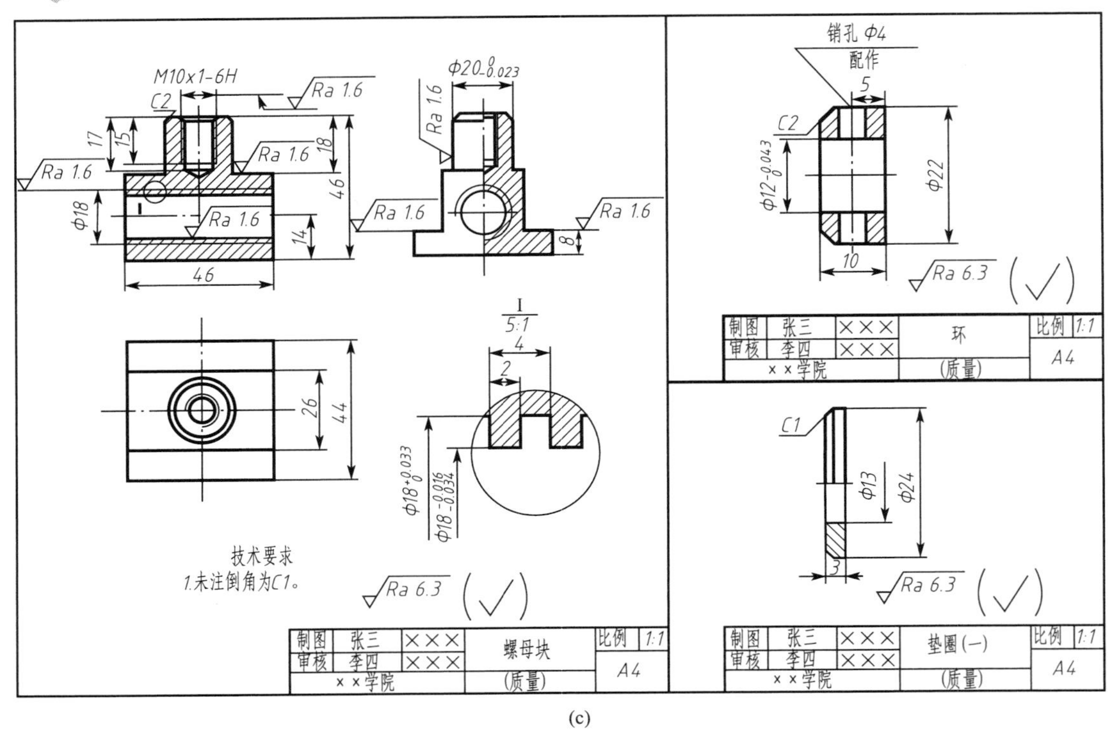

(c)

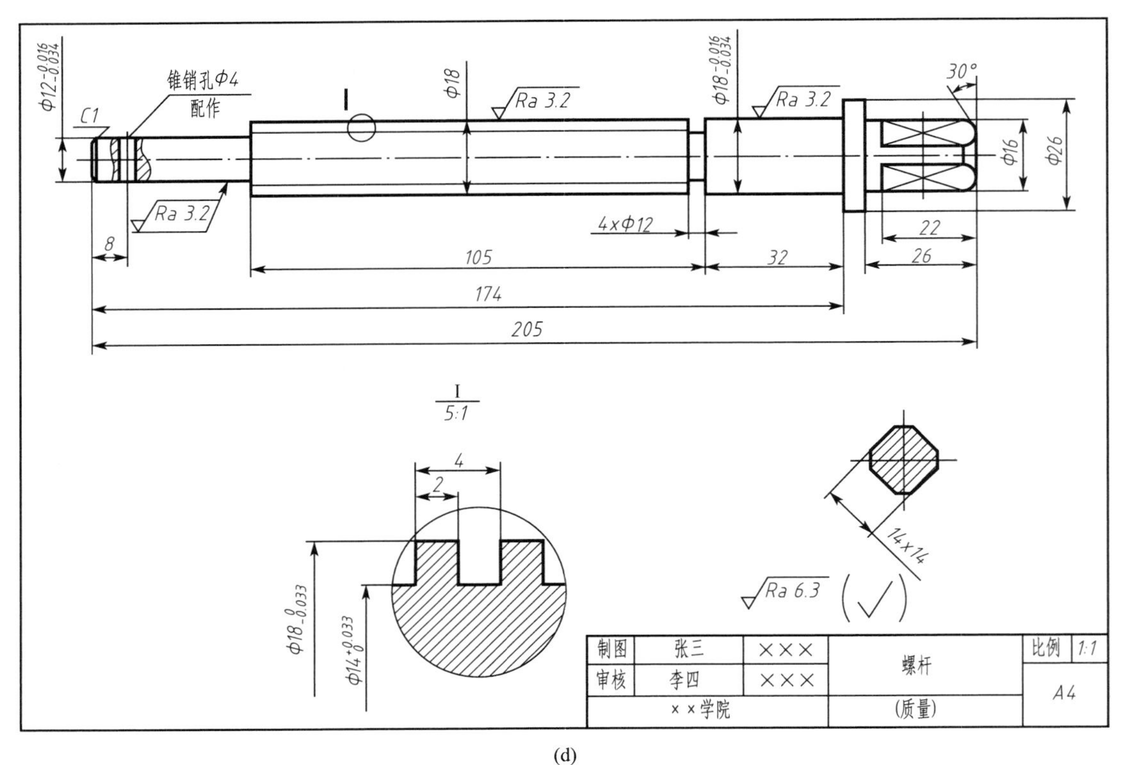

(d)

图 5.36 机用虎钳零件图（续）

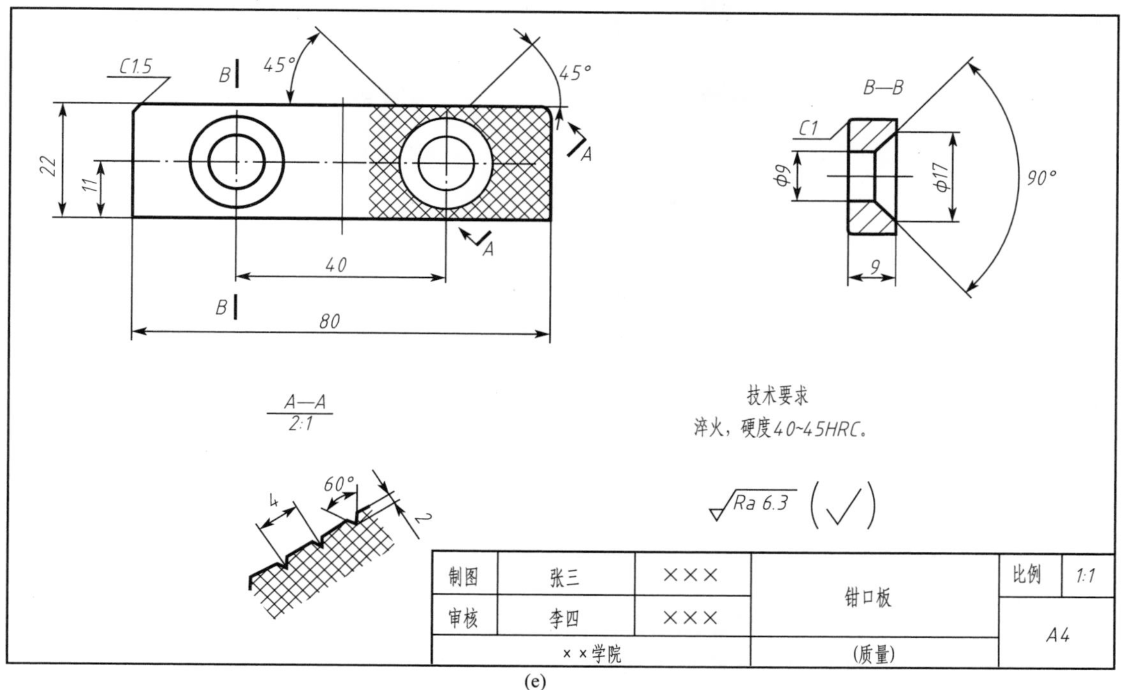

(e)

图 5.36　机用虎钳零件图（续）

项目 6

机械轴测图绘制

知识目标

- 熟练掌握机械正等轴测图的绘制方法。
- 熟练掌握曲面体正等轴测图的绘制方法。
- 熟悉斜二轴测图绘制方法。

能力目标

- 能正确绘制机械正等轴测图。
- 能正确绘制曲面体正等轴测图。
- 掌握斜二轴测图绘制方法。

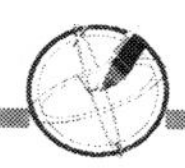

任务 6.1 绘制支板正等轴测图

6.1.1 任务描述

设置绘图环境，根据图 6.1 所示的支板三视图及尺寸绘制出图所示的支板正等轴测图，掌握切割法、叠加法的平面体轴测图的绘制。

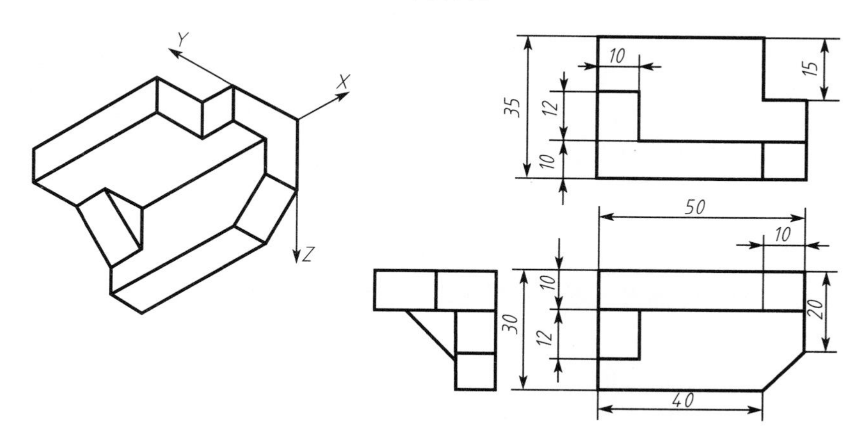

图 6.1 支板三视图

6.1.2 知识准备

1. 轴测图基本知识

等轴测图是用相片的方式表达某个实体，以便更清楚地描述实体的外观。这种类似于相片的实体表达方法是用二维的绘图方法画出实体的三维立体图形；因此，现有 AutoCAD 绘图命令如：LINE 和 COPY 等同样可以用来画等轴测图。

将实体按一定角度侧斜以便观察该实体的其他视图，用二维的方法绘制这个实体，展现在观察者面前的是一个三维的图形，这个图形就是等轴测图。等轴测图侧角的生成：从垂直线与水平基线的交点处画出两条 30°角的直线，如图 6.2 所示，由这两个 30°角形成的方向表示实体实际的二维方向，其中一个方向表示实体的长度方向，另一个方向表示实体的宽度方向，垂直方向在多数情况下表示实体的高度方向。

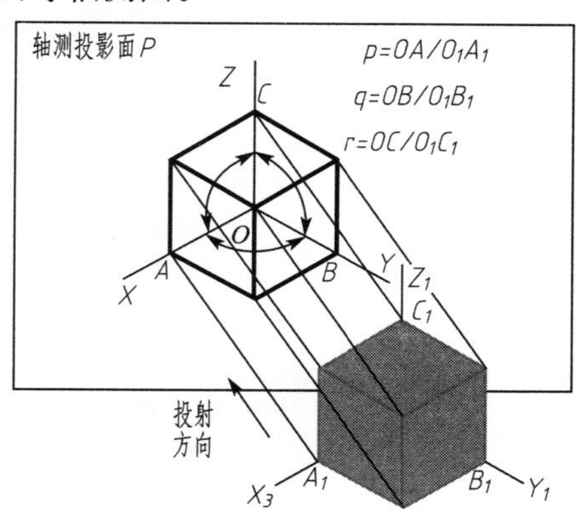

图 6.2 等轴测图的生成

轴测图根据投射线方向和轴测投影面的位置不同可分为两大类。

(1) 正轴测图：投射线方向垂直于轴测投影面。

(2) 斜轴测图：投射线方向倾斜于轴测投影面。

根据不同的轴向伸缩系数，每类又可分为三种。

(1) 正轴测图。

① 正等轴测图(简称正等测)：$p_1=q_1=r_1$。

② 正二轴测图(简称正二测)：$p_1=r_1\neq q_1$。

③ 正三轴测图(简称正三测)：$p_1\neq q_1\neq r_1$。

为了简化作图，可以根据 GB/T 14692—2008 采用简化伸缩系数，即 $p_1=q_1=r_1=1$。

(2) 斜轴测图。

① 斜等轴测图(简称斜等测)：$p_1=q_1=r_1$。

② 斜二轴测图(简称斜二测)：$p_1=r_1\neq q_1$。

③ 斜三轴测图(简称斜三测)：$p_1\neq q_1\neq r_1$。

由于计算机绘图给轴测图的绘制带来了极大的方便，轴测图的分类已不像以前那样重要，但工程上常用的是两种轴测图：正等轴测图和斜二轴测图。

2. AutoCAD 中设置轴测图绘图环境

在 AutoCAD 中绘制轴测图，需要对绘图环境进行设置，以便能更好地绘图。绘图环境的设置主要是轴测图的捕捉设置、极轴追踪设置和轴测平面设置。

1) 设置轴测捕捉

打开“草图设置”对话框的方法如下。

① 菜单栏：单击菜单栏中的“工具”→“绘图设置”命令。

② 按钮法：用鼠标右键单击状态栏中的“栅格显示”或者“极轴追踪”按钮，选择“设置”选项。

③ 命令行：输入“dsetings”或者“se”。

打开如图 6.3 所示的“草图设置”对话框。在该对话框“捕捉和栅格”选项卡的“捕捉类型”选项组中选择捕捉类型为等轴测捕捉，然后设定栅格 Y 轴间距为 10。单击“保存”按钮，完成轴测图捕捉设置，如图 6.3 所示。

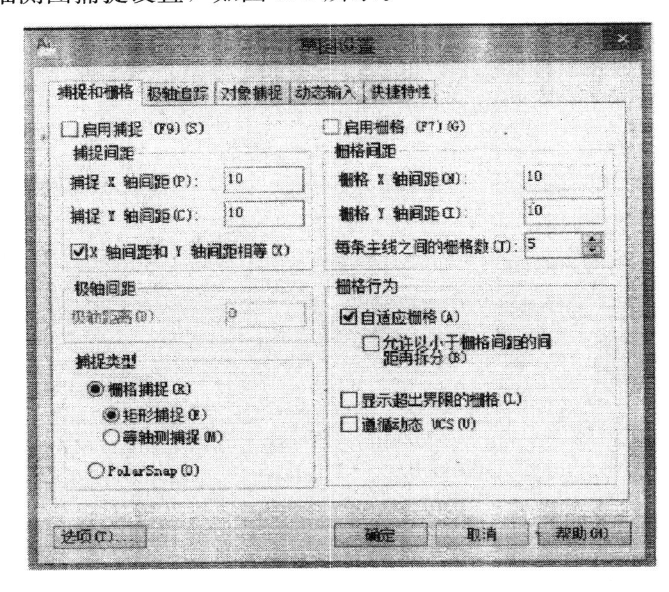

图 6.3　“捕捉和栅格”选项卡

2）设置极轴追踪

在“草图设置”对话框中的“极轴追踪”选项卡中，选中“启用极轴追踪”复选框，在“增量角”下拉列表中选择“30”选项，在“对象捕捉追踪设置”选项组中选中“用所有极轴角设置追踪”单选按钮，完成后单击“确定”按钮，如图 6.4 所示。

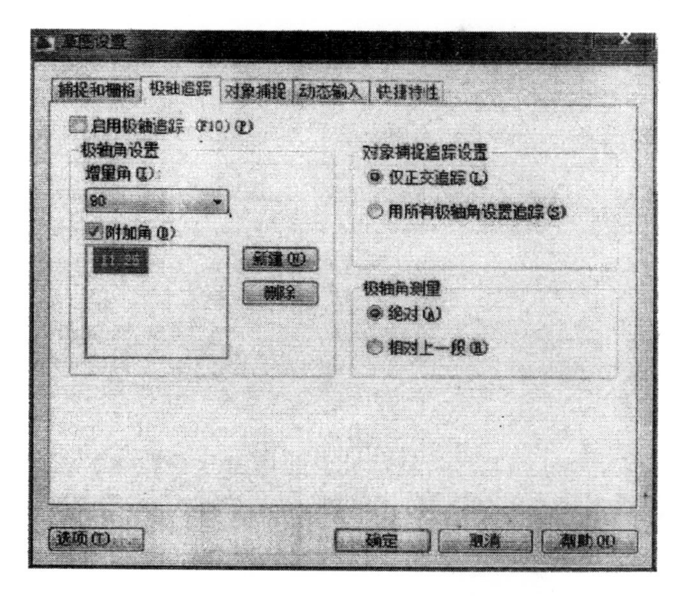

图 6.4　“极轴追踪”选项卡

3）轴测平面的转换

在实际的正等轴测图绘制过程中，常会在轴测图等轴测平面俯视、等轴测平面右视和等轴测平面左视之间绘制图线，从而需要在这三个平面之间进行切换，三个等轴测投影平面如图所示。切换正等轴测投影平面的方法如下。

（1）快捷键：按 F5 键。

（2）命令行：输入“isoplane”，按 Enter 键确认。

3．直线的正等轴测投影画法

在轴测模式下绘制直线常有以下两种方法。

1）正交模式绘制直线

在绘制平面体轴测图时，打开正交模式可快速绘制与轴测轴平行的直线。当所画直线与任何轴测轴都不平行时，则要关闭正交模式，连接两点绘制出直线。

2）极轴追踪绘制直线

打开极轴追踪、对象捕捉、自动追踪功能画线，设置极轴增量角为 30°。绘制与 X 轴平行的直线时，极轴角应为 30°或者 120°；绘制与 Y 轴平行的直线时，极轴角应为 330°或者 150°；绘制与 Z 轴平行的直线时，极轴角应为 90°或者 270°。

6.1.3　任务实施

步骤 1：设置正等轴测图绘图环境。打开正交模式，定好坐标原点，启动“直线”命令绘制坐标轴。在绘制过程中按 F5 键，切换等轴测投影平面。启动“直线”命令绘制长、宽、高分别为 50mm、35mm、10mm 的底板，结果如图 6.5 所示。

步骤 2：启动“直线”命令，在底板后上方绘制长、宽、高分别为 50mm、10mm、20mm 的长方体，修剪多余直线，结果如图 6.6 所示。

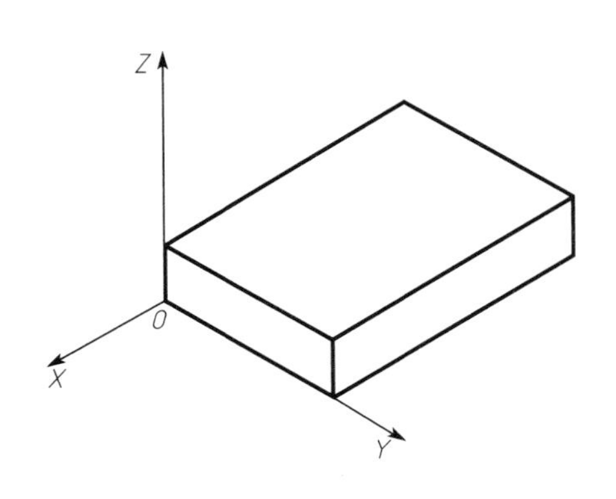

图 6.5　步骤 1

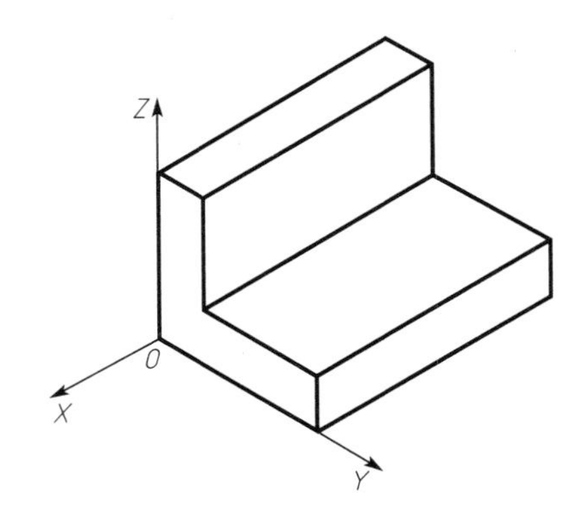

图 6.6　步骤 2

步骤 3：按如图所示尺寸绘制底板和背板上的切角。选择绘制底板切角，关闭正交模式，绘制背板切角斜线，修剪多余图线，结果如图 6.7 所示。

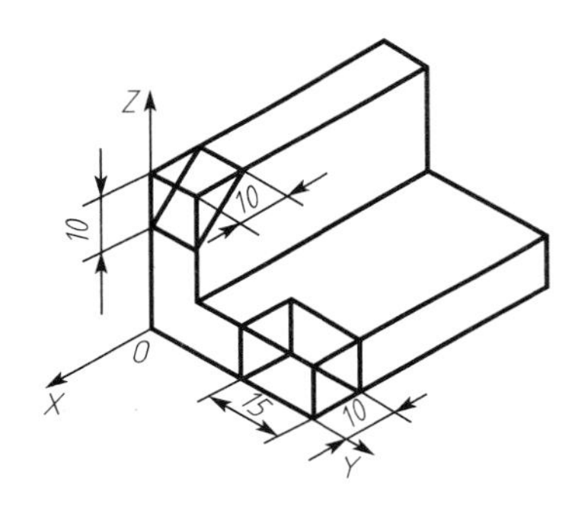

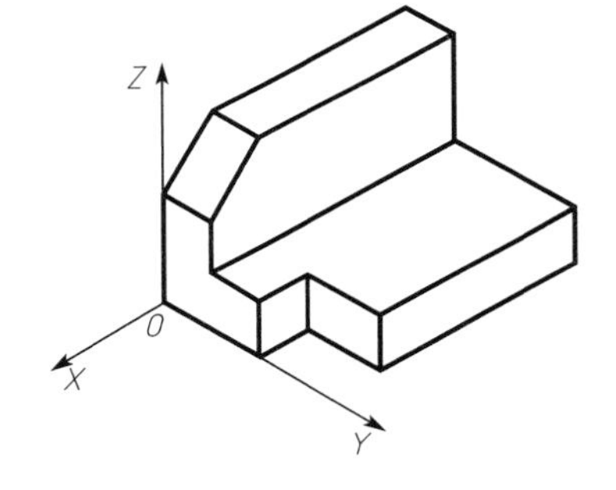

图 6.7　步骤 3

步骤 4：按图所示尺寸绘制三角肋板，修剪多余图线，完成作图，结果如图 6.8 所示。

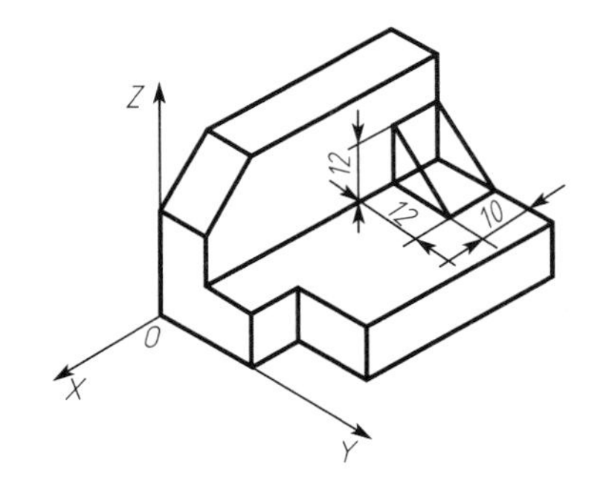

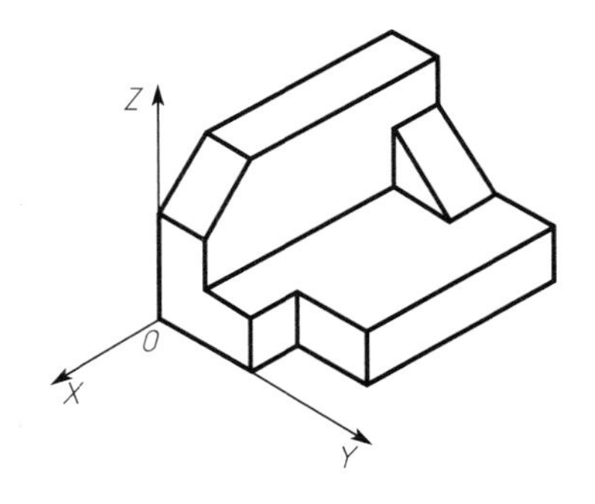

图 6.8　步骤 4

6.1.4　实训项目

1. 实训目的

熟练掌握正等轴测图画法。

2. 实训内容

绘制图形，如图 6.9 所示。

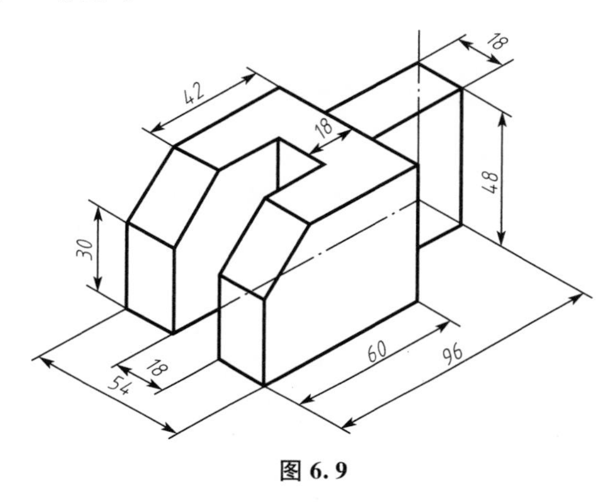

图 6.9

任务 6.2　绘制支座的正等轴测图

6.2.1　任务描述

设置绘图环境，根据图 6.10 所示的支座三视图及尺寸绘制支座正等轴测图。

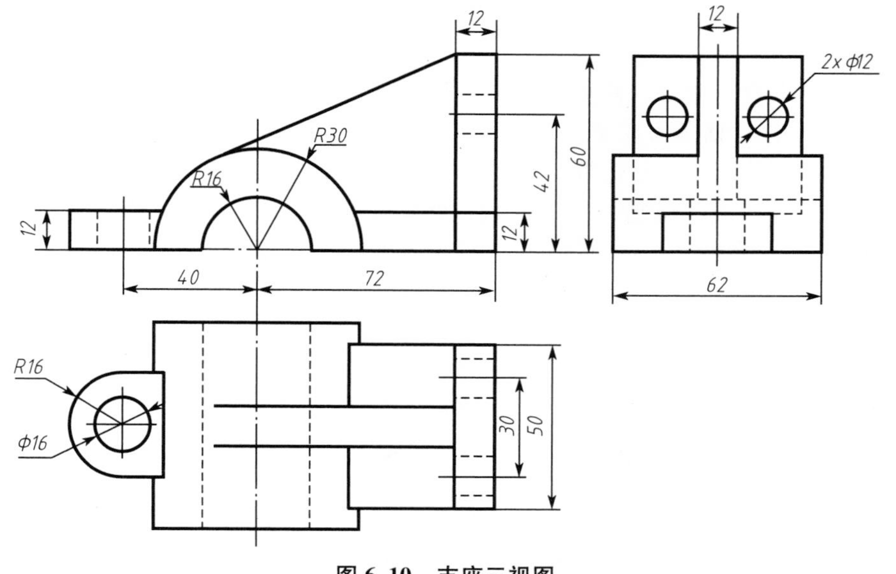

图 6.10　支座三视图

6.2.2 知识准备

1. 圆的正等轴测投影画法

平行于坐标面的圆在正等轴测投影中为椭圆，当圆位于不同的等轴测平面时，投影椭圆长、短轴的位置是不同的。正等轴测投影为椭圆的画法步骤如下。

(1) 设置轴测图绘图环境，打开轴测捕捉模式，如图 6.3 所示。

(2) 按 F5 键切换到要画圆的等轴测平面。

(3) 启动“椭圆”命令，选择“等轴测图”选项。

(4) 指定圆心和半径，完成圆的正等轴测投影绘制。

2. 圆弧的正等轴测投影画法

在正等轴测平面中绘制圆弧，应先绘制正等轴测椭圆，再对椭圆进行修剪，即可得到圆弧的正等轴测投影。

6.2.3 任务实施

步骤 1：设置正等轴测图绘图环境。打开正交模式，将前端面、主视图 $R16$mm 圆的圆心定为坐标原点 O，按 F5 键，切换到等轴测平面右视，绘制中心线。

步骤 2：绘制出支座零件半圆柱筒部分。

(1) 绘制 $R16$mm、$R30$mm 两半圆在正等轴测平面的投影椭圆弧 A 和 B，命令行操作显示如下。

```
命令：ellipse
指定椭圆轴的端点或［圆弧(A)/中心点(C)/等轴测圆心(I)］：I(选择“等轴测圆心”选项)
指定等轴测圆的圆心：(捕捉中心线交点 O)
指定等轴测圆的半径或［直径(D)］：16(输入 R16 圆半径)
```

绘制出 $R16$mm 圆在正等轴测平面的投影椭圆 A，同理绘制出 $R30$mm 圆在正等轴测平面的投影椭圆 B，结果如图 6.11 所示。

(2) 启动“修剪”命令，修剪椭圆 A、B 下半部分。启动“复制”命令，以 O 为基点，把椭圆弧 B 沿 Y 轴负方向复制移动距离 62mm，得到另一处椭圆弧。选中“对象捕捉”选项卡中的“象限点”复选框，启动“直线”命令，捕捉两椭圆弧象限点 C 和 D 连线绘制出两椭圆弧切线，绘制另一处连线，修剪多余图线。绘制出支座零件半圆柱筒部分，结果如图 6.12 所示。

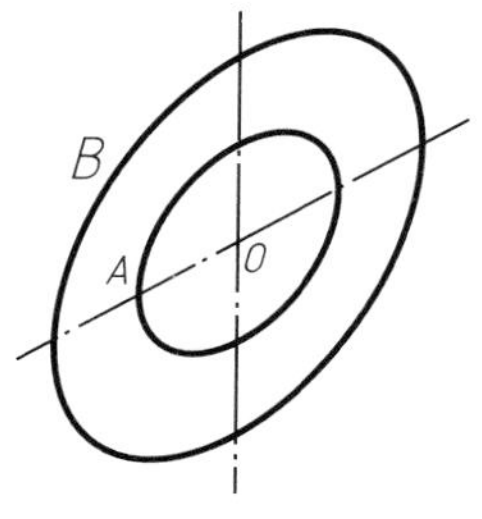

图 6.11　绘制投影椭圆

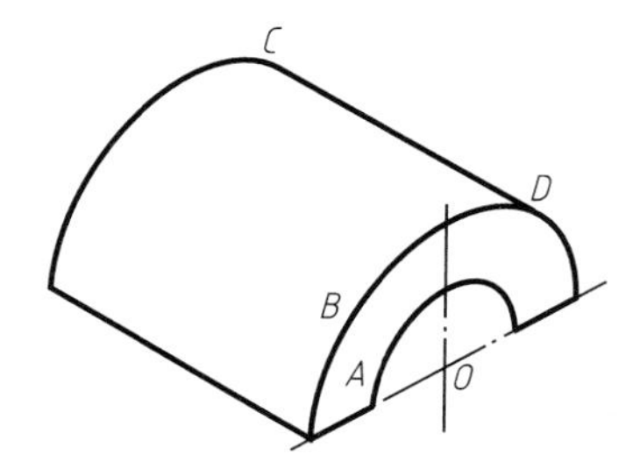

图 6.12　绘制半圆柱筒部分

步骤3：绘制右端支板部分。

(1) 打开正交模式，启动“直线”命令，沿相应轴方向绘制直线 OA、AB、BC、CD、DE 和 EF，其中线段 OA 长度为 6mm，线段 AB 长度为 72mm，线段 BC 长度为 60mm，线段 CD 长度为 12mm，线段 DE 长度为 48mm，F 点与椭圆弧相交，结果如图 6.13 所示。

(2) 同理绘制出直线 CG、DH、EI、IJ，其中线段 CG 和线段 EI 长度为 50mm，修剪多余图线，结果如图 6.14 所示。

(3) 在 $DEHI$ 平面上绘制直径 12mm 圆的轴测投影椭圆。启动“直线”命令绘制直线 KL，使线段 DK 为长度 10mm，线段 KL 长度为 18mm。按 F5 键，切换至等轴测平面左视内，以 L 点为椭圆圆心，用步骤 2 的方法绘制出椭圆 M。启动“复制”命令，复制椭圆 M，基点为 L 点，沿 Y 轴反方向移动距离为 30mm，作出椭圆 N，结果如图 6.15 所示。

步骤4：绘制肋板。

(1) 打开正交模式，启动“复制”命令，以 O 点为基点，将椭圆弧 A 沿 Y 轴反方向移动 25mm，得到椭圆弧 Q，如图 6.16 所示。

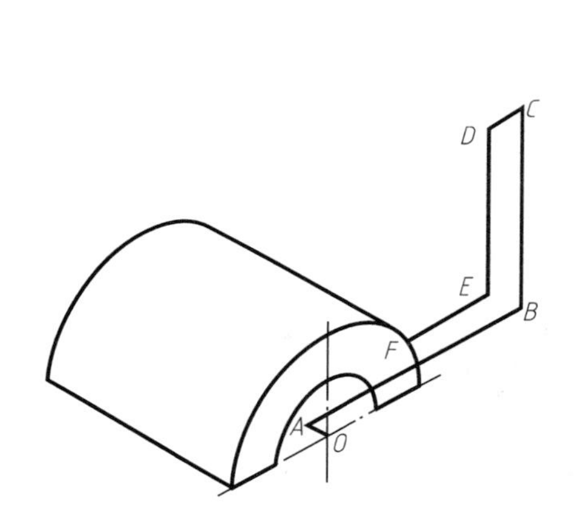

图 6.13　绘制直线

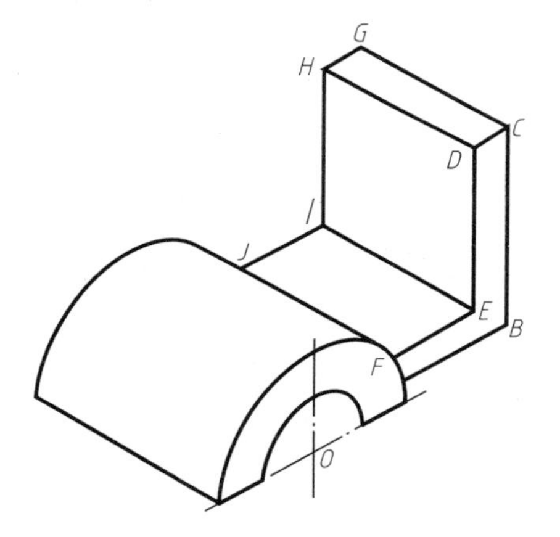

图 6.14　右端支板部分

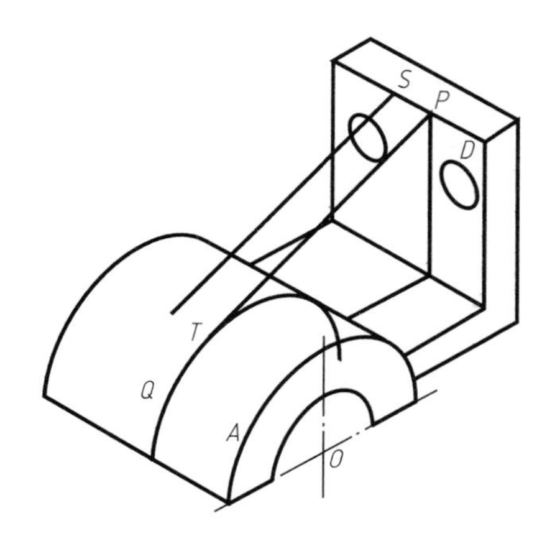

图 6.15　绘制直径 12mm 圆

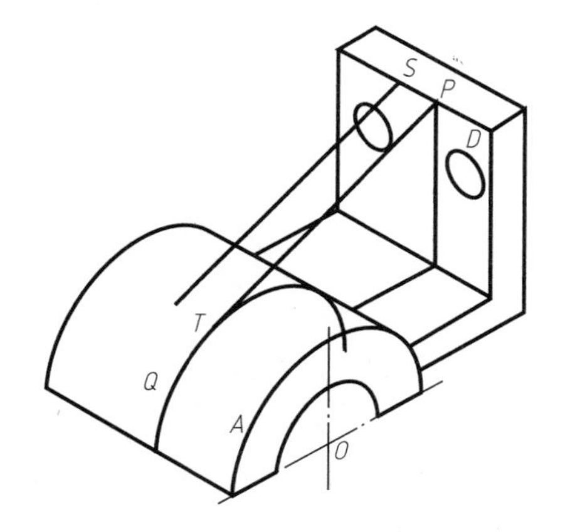

图 6.16　绘制椭圆弧 Q

(2) 启动“直线”命令，以 D 为起点，沿 Y 轴反方向输入 19，找到 P 点，过 P 作椭圆弧 Q 的切线，切点为 T。启动“复制”命令，复制 PT 直线，以 P 点为基点，沿 Y 轴

反方向移动 12mm，得到肋板另一条直线，补齐肋板其他直线，结果如图 6.16 所示。

步骤 5：启动“修剪”“删除”命令，修剪多余图线，绘制中心线，结果如图 6.17 所示。

步骤 6：绘制耳板。

（1）启动“直线”命令，绘制直线 OA、AB、BC，其中线段 OA 长度为 40mm，线段 AB 长度为 31mm，线段 BC 长度为 12mm。按 F5 键切换至等轴测平面俯视内，启动“椭圆”命令，以 C 点为圆心，半径分别为 16mm 和 8mm，绘制出椭圆 1 和 2。启动“复制”命令，将椭圆 1 和 2 以 C 点为基点复制到 B 点处，结果如图 6.18 所示。

（2）启动“修剪”“删除”命令，修剪多余线条。启动“复制”命令，复制椭圆弧 D，以 O 点为基点，沿 Y 轴反方向移动 15mm，得到椭圆弧 E。过 K 点作 X 轴平行线，交椭圆弧 E 于点 L。复制 KL 直线到 M 点，作 MN 直线，启动“直线”命令，连接 NL。结果如图 6.19 所示。

（3）选中“对象捕捉”选项卡中的“象限点”复选框，作椭圆弧 1 和 3 的公切线。添加椭圆弧 1 的中心线。

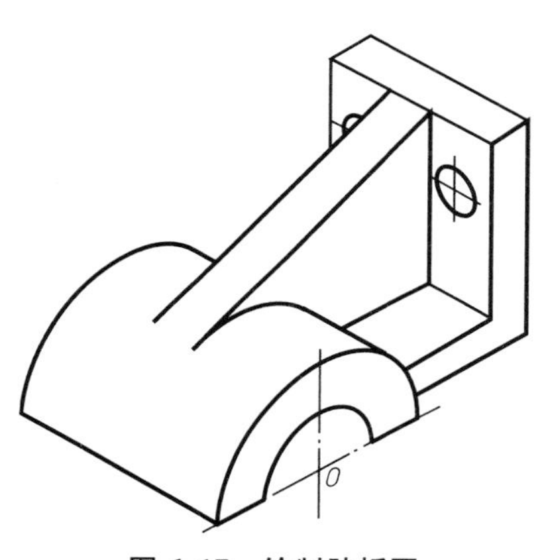

图 6.17　绘制肋板图

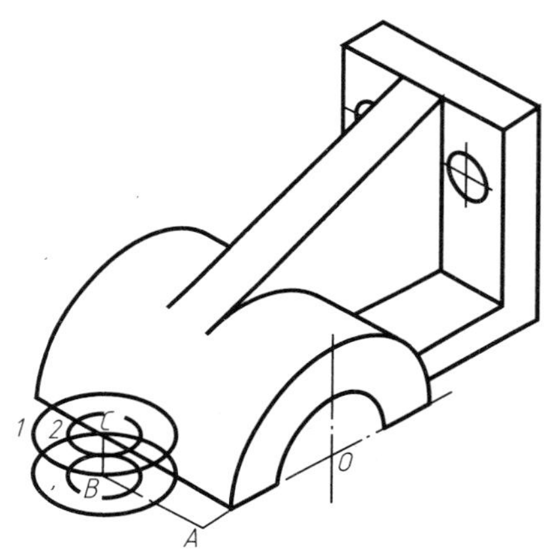

图 6.18　绘制耳板椭圆

（4）启动“修剪”“删除”命令，修剪多余图线，完成支座正等轴测图绘制，结果如图 6.20 所示。

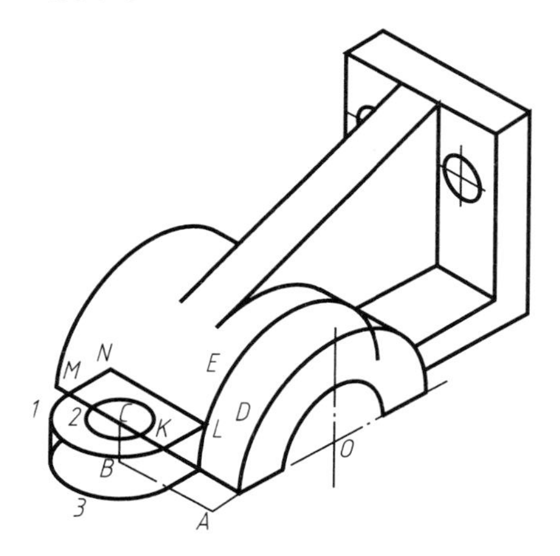

图 6.19　绘制耳板圆孔

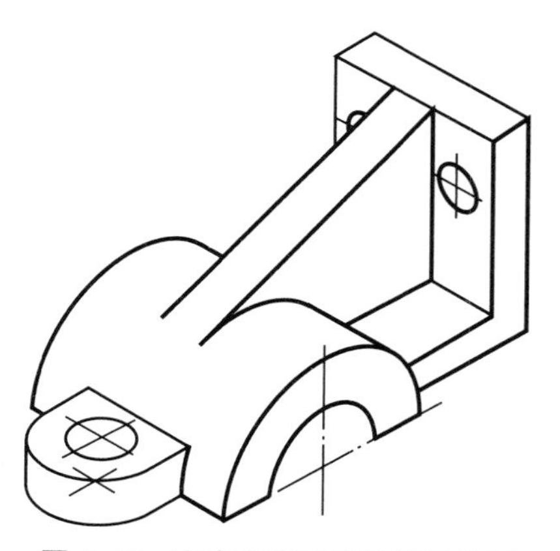

图 6.20　完成支座正等轴测图绘制

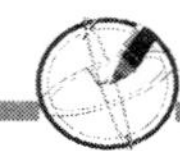

6.2.4　实训项目

1. 实训目的

熟练掌握曲面体正等轴测图的绘制方法。

2. 实训内容

绘制图形，如图 6.21 所示。

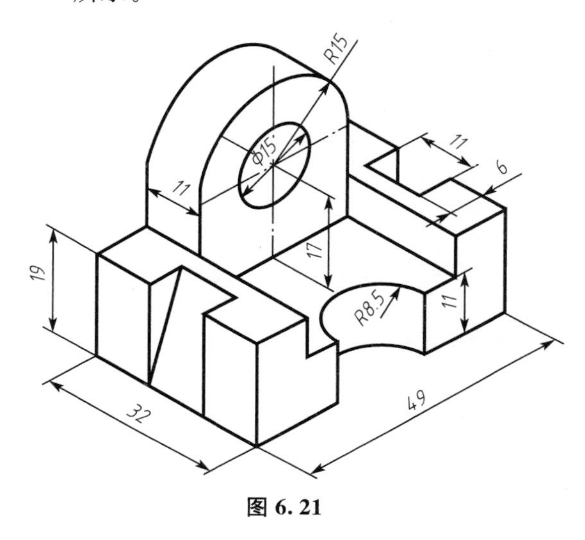

图 6.21

任务 6.3　绘制端盖斜二轴测图

6.3.1　任务描述

设置绘图环境，绘制如图 6.22 所示的端盖斜二轴测图。

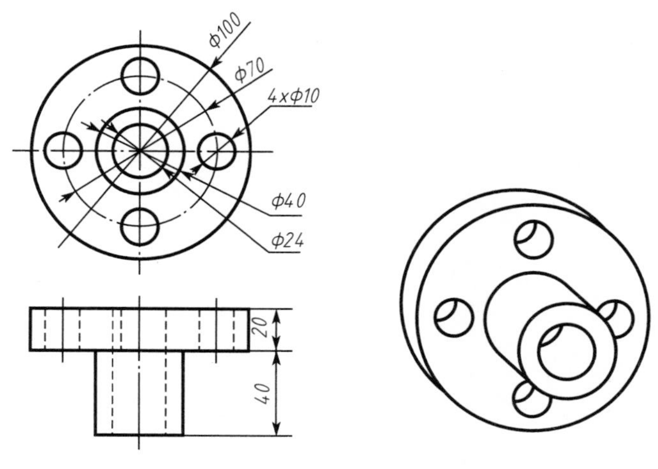

图 6.22　端盖

6.3.2 知识准备

如图 6.23 所示，将坐标轴 O_0Z_0 置于铅垂位置，并使坐标面 $X_0O_0Z_0$ 平行于轴测投影面 V，用斜投影法将物体连同其坐标轴一起向 V 面投射，所得到的轴测图称为斜二轴测图。

1. 轴间角和轴向伸缩系数

由于 $X_0O_0Z_0$ 坐标面平行于轴测投影面 V，所以轴测轴 OX、OZ 仍分别为水平方向和铅垂方向，其轴向伸缩系数 $p_1=r_1=1$，轴间角 $XOZ=90°$。轴测轴 OY 的方向和轴向伸缩系数 q，可随着投射方向的变化而变化。为了绘图简便，国家标准规定，选取轴间角 $XOY=YOZ=135°$，$q_1=0.5$。

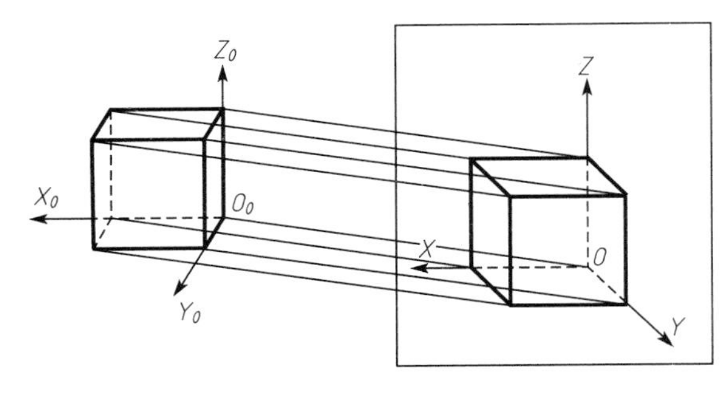

图 6.23 斜二轴测图

2. 斜二轴测图画法

在斜二轴测图中，由于物体上平行于 $X_0O_0Z_0$ 坐标面的直线和平面图形均反映实长和实形，所以当物体上有较多的圆或圆弧平行于 $X_0O_0Z_0$ 坐标面时，采用斜二轴测图作图比较方便。斜二轴测图作图方法与步骤如下。

(1) 在视图中定出直角坐标系，画出轴测轴。

(2) 根据主视图，画出端面图形。

(3) 然后根据实际图形沿 Y 轴方向向前或后平移尺寸的 0.5 倍画出可见轮廓线，修剪图形，完成作图。

6.3.3 任务实施

步骤 1：将端盖底板前端面圆心作为坐标原点，绘制斜二测坐标轴。设置 CAD 绘图环境，打开极轴追踪模式，设置极轴追踪增量角为 45°。

步骤 2：绘制端盖主视图图形，结果如图 6.24 所示。

步骤 3：启动“复制”命令，将步骤 2 中绘制好的图形，以点 O_1 为基点，沿 Y 轴方向向后平移 10mm(宽度值的 0.5 倍)，修剪不可见图线，结果如图 6.25 所示。

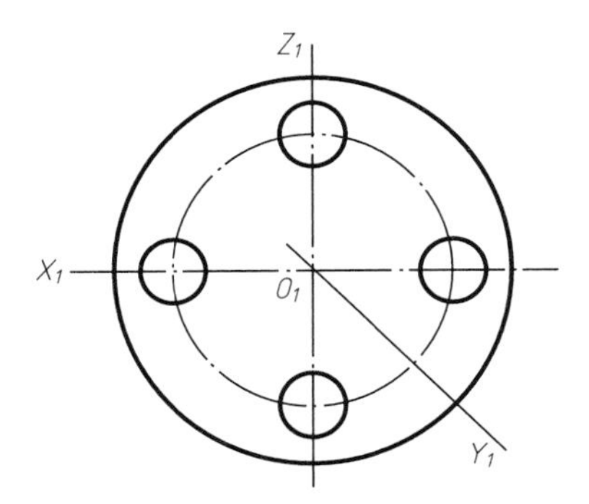

图 6.24 绘制端盖主视图

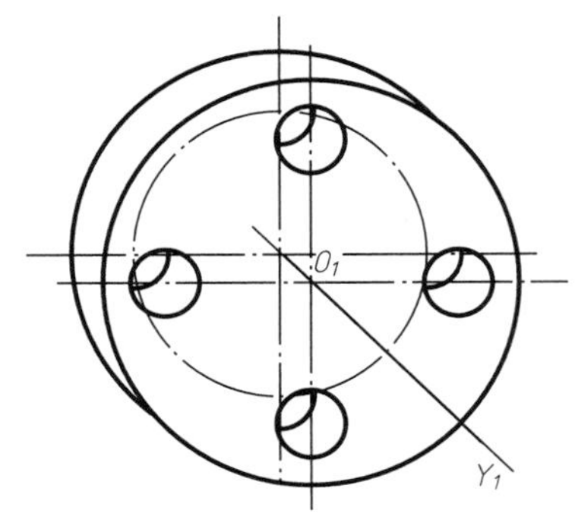

图 6.25 平移

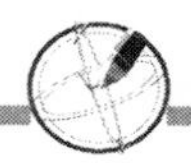

步骤4：启动“圆”命令，以 O_1 点为圈心绘制中心 ϕ24mm 圆和 ϕ40mm 圆，结果如图 6.26所示。

步骤5：启动“复制”命令，将两圆沿 Y 轴方向向前平移 20mm，结果如图 6.27 所示。

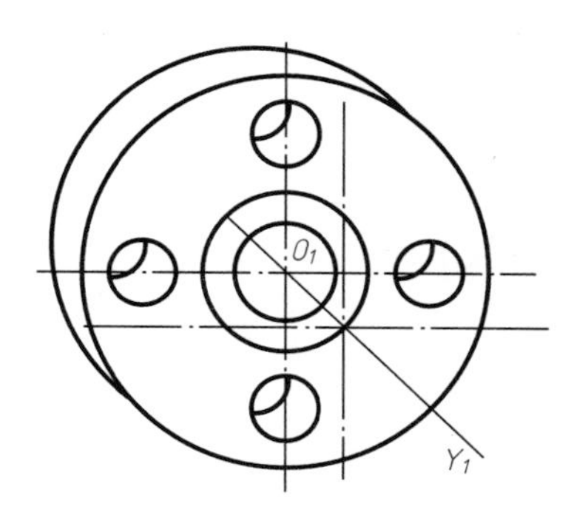

图 6.26　绘制中心圆孔

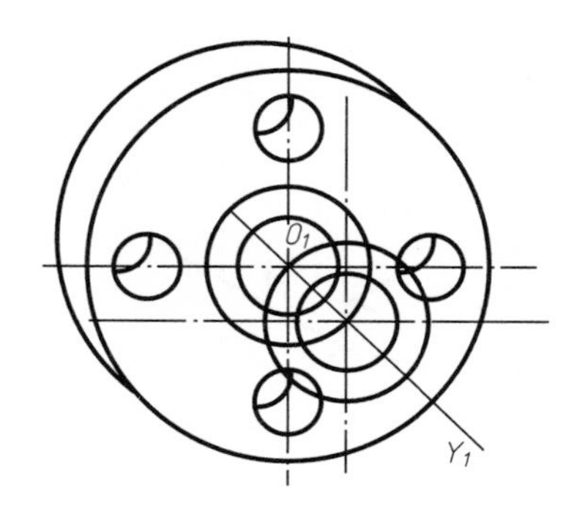

图 6.27 平移

步骤6：作两圆的外公切线，修剪多余图线及不可见图线，完成端盖斜二轴测图绘制。

6.3.4　实训项目

1. 实训目的

熟练掌握斜二轴测图的绘制方法。

2. 实训内容

将 6.2.4 实训的正等轴测图改画为斜二轴测图。

项目小结

轴测图常被称为立体图，原因在于它的立体感强，能够同时反映物体的正面、侧面和水平面的形状，但轴测图只是二维图形，不是真正意义上的三维模型。

本项目介绍了轴测图的基础知识，并通过支板、支座和端盖零件的轴测图的绘制，介绍了绘制等轴测图和斜二轴测图的方法、步骤和技巧。读者在学习本项目的过程中，应熟练掌握如何启用“等轴测捕捉”模式、切换等轴测平面状态、绘制等轴测图和斜二轴测图等内容，尤其是正等轴测图中椭圆弧的绘制方法应重点掌握。

技能训练

按照图 6.28 和图 6.29 绘制轴测图。

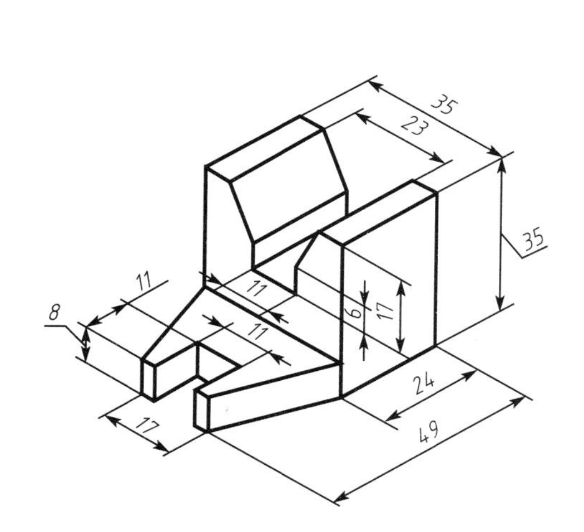

图 6.28　技能训练 1

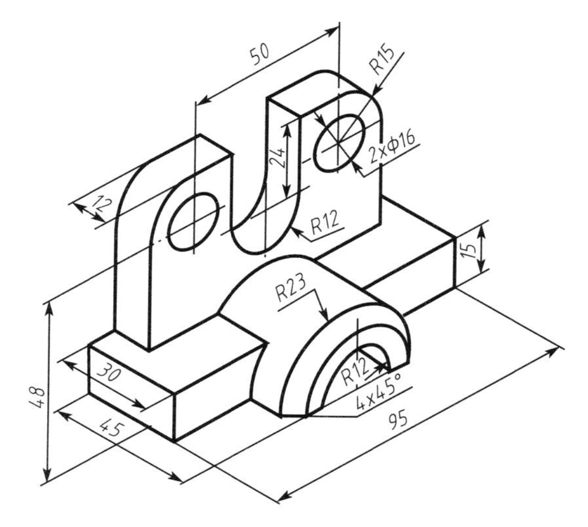

图 6.29　技能训练 2

附录　机电、机械类国家职业技能鉴定制图员考试样题

一、中级制图员《计算机绘图》样题

1. 在A3图幅内绘制全部图形，用粗实线画边框(400mm×277mm)，按尺寸在右下角绘制标题栏，在对应框内填写姓名和考号，字高为3.5。(10分)

成绩		阅卷	
姓名		考号	

（标题栏尺寸：165；15、25、15；20；10）

2. 按标注尺寸绘制下图，并标注尺寸。(20分)

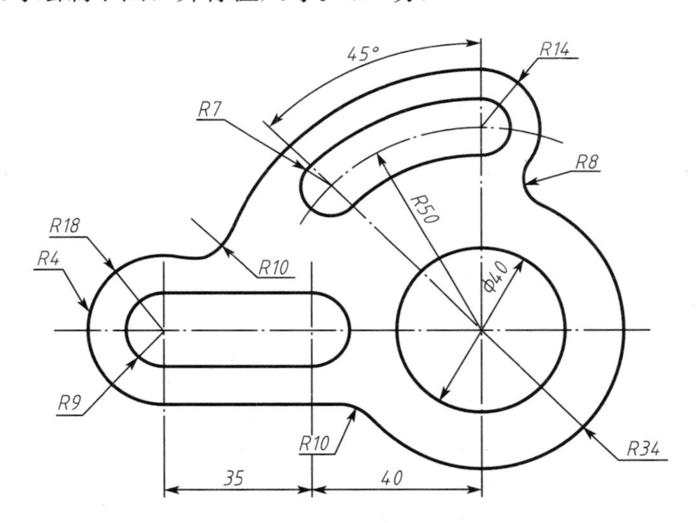

3. 按标注尺寸抄画主、俯视图，补画左视图(不标注尺寸)。(30分)

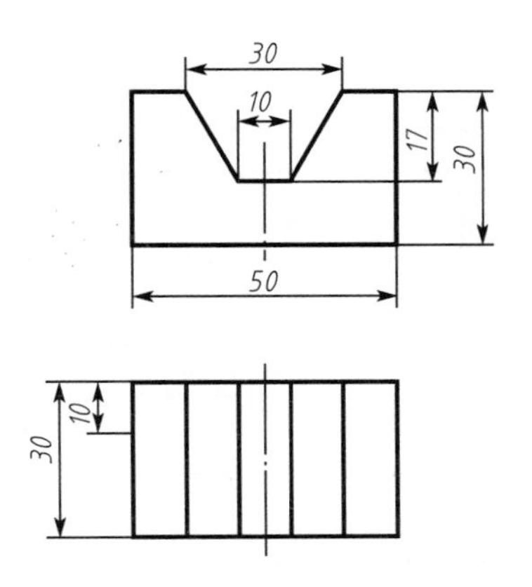

4. 按标注尺寸抄画零件图，并标全尺寸和粗糙度。(40 分)

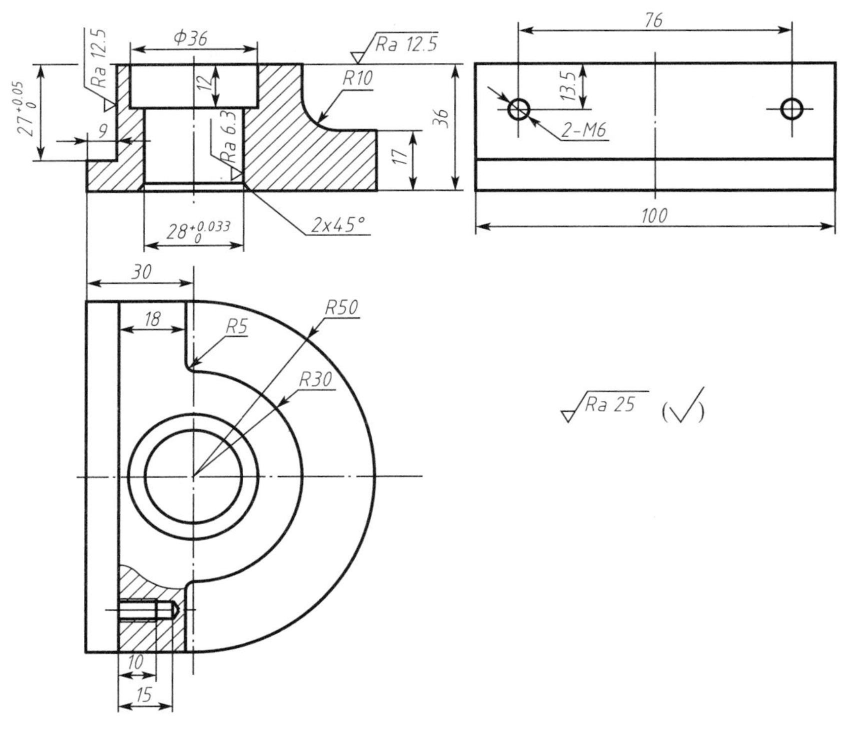

二、高级制图员《计算机绘图》样题

1. 在 A3 图幅内绘制全部图形，用粗实线画边框(400mm×277mm)，按尺寸在右下角绘制标题栏，在对应框内填写姓名和考号，字高为 3.5。(10 分)

成绩		阅卷	
姓名		考号	

165; 15, 25, 15; 20, 10

2. 按标注尺寸 1∶2 抄画 1 号螺杆的零件图，并标全尺寸。(25 分)

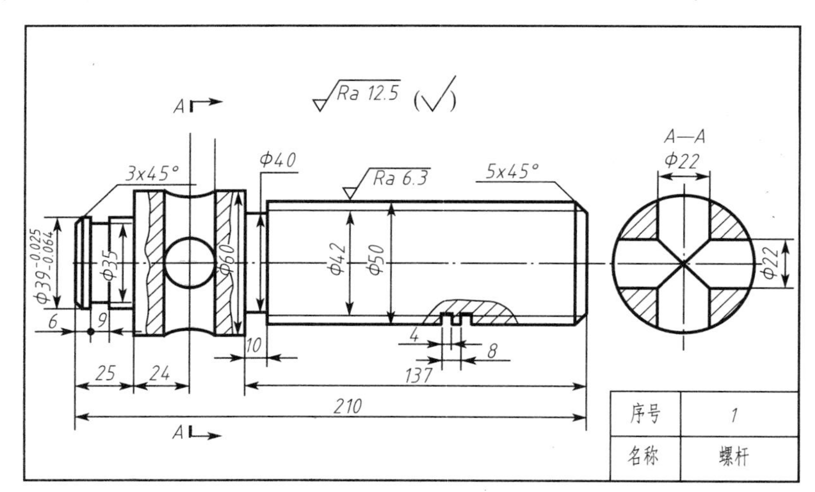

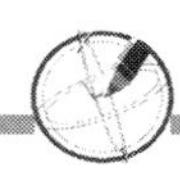

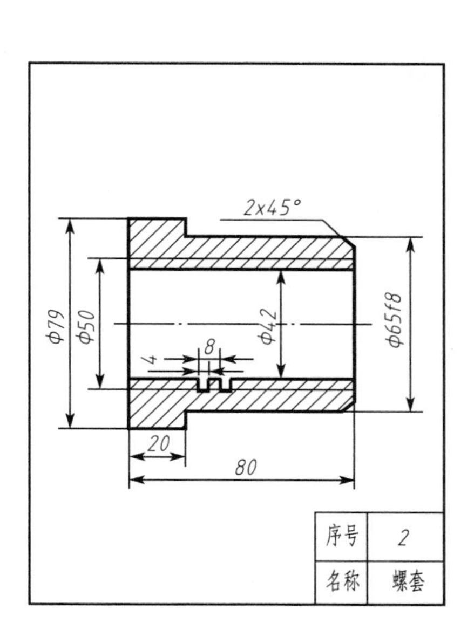

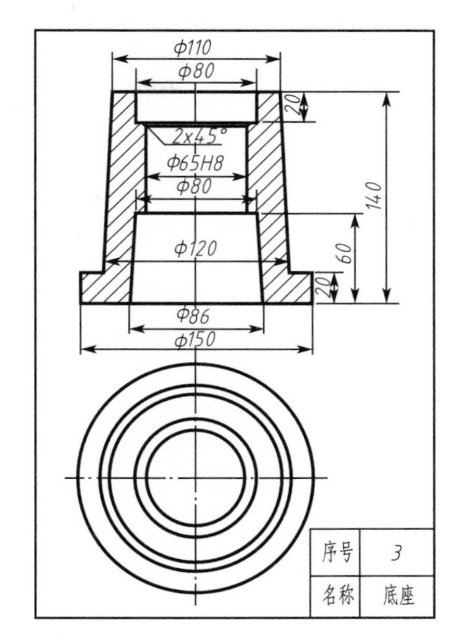

3. 根据零件图按 1：2 绘制装配图，并标注序号。(40 分)

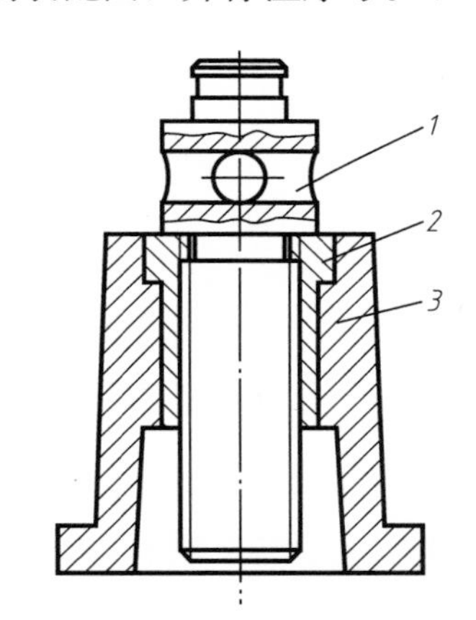

4. 按标注尺寸 1：1 绘制图形，并标全尺寸。(25 分)

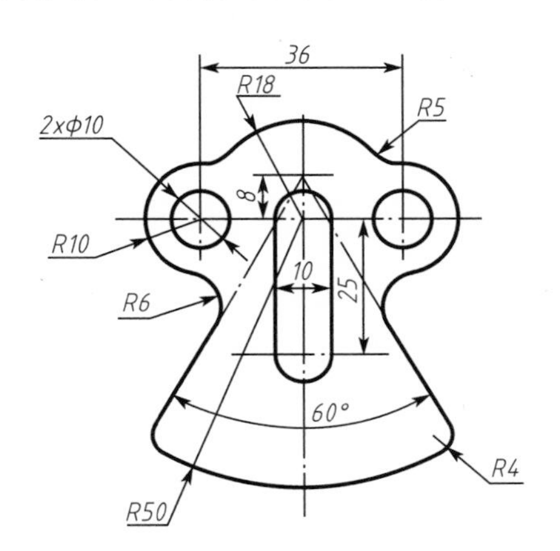

参 考 文 献

[1] 瞿芳．AutoCAD 2010 机械应用教程［M］．北京：北京交通大学出版社，2010.
[2] 符莎，郭磊．AutoCAD 2013 机械绘图项目教程［M］．北京：中国铁道出版社，2013.
[3] 钟日铭，AutoCAD 2009 机械制图教程［M］．北京：清华大学出版社，2008.
[4] 王琳．AutoCAD 2008 机械图形设计［M］．北京：清华大学出版社，2007.
[5] 钱可强．机械制图［M］．北京：化学工业出版社，2004.
[6] 钱可强，邱坤．机械制图［M］．北京：化学工业出版社，2008.
[7] 曾令宜．机械制图与计算机绘图［M］．北京：人民邮电出版社，2008.
[8] 刘小年．机械设计制图简明手册［M］．北京：机械工业出版社，2001.

北京大学出版社高职高专机电系列规划教材

序号	书号	书名	编著者	定价	印次	出版日期
"十二五"职业教育国家规划教材						
1	978-7-301-24455-5	电力系统自动装置(第2版)	王　伟	26.00	1	2014.8
2	978-7-301-24506-4	电子技术项目教程(第2版)	徐超明	42.00	1	2014.7
3	978-7-301-24475-3	零件加工信息分析(第2版)	谢　蕾	52.00	2	2015.1
4	978-7-301-24227-8	汽车电气系统检修(第2版)	宋作军	30.00	1	2014.8
5	978-7-301-24507-1	电工技术与技能	王　平	42.00	1	2014.8
6	978-7-301-24648-1	数控加工技术项目教程(第2版)	李东君	64.00	1	2015.5
7	978-7-301-25341-0	汽车构造(上册)——发动机构造(第2版)	罗灯明	35.00	1	2015.5
8	978-7-301-25529-2	汽车构造(下册)——底盘构造(第2版)	鲍远通	36.00	1	2015.5
9	978-7-301-25650-3	光伏发电技术简明教程	静国梁	29.00	1	2015.6
10	978-7-301-24589-7	光伏发电系统的运行与维护	付新春	33.00	1	2015.7
11	978-7-301-24587-3	制冷与空调技术工学结合教程	李文森等	28.00	1	2015.5
12		电子 EDA 技术(Multisim)(第2版)	刘训非			2015.5
机械类基础课						
1	978-7-301-13653-9	工程力学	武昭晖	25.00	3	2011.2
2	978-7-301-13574-7	机械制造基础	徐从清	32.00	3	2012.7
3	978-7-301-13656-0	机械设计基础	时忠明	25.00	3	2012.7
4	978-7-301-13662-1	机械制造技术	宁广庆	42.00	2	2010.11
5	978-7-301-19848-3	机械制造综合设计及实训	裘俊彦	37.00	1	2013.4
6	978-7-301-19297-9	机械制造工艺及夹具设计	徐　勇	28.00	1	2011.8
7	978-7-301-18357-1	机械制图	徐连孝	27.00	2	2012.9
8	978-7-301-25479-0	机械制图——基于工作过程(第2版)	徐连孝	62.00	1	2015.5
9	978-7-301-18143-0	机械制图习题集	徐连孝	20.00	2	2013.4
10	978-7-301-15692-6	机械制图	吴百中	26.00	2	2012.7
11	978-7-301-22916-3	机械图样的识读与绘制	刘永强	36.00	1	2013.8
12	978-7-301-23354-2	AutoCAD 应用项目化实训教程	王利华	42.00	1	2014.1
13	978-7-301-17122-6	AutoCAD 机械绘图项目教程	张海鹏	36.00	3	2013.8
14	978-7-301-17573-6	AutoCAD 机械绘图基础教程	王长忠	32.00	2	2013.8
15	978-7-301-19010-4	AutoCAD 机械绘图基础教程与实训(第2版)	欧阳全会	36.00	3	2014.1
16	978-7-301-22185-3	AutoCAD 2014 机械应用项目教程	陈善岭 徐连孝	32.00	1	2016.1
17	978-7-301-24536-1	三维机械设计项目教程(UG 版)	龚肖新	45.00	1	2014.9
18	978-7-301-17609-2	液压传动	龚肖新	22.00	1	2010.8
19	978-7-301-20752-9	液压传动与气动技术(第2版)	曹建东	40.00	2	2014.1
20	978-7-301-13582-2	液压与气压传动技术	袁　广	24.00	5	2013.8
21	978-7-301-24381-7	液压与气动技术项目教程	武　威	30.00	1	2014.8
22	978-7-301-19436-2	公差与测量技术	余　键	25.00	1	2011.9
23	978-7-5038-4861-2	公差配合与测量技术	南秀蓉	23.00	4	2011.12
24	978-7-301-19374-7	公差配合与技术测量	庄佃霞	26.00	2	2013.8
25	978-7-301-25614-5	公差配合与测量技术项目教程	王丽丽	26.00	1	2015.4
26	978-7-301-25953-5	金工实训(第2版)	柴增田	38.00	1	2015.6
27	978-7-301-13651-5	金属工艺学	柴增田	27.00	2	2011.6
28	978-7-301-17608-5	机械加工工艺编制	于爱武	45.00	2	2012.2
29	978-7-301-23868-4	机械加工工艺编制与实施(上册)	于爱武	42.00	1	2014.3
30	978-7-301-24546-0	机械加工工艺编制与实施(下册)	于爱武	42.00	1	2014.7

序号	书号	书名	编著者	定价	印次	出版日期
31	978-7-301-21988-1	普通机床的检修与维护	宋亚林	33.00	1	2013.1
32	978-7-5038-4869-8	设备状态监测与故障诊断技术	林英志	22.00	3	2011.8
33	978-7-301-22116-7	机械工程专业英语图解教程(第 2 版)	朱派龙	48.00	2	2015.5
34	978-7-301-23198-2	生产现场管理	金建华	38.00	1	2013.9
35	978-7-301-24788-4	机械 CAD 绘图基础及实训	杜　洁	30.00	1	2014.9
数控技术类						
1	978-7-301-17148-6	普通机床零件加工	杨雪青	26.00	2	2013.8
2	978-7-301-17679-5	机械零件数控加工	李　文	38.00	1	2010.8
3	978-7-301-13659-1	CAD/CAM 实体造型教程与实训(Pro/ENGINEER 版)	诸小丽	38.00	4	2014.7
4	978-7-301-24647-6	CAD/CAM 数控编程项目教程(UG 版)(第 2 版)	慕　灿	48.00	1	2014.8
5	978-7-5038-4865-0	CAD/CAM 数控编程与实训(CAXA 版)	刘玉春	27.00	3	2011.2
6	978-7-301-21873-0	CAD/CAM 数控编程项目教程(CAXA 版)	刘玉春	42.00	1	2013.3
7	978-7-5038-4866-7	数控技术应用基础	宋建武	22.00	2	2010.7
8	978-7-301-13262-3	实用数控编程与操作	钱东东	32.00	4	2013.8
9	978-7-301-14470-1	数控编程与操作	刘瑞已	29.00	2	2011.2
10	978-7-301-20312-5	数控编程与加工项目教程	周晓宏	42.00	1	2012.3
11	978-7-301-23898-1	数控加工编程与操作实训教程(数控车分册)	王忠斌	36.00	1	2014.6
12	978-7-301-20945-5	数控铣削技术	陈晓罗	42.00	1	2012.7
13	978-7-301-21053-6	数控车削技术	王军红	28.00	1	2012.8
14	978-7-301-25927-6	数控车削编程与操作项目教程	肖国涛	26.00	1	2015.7
15	978-7-301-17398-5	数控加工技术项目教程	李东君	48.00	1	2010.8
16	978-7-301-21119-9	数控机床及其维护	黄应勇	38.00	1	2012.8
17	978-7-301-20002-5	数控机床故障诊断与维修	陈学军	38.00	1	2012.1
模具设计与制造类						
1	978-7-301-23892-9	注射模设计方法与技巧实例精讲	邹继强	54.00	1	2014.2
2	978-7-301-24432-6	注射模典型结构设计实例图集	邹继强	54.00	1	2014.6
3	978-7-301-18471-4	冲压工艺与模具设计	张　芳	39.00	1	2011.3
4	978-7-301-19933-6	冷冲压工艺与模具设计	刘洪贤	32.00	1	2012.1
5	978-7-301-20414-6	Pro/ENGINEER Wildfire 产品设计项目教程	罗　武	31.00	1	2012.5
6	978-7-301-16448-8	Pro/ENGINEER Wildfire 设计实训教程	吴志清	38.00	1	2012.8
7	978-7-301-22678-0	模具专业英语图解教程	李东君	22.00	1	2013.7
电气自动化类						
1	978-7-301-18519-3	电工技术应用	孙建领	26.00	1	2011.3
2	978-7-301-17569-9	电工电子技术项目教程	杨德明	32.00	3	2014.8
3	978-7-301-22546-2	电工技能实训教程	韩亚军	22.00	1	2013.6
4	978-7-301-22923-1	电工技术项目教程	徐超明	38.00	1	2013.8
5	978-7-301-12390-4	电力电子技术	梁南丁	29.00	3	2013.5
6	978-7-301-17730-3	电力电子技术	崔　红	23.00	1	2010.9
7	978-7-301-19525-3	电工电子技术	倪　涛	38.00	1	2011.9
8	978-7-301-24765-5	电子电路分析与调试	毛玉青	35.00	1	2015.3
9	978-7-301-16830-1	维修电工技能与实训	陈学平	37.00	1	2010.7
10	978-7-301-12180-1	单片机开发应用技术	李国兴	21.00	2	2010.9
11	978-7-301-20000-1	单片机应用技术教程	罗国荣	40.00	1	2012.2
12	978-7-301-21055-0	单片机应用项目化教程	顾亚文	32.00	1	2012.8
13	978-7-301-17489-0	单片机原理及应用	陈高锋	32.00	1	2012.9
14	978-7-301-24281-0	单片机技术及应用	黄贻培	30.00	1	2014.7

序号	书号	书名	编著者	定价	印次	出版日期
15	978-7-301-22390-1	单片机开发与实践教程	宋玲玲	24.00	1	2013.6
16	978-7-301-17958-1	单片机开发入门及应用实例	熊华波	30.00	1	2011.1
17	978-7-301-16898-1	单片机设计应用与仿真	陆旭明	26.00	2	2012.4
18	978-7-301-19302-0	基于汇编语言的单片机仿真教程与实训	张秀国	32.00	1	2011.8
19	978-7-301-12181-8	自动控制原理与应用	梁南丁	23.00	3	2012.1
20	978-7-301-19638-0	电气控制与 PLC 应用技术	郭　燕	24.00	1	2012.1
21	978-7-301-18622-0	PLC 与变频器控制系统设计与调试	姜永华	34.00	1	2011.6
22	978-7-301-19272-6	电气控制与 PLC 程序设计(松下系列)	姜秀玲	36.00	1	2011.8
23	978-7-301-12383-6	电气控制与 PLC(西门子系列)	李　伟	26.00	2	2012.3
24	978-7-301-18188-1	可编程控制器应用技术项目教程(西门子)	崔维群	38.00	2	2013.6
25	978-7-301-23432-7	机电传动控制项目教程	杨德明	40.00	1	2014.1
26	978-7-301-12382-9	电气控制及 PLC 应用(三菱系列)	华满香	24.00	2	2012.5
27	978-7-301-22315-4	低压电气控制安装与调试实训教程	张　郭	24.00	1	2013.4
28	978-7-301-24433-3	低压电器控制技术	肖朋生	34.00	1	2014.7
29	978-7-301-22672-8	机电设备控制基础	王本轶	32.00	1	2013.7
30	978-7-301-18770-8	电机应用技术	郭宝宁	33.00	1	2011.5
31	978-7-301-23822-6	电机与电气控制	郭夕琴	34.00	1	2014.8
32	978-7-301-17324-4	电机控制与应用	魏润仙	34.00	1	2010.8
33	978-7-301-21269-1	电机控制与实践	徐　锋	34.00	1	2012.9
34	978-7-301-12389-8	电机与拖动	梁南丁	32.00	2	2011.12
35	978-7-301-18630-5	电机与电力拖动	孙英伟	33.00	1	2011.3
36	978-7-301-16770-0	电机拖动与应用实训教程	任娟平	36.00	1	2012.11
37	978-7-301-22632-2	机床电气控制与维修	崔兴艳	28.00	1	2013.7
38	978-7-301-22917-0	机床电气控制与 PLC 技术	林盛昌	36.00	1	2013.8
39	978-7-301-26499-7	传感器检测技术及应用(第 2 版)	王晓敏	45.00	1	2015.11
40	978-7-301-20654-6	自动生产线调试与维护	吴有明	28.00	1	2013.1
41	978-7-301-21239-4	自动生产线安装与调试实训教程	周　洋	30.00	1	2012.9
42	978-7-301-18852-1	机电专业英语	戴正阳	28.00	2	2013.8
43	978-7-301-24764-8	FPGA 应用技术教程(VHDL 版)	王真富	38.00	1	2015.2
44	978-7-301-26201-6	电气安装与调试技术	卢　艳	38.00	1	2015.8
45	978-7-301-26215-3	可编程控制器编程及应用(欧姆龙机型)	姜凤武	27.00	1	2015.8
汽车类						
1	978-7-301-17694-8	汽车电工电子技术	郑广军	33.00	1	2011.1
2	978-7-301-19504-8	汽车机械基础	张本升	34.00	1	2011.10
3	978-7-301-19652-6	汽车机械基础教程(第 2 版)	吴笑伟	28.00	2	2012.8
4	978-7-301-17821-8	汽车机械基础项目化教学标准教程	傅华娟	40.00	2	2014.8
5	978-7-301-19646-5	汽车构造	刘智婷	42.00	1	2012.1
6	978-7-301-25341-0	汽车构造(上册)——发动机构造(第 2 版)	罗灯明	35.00	1	2015.5
7	978-7-301-25529-2	汽车构造(下册)——底盘构造(第 2 版)	鲍远通	36.00	1	2015.5
8	978-7-301-13661-4	汽车电控技术	祁翠琴	39.00	6	2015.2
9	978-7-301-19147-7	电控发动机原理与维修实务	杨洪庆	27.00	1	2011.7
10	978-7-301-13658-4	汽车发动机电控系统原理与维修	张吉国	25.00	2	2012.4
11	978-7-301-18494-3	汽车发动机电控技术	张　俊	46.00	2	2013.8
12	978-7-301-21989-8	汽车发动机构造与维修(第 2 版)	蔡兴旺	40.00	1	2013.1
14	978-7-301-18948-1	汽车底盘电控原理与维修实务	刘映凯	26.00	1	2012.1
15	978-7-301-19334-1	汽车电气系统检修	宋作军	25.00	2	2014.1
16	978-7-301-23512-6	汽车车身电控系统检修	温立全	30.00	1	2014.1
17	978-7-301-18850-7	汽车电器设备原理与维修实务	明光星	38.00	2	2013.9
18	978-7-301-20011-7	汽车电器实训	高照亮	38.00	1	2012.1

序号	书号	书名	编著者	定价	印次	出版日期
19	978-7-301-22363-5	汽车车载网络技术与检修	闫炳强	30.00	1	2013.6
20	978-7-301-14139-7	汽车空调原理及维修	林　钢	26.00	3	2013.8
21	978-7-301-16919-3	汽车检测与诊断技术	娄　云	35.00	2	2011.7
22	978-7-301-22988-0	汽车拆装实训	詹远武	44.00	1	2013.8
23	978-7-301-18477-6	汽车维修管理实务	毛　峰	23.00	1	2011.3
24	978-7-301-19027-2	汽车故障诊断技术	明光星	25.00	1	2011.6
25	978-7-301-17894-2	汽车养护技术	隋礼辉	24.00	1	2011.3
26	978-7-301-22746-6	汽车装饰与美容	金守玲	34.00	1	2013.7
27	978-7-301-25833-0	汽车营销实务(第 2 版)	夏志华	32.00	1	2015.6
28	978-7-301-19350-1	汽车营销服务礼仪	夏志华	30.00	3	2013.8
29	978-7-301-15578-3	汽车文化	刘　锐	28.00	4	2013.2
30	978-7-301-20753-6	二手车鉴定与评估	李玉柱	28.00	1	2012.6
31	978-7-301-17711-2	汽车专业英语图解教程	侯锁军	22.00	5	2015.2
电子信息、应用电子类						
1	978-7-301-19639-7	电路分析基础(第 2 版)	张丽萍	25.00	1	2012.9
2	978-7-301-19310-5	PCB 板的设计与制作	夏淑丽	33.00	1	2011.8
3	978-7-301-21147-2	Protel 99 SE 印制电路板设计案例教程	王　静	35.00	1	2012.8
4	978-7-301-18520-9	电子线路分析与应用	梁玉国	34.00	1	2011.7
5	978-7-301-12387-4	电子线路 CAD	殷庆纵	28.00	4	2012.7
6	978-7-301-12390-4	电力电子技术	梁南丁	29.00	2	2010.7
7	978-7-301-17730-3	电力电子技术	崔　红	23.00	1	2010.9
8	978-7-301-19525-3	电工电子技术	倪　涛	38.00	1	2011.9
9	978-7-301-18519-3	电工技术应用	孙建领	26.00	1	2011.3
10	978-7-301-22546-2	电工技能实训教程	韩亚军	22.00	1	2013.6
11	978-7-301-22923-1	电工技术项目教程	徐超明	38.00	1	2013.8
12	978-7-301-17569-9	电工电子技术项目教程	杨德明	32.00	3	2014.8
14	978-7-301-26076-0	电子技术应用项目式教程(第 2 版)	王志伟	40.00	1	2015.9
15	978-7-301-22959-0	电子焊接技术实训教程	梅琼珍	24.00	1	2013.8
16	978-7-301-17696-2	模拟电子技术	蒋　然	35.00	1	2010.8
17	978-7-301-13572-3	模拟电子技术及应用	刁修睦	28.00	3	2012.8
18	978-7-301-18144-7	数字电子技术项目教程	冯泽虎	28.00	1	2011.1
19	978-7-301-19153-8	数字电子技术与应用	宋雪臣	33.00	1	2011.9
20	978-7-301-20009-4	数字逻辑与微机原理	宋振辉	49.00	1	2012.1
21	978-7-301-12386-7	高频电子线路	李福勤	20.00	3	2013.8
22	978-7-301-20706-2	高频电子技术	朱小祥	32.00	1	2012.6
23	978-7-301-18322-9	电子 EDA 技术(Multisim)	刘训非	30.00	2	2012.7
24	978-7-301-14453-4	EDA 技术与 VHDL	宋振辉	28.00	2	2013.8
25	978-7-301-22362-8	电子产品组装与调试实训教程	何　杰	28.00	1	2013.6
26	978-7-301-19326-6	综合电子设计与实践	钱卫钧	25.00	2	2013.8
27	978-7-301-17877-5	电子信息专业英语	高金玉	26.00	2	2011.11
28	978-7-301-23895-0	电子电路工程训练与设计、仿真	孙晓艳	39.00	1	2014.3
29	978-7-301-24624-5	可编程逻辑器件应用技术	魏　欣	26.00	1	2014.8
30	978-7-301-26156-9	电子产品生产工艺与管理	徐中贵	38.00	1	2015.8

如您需要更多教学资源如电子课件、电子样章、习题答案等，请登录北京大学出版社第六事业部官网 www.pup6.cn 搜索下载。

如您需要浏览更多专业教材，请扫下面的二维码，关注北京大学出版社第六事业部官方微信（微信号：pup6book），随时查询专业教材、浏览教材目录、内容简介等信息，并可在线申请纸质样书用于教学。

感谢您使用我们的教材，欢迎您随时与我们联系，我们将及时做好全方位的服务。联系方式：010-62750667，329056787@qq.com，pup_6@163.com，lihu80@163.com，欢迎来电来信。客户服务 QQ 号：1292552107，欢迎随时咨询。